普通高等学校电类专业实验课程系列教材
武汉理工大学“十四五”本科校级规划教材

电路实验

主　编　雷　宇　李　娟
副主编　杨　旭

西安电子科技大学出版社

内容简介

本书共十四章，其中前三章介绍了实验的意义、实验操作基本知识与虚拟仿真软件 Multisim 的使用；第四章到第十四章依据电路原理理论课中涉及的知识点安排了相关内容，分别设置了基本原理验证性实验、设计性实验及综合设计实验等多个实验项目，并详细介绍了实验原理和操作步骤，还编写了对应知识点的虚拟实验，在虚拟实验部分介绍了不同的实验原理，扩展了实验难度。每节实验内容包含多个实验小项目，以适应不同层次学生的需求。学生可根据专业学习要求完成必修项目，再根据自身需求选择其他项目。

本书可作为电气类、自动化类、电子信息类各专业本科生的电路实验课程教材，也可作为教师实验教学的参考书。

图书在版编目(CIP)数据

电路实验／雷宇，李娟主编．—西安：西安电子科技大学出版社，2022.8
(2023.4 重印)
ISBN 978-7-5606-6509-2

Ⅰ．①电…　Ⅱ．①雷…　②李…　Ⅲ．①电路—实验—高等学校—教材
Ⅳ．①TM13-33

中国版本图书馆 CIP 数据核字(2022)第 111057 号

策　　划　秦志峰
责任编辑　秦志峰
出版发行　西安电子科技大学出版社(西安市太白南路 2 号)
电　　话　(029)88202421　88201467　　邮　　编　710071
网　　址　www.xduph.com　　电子邮箱　xdupfxb001@163.com
经　　销　新华书店
印刷单位　陕西天意印务有限责任公司
版　　次　2022 年 8 月第 1 版　2023 年 4 月第 2 次印刷
开　　本　787 毫米×1092 毫米　1/16　印张　16
字　　数　377 千字
印　　数　2001～4000 册
定　　价　39.00 元
ISBN 978-7-5606-6509-2/TM
XDUP 6811001-2

前　言

随着互联网技术的高速发展及2020年疫情对网络教学的推动，实验教学从传统的线下实际操作实验教学逐渐转变为线上虚拟实验教学与线下实际操作实验教学相结合，从而进一步丰富了电工电路实验项目种类，使学生得到了更多的探索机会，提升了学生多角度解答问题的能力。编者结合线上与线下教学经验，在借鉴、参考多所大学实验教材的基础上，编写了本书。

实际操作实验与虚拟实验各自存在局限性，若虚实结合，则可克服各自的部分缺点。虚拟实验教学比实际操作实验教学有更广的操作空间、更丰富的实验资源及更多的试错机会，在实验结果方面也更加理想。但虚拟实验绝不可能代替所有的实际操作实验，一是因为虚拟软件无法模拟部分实验器件，二是因为实验如果脱离了实际操作，则无法更好地培养学生的动手能力。而实际操作实验虽能让学生动手操作，却因为实验资源有限，实验成本较高，并且试错代价大而存在局限性。只有将虚拟实验与实际操作实验相结合，才能进一步丰富实验教学内容，提高学生的操作能力，培养学生的创造性思维。

本书的大部分章节中都包含基本原理验证性实验、设计性或提高实验、虚拟实验，有助于学生加深对知识点的理解。基本原理验证性实验部分原理清晰，操作步骤翔实，学生可通过课前阅读教材与观看教学视频充分预习，课堂上自主完成实验，提高主动学习的能力；设计性或提高实验要求学生根据原理或已有示例设计实验，实现所需功能；虚拟实验部分主要包含对基本原理的复杂应用，包括非安全电压电流情况下电路的运行等方面的内容，从不同角度解决基本问题，使学生可完成受器材和安全原因限制而无法完成的实际操作实验内容。

需要特别说明的是：本书实验电路图中电气符号的绘制参考了多种标准。实际操作实验中各电路图使用的电气符号参考的是推荐性国家标准GB/T 4728《电气简图用图形符号》和IEEE标准IEEE 315－1975《电气和电子图表用图形符号》。虚拟实验中部分图稿为Multisim14.0软件仿真图，该软件中的电气符号默认使用ANSI(美国国家标准学会)标准。实际操作实验和虚拟实验中使用的符号标准存在不同部分，二者的对照关系详见附录7。另外，读者可登录出版社网站获取相关“实验资源”。

本书由雷宇、李娟主编并负责全书的统稿。具体分工如下：第一章、第二章及第四至八章由李娟编写，第三章、第九至十四章及附录由雷宇编写。本书的编写得到了武汉理工大学自动化学院和电工电子实验中心领导及老师们的帮助，尤其是刘莉、滕方宏、石道生等老师，在此表示感谢。

由于编者水平有限，书中难免存在不妥之处，敬请广大读者批评指正。

编　者

2022年4月

目　　录

第一章 绪 论

1.1 电路实验课的意义和目的

电路原理和电路分析基础是高等院校工科专业的重要专业基础课。电路实验是将电路基础理论用于实际的实践活动，是理论教学的延伸和加强，是必不可少的教学环节。

实验教学侧重于理论指导下实践技能的培养、科学思想的训练，以及分析与解决问题能力的提高，旨在按照一定的教学计划和目标，让学生能够在一定的实验条件下观察和研究客观事物的本质和规律，能运用实验手段独立完成实验，并具备自主分析、比较、归纳等科学思维，为后续实践课程和专业课的学习以及将来走上工作岗位奠定良好的基础。

学生通过电路实验课程的学习，应达到以下要求：

(1) 掌握电路实验的基本常识，了解实验操作规范，懂得安全用电的一般常识。

(2) 熟悉电路基本元器件的性能，掌握基本电量和参量的测量方法。

(3) 熟练掌握电路实验常用仪器、仪表的使用方法，如直流稳压电源、万用表、示波器、信号发生器、功率表等。

(4) 学会识别电路图，能够根据实验要求，正确选择电路元件，按电路图正确接线和检查线路，分析并排除线路中的故障。

(5) 巩固并深入理解电路基础课程中的基本概念和基本定律。

(6) 能够准确读取并处理实验数据，绘制曲线图表，掌握基本的数据处理和误差分析方法。

(7) 具备观察和分析实验现象的能力，能撰写一份内容完整、数据严谨、条理清晰、有说服力的实验报告。

(8) 能够根据实验目的和要求，选择合适的参数，自主设计实验步骤、实验电路图和数据记录表格，并完成整个实验设计内容。

(9) 学会从实验现象和实验结果中归纳、分析和创新实验方法，提高自身科学素养。

(10) 学会使用 Multisim 软件对电路进行仿真和分析。

1.2 电路实验课的学习方法

本电路实验课为全开放预约选课，采用学生自主预习和完成实验内容的授课模式。为达到最佳的学习效果，整个电路实验课的学习可以分为几个阶段进行。

1. 课前预习

电路实验课学习的第一个环节即课前预习，其任务就是要了解清楚实验目的、实验内容、实验方法、实验要求及注意事项，这直接关系到实验过程是否顺利和实验结果能否达到预期目标。因此，学生应特别重视这一环节，在课前完成以下准备工作：

（1）仔细阅读实验指导书，明确实验目的，熟悉与本次实验相关的理论知识和计算方法。

（2）熟悉实验电路、内容和步骤，根据给出的实验电路与元件参数，进行必要的理论分析和计算，对实验结果有一定的预估，做到心中有数，以便在实验中出现错误时能及时发现。

（3）按照要求完成预习报告，包括实验目的、实验原理、实验设备、电路原理图、实验电路图、实验操作步骤及预习思考题等。

（4）熟悉实验中所用的仪器仪表的使用方法。学生可通过仪器仪表的视频资源，根据实验内容有针对性地进行学习。

（5）观看当次实验的教学课件和视频，了解实验中的难点和操作技巧，以便在实验操作过程中有的放矢，减少失误。注意老师演示过程中用到的参数可能会与实际不同。重点学习仪器的操作方法和元件的使用方法。

（6）若有设计性实验，应在实验前完成设计内容，包括选择合适的电源和元件参数，拟订实验步骤和测量方法，绘制实验电路图和数据表格，列出实验中的注意事项等。必要时可以通过仿真软件进行仿真和优化，对实验结果做到心中有数。

2. 完成预考核并进行实验预约

在实验中心网站进行预考核和实验预约，要做到以下两点：

（1）登录电工电子实验中心网站，完成并通过对应实验的预考核，若未通过，则需重新完成。

（2）预考核通过后，进入预约系统预约具体的上课时间，选定座位并牢记。

3. 课堂操作

在充分预习的基础上，进入实验室进行实验操作。整个实验操作包括熟悉和使用元器件与仪器仪表，连接实验线路，测量与记录实验数据，对实验数据进行分析整理，完成实验报告，整理实验台面等。课堂操作的具体要求如下：

（1）尽快熟悉仪器仪表的使用方法，并检查实验台面的元件是否与当天实验相符，如有缺失，应及时向老师报告。

（2）认真听老师讲解实验操作中的重难点和注意事项，并在实验时严格遵守操作规程。

（3）严格按照实验指导书的实验步骤和实验电路图进行操作，连接电路时应注意合理摆放元器件的位置，遵照“先串后并”“先主后辅”的原则，同时还要考虑元器件以及仪表的极性，考虑参考方向及公共参考点等与电路图的对应位置，要求电路布局合理，连接电路直观方便，连接导线尽可能短且少，且便于读数和记录数据。

（4）巧用颜色导线。为便于查错，接线可以用不同颜色来区分。例如，电源“＋”极或（交流）“相”端用红色导线，电源“－”极或（交流）“中性”端用黑色导线。

（5）完成电路连接之后，必须进行电路复查，检查无误后才能接通电源。要对照实验电路图，逐一检查每一个回路，不能漏掉任何一根连线。检查线路是否接错位置，是否多连或少连导线，电源的正负极、地线和信号线连接是否正确，连接的导线是否导通等。尤其做强电实验时，要随时观察，一旦出现异常现象（例如异响、焦糊味、冒烟等），必须立即断电，报告老师，查找故障。

(6) 对于开放性测量，要合理选择测量点的数目和间隔。如果被测量是一条曲线，则在曲线弯曲处多选几个测量点，在曲线平缓处少选几个测量点，最终以能全面记录实验对象的变化规律为佳。

(7) 测量时，应先将设备大致调节一遍，对数据作初步判断，观察各被测量的数据和变化规律是否合理，以便及时发现问题，并立即采取措施，以保证达到实验的预期效果。

(8) 读数时，应集中注意力，注意量程、单位和小数点位置。数据记录应清晰、完整，按照实验指导书的具体要求保留有效数字，没有特别要求的一般保留2～3位小数即可。

(9) 测量结束后，应先断电，暂不拆线，待认真检查实验结果无遗漏和错误后，方可拆线。

4. 数据处理及分析

数据处理及分析是对实验工作的全面总结，同时也可以进一步发现问题和提出问题，为以后的实验积累经验。

进行数据处理及分析时，必须注意以下几点：

(1) 分析数据时应实事求是，不能捏造数据。分析数据误差时应计算误差的大小，特别对误差大的数据甚至错误的数据要说明具体原因，不能笼统地概括误差的大小和因素。

(2) 抓住实验的重点进行分析，应根据测量数据的特点得出实验结论，当结论与原理不相符时，应分析具体原因。

(3) 处理数据时，当发现实验操作错误或者对实验数据有疑问时，必须重新做实验。

(4) 分析时要采用合适的方式和方法，比如采用图表和绘制曲线的方式来处理数据，简单明了；采用对比的方法来阐述观点，证据充分。绘制曲线时要注意选择合适的坐标系，标明坐标单位、分度和曲线名称，根据测量数据在坐标系中描点、连线，最终结果如是光滑曲线，则修匀曲线，如无法确定，则多取几组密集数据观察确定，并注意用不同颜色或不同线段区分在同一坐标系内的不同曲线。

(5) 对于设计性实验，从设计到实施方案，再至数据处理及分析，应是一个不断优化的过程，这个优化过程在实验报告中要有体现。

(6) 注意事项和心得体会不要抄袭课本，也不要空洞无物，应记录实验中遇到的问题、解决的方法、注意事项、实验启发及实验优化建议等。

1.3　电路实验课的要求

电路实验课具有不同于其他课程的特殊性，实验环境、实验设备及实验秩序都会直接影响电路实验课的教学效果。另外，与理论课不同，电路实验课具有极强的实操性，除了实验原理等理论知识，还需要具备一定的动手实践能力和强烈的安全意识，因此，要求学生务必做到以下几点。

1. 严谨的科学态度

电路实验课是一门以实际操作为主的课程，主要目的是获得实验技能和科学的研究方法。完成每一个实验项目都应该秉承实事求是的科学态度，善于在实验中发现问题、分析问题，用科学的思维思考并解决问题。

2. 课堂纪律要求

(1) 提前预约，以免后期没有空位而影响正常实验。

(2) 不旷课、不迟到。

(3) 上课时携带电路实验指导书、已完成的实验预习报告、校园卡、计算器及坐标纸等，严格按照预约时间提前十分钟到教室，在获得实验老师允许后刷卡或扫码进入。

(4) 按照预约座位号入座，不随意更换实验台位，如遇实验台故障，应及时报告老师，由老师进行调整。

(5) 自觉维护实验室秩序，上课时不随意离开座位，不大声喧哗，不随意摆弄与当次实验无关的其他仪器元件，保持良好的实验环境。

(6) 课堂上不使用手机，如确有需要，可以在教室外使用。

(7) 爱护实验室的一切元器件和设备，离开时确保电源关闭，并将元器件和设备摆放整齐，随手带走垃圾。

3. 实验报告要求

(1) 严格按照给定的报告册格式完成实验报告。

(2) 最终上交的实验报告中，专业、班级、姓名、学号、上课时间、实验台号等个人信息必须填写完整。

(3) 保持页面整洁，合理安排文字布局，电路原理图和实验电路图以及表格必须使用直尺绘制，数据处理中使用坐标纸规范作图，绘制的曲线图要和实验数据吻合，曲线应有坐标、单位、曲线名。曲线应光滑，能反映测量结果的特性。

(4) 实验过程中测有大量数据，有些是真实的，有些是不真实的，必须认真分析原因，计算误差。

(5) 计算题有计算步骤、解题过程。要将具体数据代入公式进行计算，不能只写结果。

(6) 实验总结建立在实际测量结果和误差分析基础上，要有自己的理解，不能过于简单，不能抄袭。

(7) 整个实验报告内容完整、主次分明、条理清晰、字迹工整、分析全面。

4. 安全用电要求

人体电阻约在 0.6～110 kΩ 之间，通过人体的电流超过 50 mA 时就会危及生命。一般规定 36 V 为安全电压，但是实验室的供电电压已经超出了 36 V 的安全电压范围，因此安全用电是电路实验中应时刻注意的一个重要问题。安全用电包括人身安全和设备安全，实验时，学生应做到以下几点：

(1) 在老师讲解实验操作的注意事项时，务必认真听讲，以免造成不必要的操作事故。

(2) 连线前检查连接导线是否匹配，严禁低压导线和高压导线混用。仔细检查连接导线、万用表表笔是否有破损，如有破损，坚决不能使用。

(3) 实验前检查仪器仪表、实验元件是否有损坏，仪器仪表的电源是否正常接通。

(4) 为防止事故的发生，必须做到“先接线后通电，先断电后拆线”，决不带电操作。

(5) 接通电源前，将电源输出幅度调至 0 V，待接通后再逐渐调至所需幅值。改接电路时，先将电源输出幅度调至 0 V。完成实验后，及时关闭电源，并将电源输出幅度调至 0 V。

(6) 接完电路后严格按照电路图自查，尤其做强电实验时要注意严格遵守安全用电操作，一旦出现异常现象(如有异响、冒烟、焦臭味、打火及元件设备发烫等)，应立即切断电源，并向老师报告。

(7) 实验中，严禁接触带电部位，如有需要，不能触碰裸露的金属部分。培养单手操作的好习惯。

(8) 注意地端连接。电路的公共地端和各种仪器设备的接地端应接在一起，既可作为电路的参考零点，又可以避免引起干扰。此外，在特殊场合，仪器设备的外壳应该接地保护或接零保护，以确保人身和设备安全。

(9) 对于 36 V 以下的弱电实验也必须遵守上述准则，养成良好的实验习惯。

1.4 实验课一般上课流程

实验老师可根据实验室资源要求学生按照“课前充分预习课件、课堂上自主完成实验与实验报告、课后按需复习”的方式上实验课。学生不仅要充分利用课堂内的实验时间，也要合理使用课前与课后时间对实验相关理论知识加以理解。整个电路实验课的一般流程如下(括号内为选做内容)：

实验老师按需选择必选和可选实验小节并发布→学生根据实验指导书和课件预习实验原理→学生完成预习报告并按需计算理论值，完成设计内容(使用仿真软件模拟实验得到预期结果)→实验老师指定时间→学生以班级/个人为单位到达实验室完成签到→实验老师讲解实验重难点与实验安全相关规定→学生独立完成必选实验内容，实验老师监督实验过程且负责随时答疑→学有余力的学生按需完成额外小节→学生完成实验后整理实验台→学生处理数据后将纸质报告交到班级报告箱或提交电子报告→学生签退后离开教室(使用仿真软件完成虚拟实验进行拓展)。

实验课上必须注意以下几点：

(1) 本书实验章节较多，实验老师可根据实际资源灵活选择实验内容，同等难度实验内容可平行提供给学生。学生可选择感兴趣的实验内容完成实验，学有余力的学生可以完成其他小节作为加分项目。老师根据学生完成情况合理调整必做项目，要求实验时间充足，给学生留出半小时左右排查故障的时间。

(2) 预习内容可以多样化，如实验老师可在学生群或实验网站发布教学课件、实验原理讲解视频、操作视频、虚拟实验仿真视频、相关仪器说明书和使用视频等供学生下载和观看预习，提出预习问题给学生思考。如结合在线平台预习，则老师可以为不同预习任务提供任务点，学生完成相关预习内容后取得任务点，最终作为预习分数记入最终评分。使用仿真软件模拟实验时，仿真模型可由老师提供或学生自行搭建。

(3) 若预习资源充分，则课堂上实验老师讲解时可略过接线过程，将重点放在仪器仪表说明、元器件和接线检查、电路故障排除、减少误差、实验安全操作告知等方面。如针对三相电路、日光灯电路相关实验，讲解重点应放在安全性操作与排查故障、更换保险上，以保障学生安全，防止学生触电。

(4) 实验过程中，学生尽可能独立操作完成实验；学生间可讨论，实验老师只起辅助作用，监督过程安全，进行实验操作评分，处理突发情况与及时答疑，帮助学生顺利完成实验。

(5) 实验报告可提供纸质版或电子版，实验图表可手绘或使用软件绘制；学生应提供完整的实验报告，数据处理分析部分有理有据；老师批改实验报告时，重点放在数据处理部分，可提前拟定合理的评分标准。对于完成额外实操项目/虚拟项目的学生，可增加额外操作分。

(6) 课时允许时，部分虚拟实验也可作为必做项目，实验室资源有限，虚拟实验作为补充可以丰富实验内容。如遇特殊情况，则全部转为线上教学。本书所有实验均可使用虚拟仿真软件完成，但只要条件允许，就应采用“实操为主、虚拟为辅”的原则，提升学生实际操作能力。

(7) 实验分数由预习分、操作分、报告分组成，最终实验分数按实验难度进行加权平均得出。

1.5 实验室的配电系统

实验室的仪器设备使用的电源一般为 220 V/50 Hz 交流电，此动力电源由变电所经配电室供给实验室，配电系统如图 1.5.1 所示。其中三相动力电源的始端 U、V、W 称为端线或“相线”，分别用红、黄、绿颜色的导线由配电室引入实验室。三相动力电源的末端 X、Y、Z 连接在一起，形成一个公共点 N，称为中性点，由此引出的导线称为“零线”，它在变电所被埋入大地，并在配电室采用重复接地，称为“工作零线”。在三相四线制系统中，由于负载往往不对称，工作零线中有电流，因而零线对地电压不为零，但此电压值较小，无危险性。为了确保设备外壳对地电压为零，避免触电事故，在工作零线上另设一条“保护零线”，这样就成为了三相五线制系统。所以，从实验室的配电盘到实验台应有五条供电导线，为了让三相负载尽可能达到对称，各个负载要分别接到不同相线的电源插座。按照电工规程，两孔插座必须左孔接工作零线，右孔接相线；三孔插座除必须左接零线右接相线外，还应将中间孔接“保护零线”；而对于四孔的三相电源插座，其中三个孔分别与三相相线 U、V、W 相连接，一孔与工作零线相连接，此时还必须将保护零线引出，以便与实验台外壳相连接。三相相线 U、V、W 间的电压是 380 V，称为线电压，相线与中性点 N 之间的电压是 220 V，称为相电压。

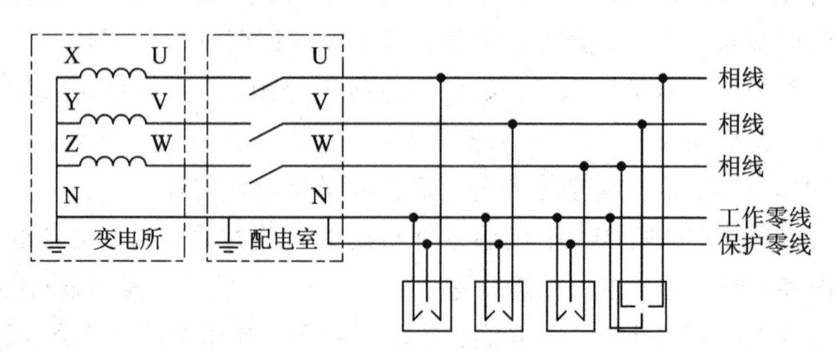

图 1.5.1 实验室配电系统图

由图1.5.1可知，工作零线是电路的一部分，与相线和负载构成回路，由于三相负载不对称，故工作零线上的电流不为零。但保护零线不与负载电路构成回路，只是与仪器外壳相连接，正常情况下不应有电流，它是电路中的零电位参考点。

当实验室中的仪器仪表的电源插头插入三孔电源插座时，仪器仪表外壳与保护零线相连接，当外壳发生漏电情况时，相线与保护零线构成回路，形成短路电流使漏电保护器的保护开关跳闸，关闭电源，起到保护作用。对于实验台的三相电源输出端，每相都装有熔断器，实现短路保护。

第二章　实验中的测量

测量是按照某种规律，用数据来描述观察到的现象，即对事物作出量化描述。测量是对非量化实物的量化过程。

2.1　测量的单位

单位是表征测量结果的重要组成部分，是进行物理量比较的基础。我们把不变的、国际上所承认的单位作为可复现的、通用的、可比较测量结果的基础。

国际单位制(SI)的基本单位共有 7 个，见表 2.1.1。

表 2.1.1　国际单位制的基本单位

量的名称	单位名称	单位符号
长度	米	m
质量	千克	kg
时间	秒	s
电流	安(培)	A
热力学温度	开(尔文)	K
物质的量	摩(尔)	mol
发光强度	坎(德拉)	cd

其他所有物理量的单位均可由上述 7 个基本单位导出，这些单位称为导出单位。

2.2　测量的方法

一个量的测量可以通过不同的方法来实现，选择测量方法的正确与否直接关系到测量结果的准确性。因此，在测量前，要充分考虑各方面因素，如测量对象、测量要求和测量条件，从而选择最为恰当的测量方法。

按获得测量结果的方式进行分类，测量有以下几种方法：

(1) 直接测量。直接测量是通过测量仪器直接得到被测量，例如，用电流表测量电流，用直流电桥测量电阻等。直接测量被广泛用于工程技术测量中，其优点是使用简单、便于操作，缺点是精度低，因此一般用于普查性检测。

(2) 间接测量。间接测量是通过测量与被测量有一定函数关系的其他量，按照函数关系计算出被测量值。例如，测量电阻的消耗功率 $P=UI=I^2R=\frac{U^2}{R}$，可以通过测量电压、电流或者测量电流、电阻等方式求出。

当不方便由直接测量得到被测量或者间接测量的结果比直接测量更为准确时，多采用间接测量的方法。就测量而论，间接测量法的基础仍然是直接测量。

(3) 组合测量法。组合测量法是兼用直接测量与间接测量的方法。当有多个被测量，且它们与几个可直接或间接测量的物理量之间满足某种函数关系时，可通过改变测量条件进行多次测量，联立函数关系式并求解，从而获得被测量的数值。此法结合计算机求解还是比较方便的。

另外，按获得测量值的方法分类，测量有以下两种方法：

(1) 直读法。直读法是指直接根据仪表或仪器的读数来确定测量结果的方法。测量过程中，度量器不直接参与作用，例如，用电流表测电流，用欧姆表测电阻等。直读法的特点是设备简单，操作简便；缺点是测量准确度不高。

(2) 比较法。比较法是在测量过程中，通过被测量与标准量(又称度量器)直接进行比较而确定测量结果的方法，例如用电桥测电阻。比较测量法的优点是测量结果准确，灵敏度高，适用于精密测量；缺点是操作过程比较麻烦，而且某些测量仪器价格较高。

综上所述，直读法与直接测量法，比较法与间接测量法，彼此并不相同，但又互有交叉。实际测量中，究竟选取哪种方法，应根据对被测量测量结果的准确度的要求以及是否具备实验条件等多种因素决定。

2.3　测量中的误差

在测量过程中，由于人们对客观认识的局限性，测量工具不准确，测量方法不完善，受环境因素影响以及测量工作中的疏忽等原因，都会不可避免地使测量结果与被测量真值存在差异。

真值是指被测量的真实值，是在一定时间和空间内客观存在的确定的数值。它是一个理想的概念，在实际测量中，被测量的真值一般是无法得到的。通常所说的真值实际上都是相对真值，可以说，有测量便有误差，或者说实际的测量不可能没有误差。误差自始至终都存在于所有的科学实验过程中。随着科学技术的发展和测量方法及手段的改进，测量值将会越来越接近真值。

一、误差的来源

测量误差的来源主要有以下几种。

1. 仪器误差

在测量过程中使用的测量仪器都有一定的精密度，由于仪器本身的电气或者机械性能不完善将导致测量结果的精度受到限制，这种误差称为仪器误差。例如，由电流表、电桥等仪器本身不够精密所引起的仪表误差，由导线的电阻、接线柱和导线之间的接触电阻、转换开关的触点电阻及其变差以及其他实验附件所引起的误差等，都属于仪器误差。

2. 方法误差

由于测量方法本身不完善或间接测量时使用近似的经验公式，不合理地简化或者实验条件不完全满足应用理论公式所要求的条件造成的测量结果与真值不吻合，这种误差称为方法误差。例如，用普通万用表测量高内阻回路的电压时，由于万用表的输入电阻较低而引起的误差。

3. 环境误差

由于环境因素引起的误差称为环境误差。引起环境误差的原因主要有温度、压力、重力、声、光、电磁干扰、机械振动、光照及辐射等。

4. 人员误差

人员误差是指由实验人员的素质、固有习惯或者生理极限的限制(如速度、视力、辨别力及其他的感官灵敏度)、生理状态的变化(如疲劳)、人员之间的差别等造成测量值读数的偏差。

二、测量误差的分类

根据误差的性质和特点，测量误差可以分为系统误差、随机误差和疏忽误差。

1. 系统误差

在相同的条件下，对同一被测量进行多次测量，误差的绝对值和符号不变或者遵循一定规律变化的误差称为系统误差。

引起系统误差的原因有很多，如测量仪器不完备及使用不恰当、测量方法采用近似公式等。含系统误差的实验测量值可以表现得很一致，非常有规律，因此容易被人疏忽。它们大多数不能通过多次重复测量取平均值的方法来减小影响，且系统误差产生的原因可能不止一个，观测结果具有累加性，对测量结果质量有显著影响。

系统误差决定了测量的准确度，系统误差越小，测量结果越准确。一般可以通过改变实验条件和实验方法，反复进行分析对比，找出误差产生的原因，针对其根源采用一定的技术措施，最大限度地消除或减小一切可能存在的系统误差，或者对测量结果加以修正。

2. 随机误差

随机误差又称偶然误差。在相同条件下，对同一被测量进行多次测量，其误差绝对值时大时小，符号时正时负，变化无规律，也不可预计，这种误差称为随机误差。随机误差是在确定的实验条件下由许多实际上存在但暂时并未被掌握或一时不可控的、相互独立的微小因素的影响所造成的。

由于随机误差是由外界干扰等众多的、独立的、微小的因素造成，所以其值一般不大，在精密度要求不高的实验中有时可以忽略不计。

3. 疏忽误差

疏忽误差又称粗大误差，是指在一定测量条件下，测量结果明显偏离实际值所引起的误差。凡确认含有疏忽误差的测量数据被称为坏值，应当剔除不用。

产生疏忽误差的原因有以下两个方面：

(1) 一般情况下，它不是仪器本身固有的，而是在测量过程中由于测量人员疏忽大意造成的。

(2) 由于测量条件的突然变化，例如室温、相对湿度、气压的变化或者电源电压、机械冲击引起仪器示数的变化，这是产生误差的客观原因。

综上所述，对于含有疏忽误差的测量值，一经确认后，应当首先予以剔除；对于随机误差采用统计学求平均数的方法来削弱它的影响；系统误差难以发现，是测量中的最大危险，应在进行测量工作之前或者过程中采用一定的技术措施来减小它的影响。

三、误差的表示方法

测量误差的表示方法有很多，最常用的是绝对误差和相对误差。

1. 绝对误差

被测量的实际测量值 x 与其真值 x_0 之差，称为 x 的绝对误差，用 Δx 表示。

$$\Delta x = x - x_0 \tag{2.3.1}$$

当 $x>x_0$ 时，Δx 是正值；当 $x<x_0$ 时，Δx 是负值。所以 Δx 是具有大小、正负和量纲的数值，它的大小和符号分别表示测量值偏离真值的程度和方向。

注意：绝对误差不是误差的绝对值。

2. 相对误差

相对误差 δ 是指被测量的绝对误差 Δx 与被测量真值 x_0 的比值，通常用百分比表示。有

$$\delta = \frac{\Delta x}{x_0} \times 100\% \tag{2.3.2}$$

相对误差是一个只有大小而没有单位的量，它可以用来衡量测量的准确度。因此在测量过程中，衡量测量结果的误差或者评价测量结果准确程度时，一般都用相对误差表示。

相对误差虽然可以较准确地反映测量的准确程度，但是用来表示仪器的准确度时并不方便，因为仪器仪表的误差是它本身固有的，误差越小，测量所引起的这一方面的误差就越小，测量就越准确。为了评价测量仪器仪表准确度等级的方便，引入了“引用相对误差”这个概念。

3. 引用相对误差

引用相对误差 γ 定义为绝对误差 Δx 与仪表量程 x_m(即满刻度值)的百分比，即

$$\gamma = \frac{\Delta x}{x_m} \times 100\% \tag{2.3.3}$$

四、测量结果的评定

评定测量结果时，通常使用准确度、精密度和精确度等几项指标。

1. 测量准确度

测量的准确度是指测量值与真值的接近程度。它可以反映系统误差的影响，系统误差越小则测量结果准确度越高。

2. 测量精密度

测量的精密度是指多次测量中测量值达到一致的程度，即在相同条件下用同一种方法进行重复测量，所测得的数值相互之间接近的程度。测量值越接近，精密度越高。它反映了随机误差的影响。

通常人们所说的“精度”，有时指准确度，有时指精密度，并不是一个准确用语。

3. 测量精确度

测量的精确度表示测量结果之间的符合程度以及与真值接近程度的综合。当测量结果

精确度高时，即表示准确度和精密度都高，也就表示系统误差和随机误差都小。一般测量都会力求达到高的精确度。

2.4 电路基本电量的测量

在集总参数电路里，电压、电流和功率是表征电信号的 3 个基本参数。

一、常用的测量工具

电路实验中使用的测量仪器仪表有很多种，大致可以分为以下几类：

(1) 按照被测量可以分为电流表、电压表、功率表等。

(2) 按照电路的类型可以分为直流表和交流表。

(3) 按照仪表的指示表示可以分为模拟仪表和数字式仪表。

(4) 按照仪表的工作原理可分为磁电式、电磁式、电动式、感应式等。

二、电压的测量

测量电压可以使用电压表或者示波器。

1. 电压表测量电压

使用电压表测量电压时，必须将电压表并联在被测电路两端。

在使用电压表测量直流电压时，要注意电压表的量程和精度，仪表的内阻应远大于负载阻抗，因此这种方法的测量误差主要取决于仪表的准确度以及仪表内阻。

用电压表测量交流信号电压时，要注意仪表可测量的电压频率范围。如果被测电压的频带很宽，则需要使用交流毫伏表。

使用电压表测量电压这种方法简便直观，是电压(电位)测量的基本方法。

2. 示波器测量法

示波器分为模拟示波器和数字示波器，对大部分电子电路都可以使用。示波器可以用来测量各种波形的电压幅度，不仅可以测量直流电压、正弦信号电压的幅度，也可以测量脉冲或者非正弦信号电压的幅度。示波器还可以用来测量一个脉冲信号波形各部分的电压幅值。除此之外，示波器不仅能显示电信号的波形，还可以测量电信号的幅度、周期、频率、相位、脉宽等参数。

用示波器测量电信号具有灵敏度高、过载能力强等特点。用示波器测量电信号的前提是要有完整、稳定的波形显示在显示屏上。

3. 高电压的测量

当被测电压在千伏以上时，对交直流电压的测量都可用附加电阻或者电阻分压器的方法来扩大电压的测量范围。对交流电压还可以用电容分压器或电压互感器的方法来扩大测量范围。

三、电流的测量

电流可以使用电流表或者示波器进行测量。

1. 电流表测量电流

使用电流表测量电流时，必须将电流表串联在电路当中，仪表内阻应远小于负载阻抗，否则串入电流表会对待测电流产生影响。使用电流表时，要注意电流表的量程范围和精度，还要注意极性，根据实验要求使电流按照参考方向从正极流入，负极流出。

实验中，需要特别注意的是：电流表绝对不能和被测电路并联，否则由于其内阻很小，会有大电流流经电流表而损坏测量仪表。

2. 示波器测量法

使用示波器测量电流属于间接测量。测量时，需要在被测支路中串联一个已知的小电阻 r，用示波器测量产生在 r 两端的压降，利用欧姆定律计算得到该支路的电流大小，并可以得到电流随时间变化的图形。需要注意的是：r 的值应该尽量小，以免对被测电路产生影响，但是 r 值过小时，很难在示波器中显示出稳定的波形。

3. 大电流的测量

这里的大电流指的是百安以上的电流，对于测量这个级别的直流电流来说，基本的问题是测量精度和成本。其他重要的考虑因素包括：工作环境(尤其是温度范围)、功耗、尺寸和耐用性(考虑可能的过载、瞬变和无激励工作)。测量中一般利用分流电阻来扩大仪表的量程，或用专用的大电流测量仪器。

使用分流电阻时，由于电阻总是会被流过的电流加热，并且可能工作在温度不稳定的环境中，因此分流电阻阻值相对于温度的稳定性就显得尤其重要。

通常用于测量大电流的仪器为霍尔大电流测量仪，它的关键部分是霍尔传感器，它利用传感器检测电流变化产生的磁场，进而根据磁场强度来计算电流大小。

四、功率的测量

1. 直流电路功率的测量

在直流电路中，功率 $P=UI$，测量功率可以采用间接测量法，即分别测出电压和电流，带入公式计算得出功率大小。测量时，需要注意电流表的接入位置。由于电流表内阻很小，一般情况下采用电流表外接法，如图 2.4.1 所示。在特殊情况下，例如低压大电流时，可以采用电流表内接法，如图 2.4.2 所示。

测量直流功率也可以直接使用功率表。

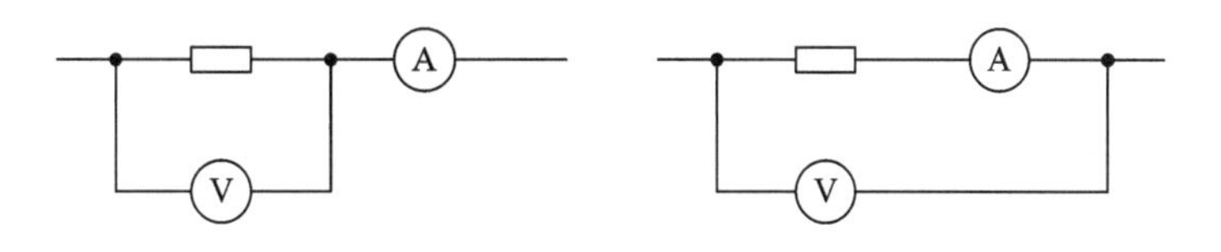

图 2.4.1　电流表外接法　　图 2.4.2　电流表内接法

2. 单相交流电路功率的测量

在交流电路中，功率分为有功功率 P、无功功率 Q 和视在功率 S。假设 U 为负载两端电压，通过负载的电流为 I，且两者的相位差为 φ，则负载吸收的有功功率为

$$P=UI\cos\varphi \tag{2.4.1}$$

无功功率为

$$Q = UI\sin\varphi \tag{2.4.2}$$

负载的视在功率为

$$S = UI = \sqrt{P^2 + Q^2} \tag{2.4.3}$$

在单相交流电路中，通常使用功率表测量有功功率。功率表内部装有两个线圈，其中电流线圈与负载串联，电压线圈与负载并联。因此功率表通常有 4 个端口，其中 1、2 为电流端口，3、4 为电压端口。

在使用功率表时要注意正确接线。因为有功功率读数与两线圈的电流方向有关，所以定义了“同名端”的概念，接线时要让同名端接在电源的同一极性上，以保证两线圈电流都能从该端口流入。因此功率表的正确连接方式有两种，如图 2.4.3 所示。图中通常用“ * ”标注同名端，虚线圈内为功率表。

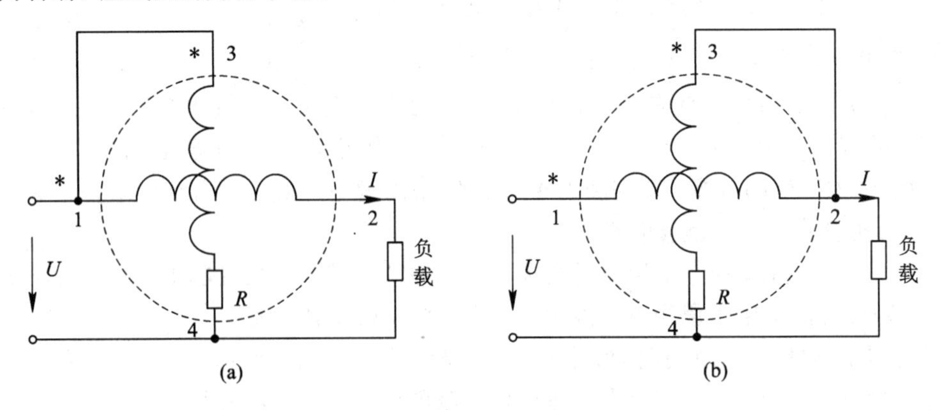

图 2.4.3　功率表的两种连接方式

两种连接方式的区别在于电压线圈的同名端连接点选择不同。

图 2.4.3(a)中电压线圈支路同名端与电流线圈同名端相连，此时，功率表电压线圈支路两端电压为电压表和功率表电流线圈压降之和，即在功率表的测量结果中包含了电流线圈的功率损耗。一般情况下，考虑到电流线圈的功耗小于电压线圈的功耗，当电路中负载电阻较大时，电流线圈的功率可忽略不计，建议采用这种连接方式。

图 2.4.3(b)中电压线圈支路同名端与电流线圈的非同名端相连，此时功率表电压线圈与负载并联，电流线圈中的电流等于负载电流与电压线圈电流之和，因此功率表的测量结果中包含了电压线圈的功耗。这种接法适用于低阻抗负载的电路，另外，当测量精度要求较高时，一般也采用这种连接方式，但是应注意要引入校正值，扣除相应的附加损耗。

3. 三相交流电路的功率

(1) 一表法测量三相对称负载功率。

在三相四线制对称负载电路中，或者连接方式为星形连接时，可用一只功率表测量其中一相负载功率，则三相负载功率为其值的 3 倍。这种方法称为一表法，如图 2.4.4 所示。

此时，功率表的电流线圈串接于任一条端线，通过的是负载的相电流，电压线圈加的是相电压。

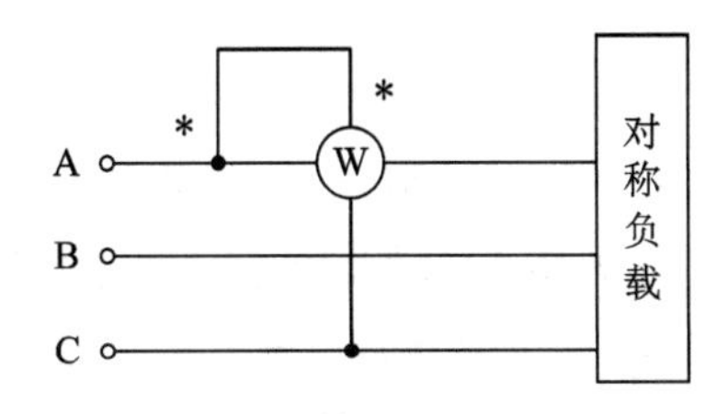

图 2.4.4　一表法测量三相对称负载功率

(2) 二表法测量三相负载功率。

二表法适用于三相三线制的负载功率测量，对负载是否对称和负载是何种接线方式没有要求。接线方法如图 2.4.5 所示。

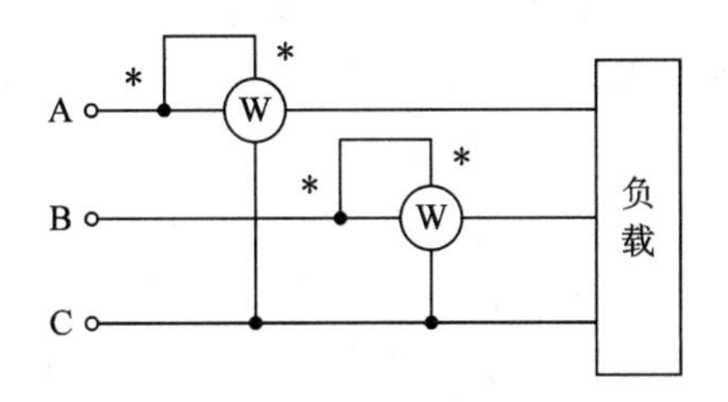

图 2.4.5　二表法测量三相负载功率

两只功率表的电流线圈分别串入任意两根端线中，电流线圈的对应端必须接在电源侧。两只功率表的电压线圈的对应端必须各自接到电流线圈的任一端，电压线圈的另一端则应与没有电流线圈串入的那根端线相连。即通过功率表电流线圈的是线电流，加在电压线圈两端的是线电压。

(3) 三表法测量三相负载功率。

三表法适用于三相四线制的负载功率测量。分别测得三相负载的功率，相加即可得到总功率。连接方法如图 2.4.6 所示。通过功率表电流线圈的是相电流，加在电压线圈两端的是该相电压。

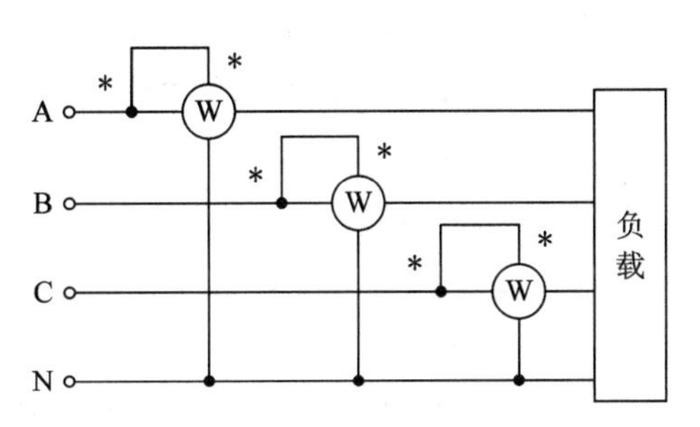

图 2.4.6　三表法测量三相四线制负载功率

2.5　测量数据的处理

实验中测量得到的结果通常还需要进行计算、分析和整理，才能满足实验要求和达到实验目的。因此对测量数据的处理非常重要，它必须客观，不能人为提高或者降低实验的测量精度。

一、测量数据的有效数字

在测量中对数据进行记录时，由于各种因素，测量结果不可避免地存在误差，加上在计算中，对诸如 π 等无理数，只能取其近似值，因此，测量数据不可能完全准确。故测量数据通常由“可靠数字”和“欠准数字”两部分构成，两者结合起来称为“有效数字”。一般情况下，最后一位是估读的欠准数字，其余各位数字都必须是准确的。例如，使用量程为 200 mA 的电流表测量电流时，读数为 125.36 mA，前面的“125.3”为可靠数字，最后的“6”为欠准数字，此时有效数字是 5 位。

1. 有效数字注意事项

(1) 当“0”出现在第一位时，不计入有效数字的位数。例如，如果将 125.36 mA 记录为 0.12536 A，则此时的有效数字依然是 5 位。第一位的“0”仅与单位有关，也就是说，有效数字的位数与书写形式、单位和小数点的位置无关。

(2) 当“0”出现在最后一位时，它前面的数字均计入有效数字。例如，测量电阻得到的数据是 510.00 Ω，表明前面的 4 位都是准确数字，最后的“0”是估读出来的欠准数字，有效数字为 5 位。若记录为 0.51 kΩ，则最后的“1”为欠准数字，有效数字为 2 位。虽然两者表示同一数值，却代表不同的测量精确度。所以在读取测量数据时，最后一位的“0”不能随意取舍。

(3) 有效数字也可以用科学计数法来表示，如可将 1200 表示为 1.2×10^3 或者 1.20×10^3 或者 1.200×10^3，它们的有效位数分别是 2 位、3 位和 4 位。

(4) 大数值与小数值要用幂的乘积形式表示出来。例如，测得某电阻阻值为 10 kΩ，要求有效数字为 3 位时，应该记录为 10.0×10^3 Ω，不能记为 10 000 Ω。

(5) 特殊数字，如 π、e 和带根号的数字，在计算中需要根据具体要求来确定其有效数字的位数。

(6) 当测量读数的位数高于需要保留的位数时，通常采用“四舍六入五单双”的原则对最后一位进行舍入。即当数据最后一位是 5 时，若 5 后有数，则舍 5 入 1；若 5 后无有效数字，则分两种情况：5 前为奇数，舍 5 入 1，5 前为偶数，舍 5 不进(0 是偶数)。

2. 有效数字运算规则

(1) 加减运算。小数位数不同的有效位数相加减时，一般以各数中小数点后位数最少的数为标准数，其余各数的小数位数修约成比标准数多一位，然后进行加减运算，结果应与标准数的小数位数相同。

例如，6.3、10.472、0.047 三个数字相加，应以 6.3 为标准数，其余两个数分别修约为 10.47 和 0.05，然后相加，即 $6.3+10.47+0.05=16.8$。

另外，两个相差较小的有效数进行减法运算时，以位数少的数为标准数，另一个应尽可能多取几位小数，避免降低测量准确度。

(2) 乘除运算。进行乘除运算时，以有效位数最少的数为标准数，其余修约成比标准数多一位有效位数的数，然后进行运算，运算结果的有效数位与标准数相同。

例如，0.35、2.368、12.013 三者相乘，应以 0.35 为标准数，其余两个数修约为 2.37、12.0，计算 $0.35\times2.37\times12.0=9.954$，结果为 10。

(3) 平方及开方运算。做此类运算时，运算结果应该比原数多保留一位有效数字。例如：$5.8^2=33.6$，$\sqrt{12}=3.46$。

二、测量数据的读取与记录

实验中，对测量数据的记录是非常重要的环节，需要考虑测量仪表的误差、单位、测量条件等诸多因素。下面根据测量仪表的显示方式分别说明。

1. 数字式仪表的读数与记录

实验中大多数使用的是数字式仪表，它具有使用方便、灵敏度高等优点。数字式仪表可以直接读出被测量的值，无需进行换算。但是需要注意的是：仪表量程的选择会对测量结果的精确度产生影响。若选择不当则会丢失有效数字，降低测量精度。因此需要合理选择仪表的量程。例如，使用电流表测量电流时，不同量程得到的测量值不同，如表 2.5.1 所示。

表 2.5.1　测电流时不同量程测量结果

量程	2 A	200 mA	20 mA
测量结果	0.005 55 A	5.575 mA	5.5747 mA

由表 2.5.1 可知，20 mA 是最佳量程，其余两个量程都会丢失有效数字。因此在实验中，一般应选择大于且接近被测量值的量程。

2. 模拟式仪表的读数与记录

模拟式仪表一般需要经过指针读数、计算仪表常数和换算过程，才能得到被测量的值。例如，一块指针式电压表的量程是 30V，满刻度值为 150，指针指在第 25.6 格。可以计算测得的电压值为

$$\frac{30}{150}\times 25.6=5.12\ \text{V}$$

3. 示波器测量数据的读取与记录

实验过程中，经常用示波器观察电信号的波形，通常需要记录下波形和相关扫描参数。在记录过程中，要保证以下几点：

(1) 波形要稳定地显示在屏幕上，以显示 2～5 个周期为佳。

(2) 调整波形到方便观察和记录的位置。这点会在第六章中详细介绍。

(3) 在坐标纸上标注出横、纵坐标的符号和单位以及坐标原点。根据具体要求还应标注出水平扫描速度、垂直灵敏度等重要参数。

(4) 在坐标系中按照一定比例（通常要求 1∶1）绘制波形，注意关键点（例如转折点或者断点）必须体现出来。

(5) 绘制波形应用光滑的曲线，形成完整的波形图。所绘制的波形图必须能够正确反映被测信号的幅值、相位和周期。

三、测量数据的表示方法

将读取到的测量数据以某种形式表示出来，便于阅读和比较分析。通常的表现形式有

列表法和图示法。

1. 列表法

列表法就是将测量数据进行整理分类后，按照一定的规律有序排放在一个表格内。它具有操作简单、便于比较、一目了然的优点。表格没有统一的格式，但是所设计的表格必须能够充分反映量之间的关系。表格应包括以下几个部分：

(1) 表格名称。表格名称应简明扼要，有时也可以在名称或者表格下面附加其他说明，并注明数据来源。

(2) 项目。项目应包括名称和单位，一般情况下用符号表示。选择变量作为主项或副项时应合理安排，一般将能直接测量的量作为自变量 x。列表时，自变量一般按照逐渐递增或者逐渐递减的顺序排列。另外，有量纲的自变量必须标注单位。

(3) 数值。填写数值时应注意格式要一致，小数点后面保留相同的位数。数值为零时要记为"0"，数值空缺处应标注"—"，如果数值过大或过小，应用幂的乘积形式表示。

另外，由于一般假定自变量无误差，因此可以用 10、20 来替代 10.00、20.00，但是因变量的小数位数则取决于测量的精确度。理论计算出来的数值，可认为有效数字无限制，但是测量所得数据，有效数字要取决于测量精度。

2. 图示法

图示法是将原始数据作为点的坐标放在坐标系中，合成一条光滑的曲线，而后从曲线上读取所需值。

绘制曲线时要选取合适的坐标系，通常采用直角坐标系，一般以 $y=f(x)$的自变量 x 作为横坐标。坐标轴的方向、原点、刻度、函数关系和单位缺一不可，坐标轴的外侧应标出该坐标轴所代表的物理量及其单位。

选择测量点时，应包括全部特殊点(如零点、拐点、极值点等)，并按照曲线上曲率大的地方多取的原则取足够多的测量点。另外，可能会存在一个坐标系有多条曲线的情况，此时应用不同颜色或者实心圆、空心圆等符号加以区分，同一组数据用相同的颜色或者符号。

绘制的曲线应光滑并且粗细一致。由于测量误差，曲线不可能通过所有的测量点，绘制时曲线的拐点应尽可能少，让曲线尽可能离全部的测量点距离之和最小。若有条件，则可以借助计算机进行绘图，更加准确。

第三章 虚拟仿真软件 Multisim

虚拟实验是指借助仿真软件，在计算机上部分或全部模拟传统实验各操作环节，使实验者可以像在真实环境中一样完成各种实验项目。由于仿真软件可模拟理想及非理想情况下的实验过程，故虚拟实验所取得的实验效果等价于甚至优于在真实环境中所取得的效果。除此之外，虚拟实验不受限于场地、器材，仅需计算机即可完成，无论老师还是学生，都可随时随地完成各种虚拟实验，这极大地提升了实验教学的自由度和广度。

常见的仿真软件有很多，例如 Proteus、Altium Designer 和 Matlab 软件中自带的仿真工具 Simulink 等，均被广泛应用于各种线性、非线性、数控、数字信号处理系统进行动态建模，它们各有优缺点，读者可自行查找相关信息。本书主要使用以 Windows 为基础的仿真工具 NI Multisim，它包含了电路原理图的图形输入、电路硬件描述语言输入方式，具有丰富的仿真分析能力。Multisim 具有直观的图形界面、丰富的元件、各类仪表，使用起来简单明了，在模电、数电电路仿真及相关实验教学方面，十分常用。

3.1 虚拟仿真软件 NI Multisim14.0 界面说明

本节将对 NI Multisim14.0 主要操作界面中各区域功能进行简要介绍，具体的元件、仪器功能不再详述，在后续每章的虚拟实验小节中，会单独介绍对应实验需要用到的新增元件、仪器的使用方法。

1. 主界面

安装 NI Multisim14.0 软件后，单击 NI Multisim14.0 图标即可运行软件。图 3.1.1 所示为打开 Multisim14.0 后的主界面，包含标题栏、菜单栏、快捷工具栏、设计工具箱、电路绘制区、电子表格视图等。通过操作各部分可以绘制、编辑电路图并输出仿真结果进行观测。

图 3.1.1 Multisim14.0 主界面

各区域功能如下：

标题栏：与其他 Windows 软件操作方式类似，可进行最大化、最小化、关闭等操作。

菜单栏：包含操作该软件的所有功能按键，后续会有详细介绍。

快捷工具栏：包含各常用功能、元件、仪器的快捷键。

设计工具箱：显示目前已打开的设计文件及其子文件，可进行文件切换。

电路绘制区：可搭建电路模型。

电子表格视图：可显示仿真结果、SPICE 网表、元件清单等。

以上区域均可通过菜单栏→视图(View)进行打开或关闭。

2. 菜单栏

菜单栏包含 12 个菜单：文件、编辑、视图、绘制、MCU、仿真、转移、工具、报告、选项、窗口、帮助，点开后可在下拉条中进行相关操作，其中大部分菜单与其他软件类似，Multisim14.0 特有的几个菜单为绘制、MCU、仿真、转移，常用和特有菜单的功能如下：

视图(View)：控制电路绘制区显示网格、边界与否，控制各种工具栏显示与否。

绘制(Place)：在电路绘制区绘制元器件、导线、总线、连接器、注释等，构成电路。

MCU(Microcontroller Unit，微控制单元，即单片机)：为电路绘制区的 MCU 提供调试操作指令。

仿真(Simulate)：控制仿真的运行、暂停与停止，提供仿真设置，插入仪器对仿真结果进行观测和分析。

转移(Transfer)：将 Multisim 文件转换为其他类型文件。

工具(Tools)：提供一些辅助工具如电路向导、电路板 3D 模型、截图、符号编辑器等。

选项(Options)：对整个界面的显示、背景、电路图属性、元器件符号等进行偏好设置。

3. 工具栏

在图 3.1.1 所示的主界面中可以看到菜单栏下有多种快捷工具栏，通过打开视图(View)菜单，选择工具栏子菜单对各种工具栏进行增减，将鼠标箭头在工具栏中的任一图标上停留，即可看到该图标表示的功能。下面以图 3.1.2 为例，介绍一些主要工具栏的具体作用。

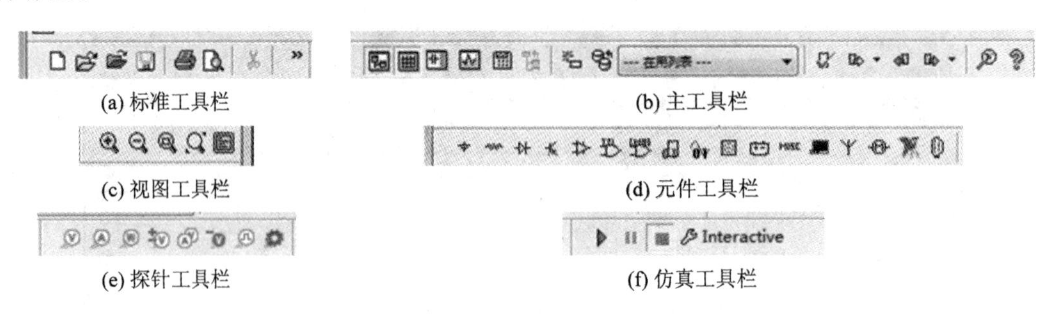

(a) 标准工具栏　(b) 主工具栏

(c) 视图工具栏　(d) 元件工具栏

(e) 探针工具栏　(f) 仿真工具栏

图 3.1.2　多种快捷工具栏

图 3.1.2(a)所示为标准工具栏，控制文件的新建、打开、保存、打印、剪切等常规操作。

图 3.1.2(b)所示为主工具栏，控制文件的设计工作箱、电子表格视图、后处理器等窗口的隐藏与显示。

图 3.1.2(c)所示为视图工具栏，控制电路图的放大与缩小等。

图 3.1.2(d)所示为元件工具栏，可在电路绘制区快捷绘制元件。

图 3.1.2(e)所示为探针工具栏，可在电路绘制区快捷插入电压、电流、功率等探针，监测仿真时各动态量实时变化值。

图 3.1.2(f)所示为仿真工具栏，可控制仿真的开始、暂停、停止。

4. 元件库

Multisim14.0 提供多种元器件以供使用，通过单击菜单栏中的绘制(Place)→元器件(Component)，或单击图 3.1.2(d)所示元件工具栏中的任一快捷键，可以在电路绘制区放置元件，主数据库中有以下 18 个组可供选择，每组中又有多种系列可供选择，如图 3.1.3、图 3.1.4 所示。

(1) Sources(电源)：包含电源、信号电压/电流源、受控电压/电流源、受控函数模块、数字信号源等。

(2) Basic(基础元件)：包含各种基础元件，如电阻、电容、电感、变压器、二极管、三极管、开关、插口等。

(3) Diodes(二极管)：包含普通二极管、齐纳二极管、二极管桥、变容二极管、PIN 二极管、发光二极管等。

(4) Transisitors(三极管)：包含 NPN 管、PNP 管、达林顿管、IGBT、MOS 管、场效应管、可控硅等。

(5) Analog(模拟器件)：包含运放、滤波器、比较器、模拟开关等模拟器件。

(6) TTL(晶体管逻辑门电路)：包含 TTL 型数字电路，如 7400、7404 等 BJT 逻辑门电路。

(7) CMOS(CMOS 数字电路)：包含 CMOS 型数字电路，如 74HC00、74HC04 等 MOS 管逻辑门电路。

(8) MCU(单片机)：包含 MCU 模型，如 8051、PIC16 少数模型、ROM、RAM 等。

(9) Advanced_Peripherals(外围设备库)：包含键盘、LCD、显示终端等。

(10) Misc Digital(混合数字器件)：包含 DSP、CPLD、FPGA、PLD、单片机微控制器、存储器件、接口电路等数字器件。

(11) Mixed(混合)：包含定时器、AC/DA 转换芯片、模拟开关、振荡器等。

(12) Indicators(指示器)：包含电压表、电流表、探针、蜂鸣器、灯、数码管等显示器件。

(13) Power(电力)：包含保险丝、稳压器、电压抑制、隔离电源等。

(14) Misc(其他器件)：包含晶振、电子管、MOS 驱动等。

(15) RF(射频)：包含一些 RF 器件，如高频电容电感、高频三极管等。

(16) Electro_Mechanical(机电元件)：包含传感开关、机械开关、继电器、电机等。

(17) Connectors(连接器)：包含端口模块、USB、DSUB 等。

元器件又分为实际元器件和虚拟元器件(见图 3.1.3)，实际元器件可以对应真实的元器件型号、封装、参数值，可导出到 Ultiboard 中进行 PCB 设计，而虚拟元器件则可根据需要修改参数值，仅用于仿真。虚拟元器件与实际元器件图标相同，但虚拟元器件图标有底色，而实际元器件图标没有。

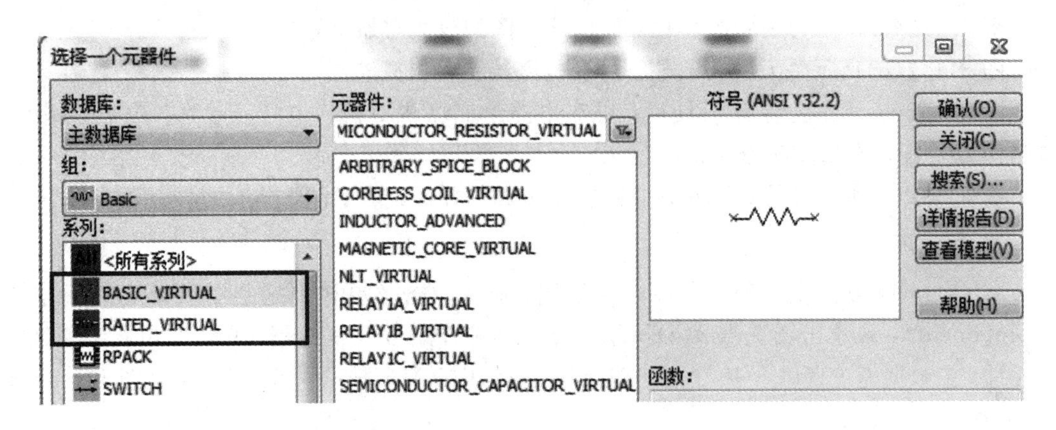

图 3.1.3 虚拟元器件

绘制元器件:以图 3.1.4 所示为例,选择"数据库"为"主数据库","组"为"Sources","系列"为"POWER_SOURCES",即可绘制大部分电路实验所需电源,比如 AC_POWER 和 DC_POWER 即为交流电压源和直流电压源。图 3.1.4 中所选为三相 Y 接电压源 THREE_PHASE_WYE,在其他的系列中,还可选择数字信号源和受控源等。

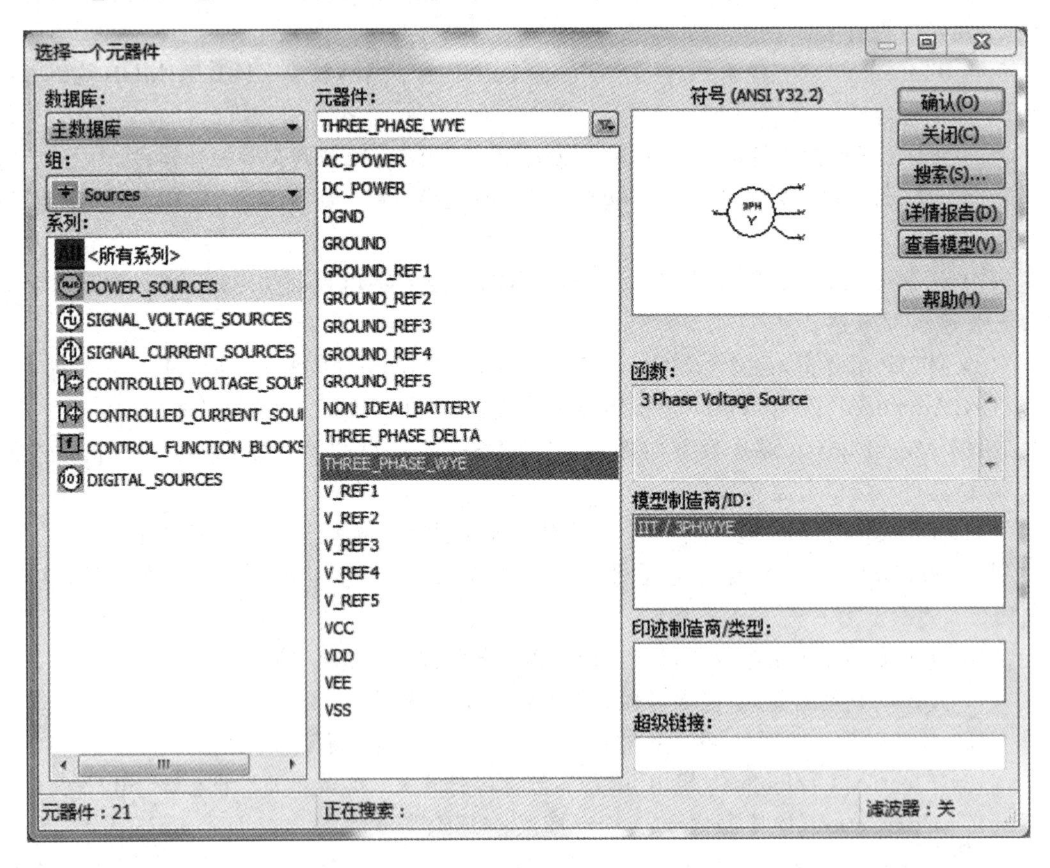

图 3.1.4 绘制元器件

插入元器件后,双击元器件图标可进行参数设置,如图 3.1.5 所示,可对三相 Y 接电源进行电压、频率、时延和阻尼因数的设定。

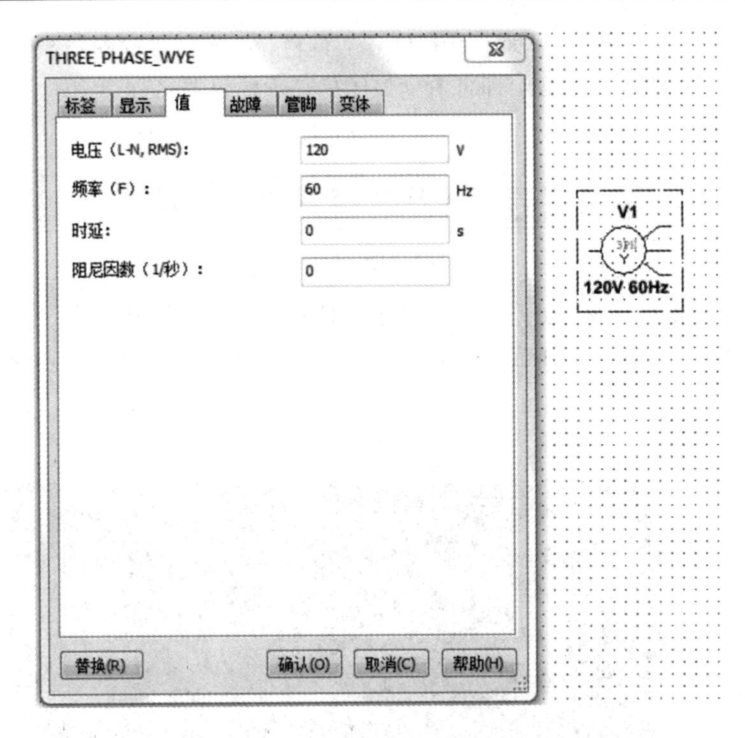

图 3.1.5　元件参数设定

5. 获取仿真结果

除提供多种元器件外，Multisim14.0 也提供多种虚拟仪器用于监测、观看、分析电路仿真运行结果。通过单击菜单栏中的“仿真”(Simulate)→“仪器”(Instrument)，可以在电路绘制区放置仪表，如图 3.1.6 所示。除了虚拟仪器，Multisim14.0 也提供实际仪器的仿真仪器，如安捷伦的示波器、万用表等。

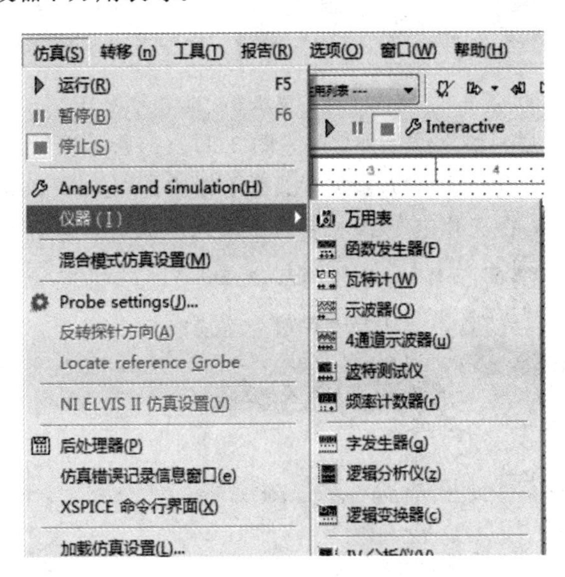

图 3.1.6　插入仪器

与元件库有快捷工具栏一样，仪器库也有快捷工具栏，如图 3.1.7 所示。单击菜单栏中的“视图”(View)→“工具栏”，即可打开仪器工具栏，进行仪器的快捷插入。将鼠标箭头在该工具栏中的任一图标上停留，即可看到该图标表示的仪器名称。

图 3.1.7　仪器工具栏

以插入一个示波器为例，如图 3.1.8 所示，双击示波器图标即可设定仪器参数，如时基(水平扫描速度)、垂直扫描速度、耦合方式、位置、触发方式及触发电平等，与真实的示波器设定参数一致。

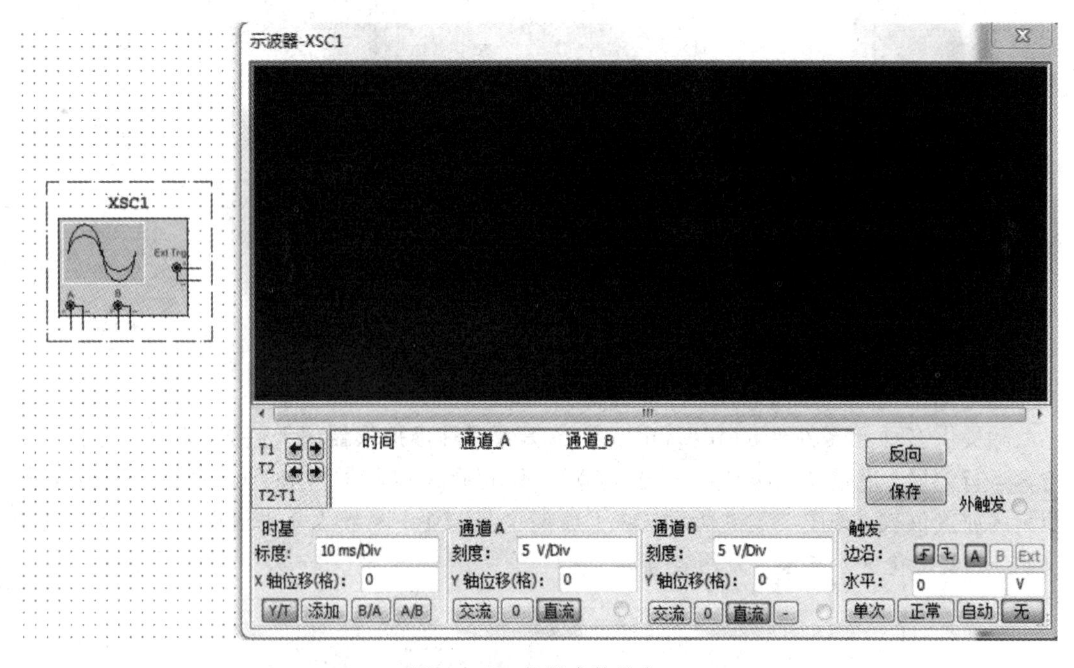

图 3.1.8　仪器参数设定

除了使用虚拟仪器监测仿真结果外，通过图 3.1.2(e)所示探针工具栏中的快捷探针也可监测电路的动态参数变化，还可以通过单击菜单栏中的“绘制”(Place)→“Probe”插入探针，如图 3.1.9(a)所示，在三相电源 A 相导线上插入电流探针，如图 3.1.9(b)所示，连好

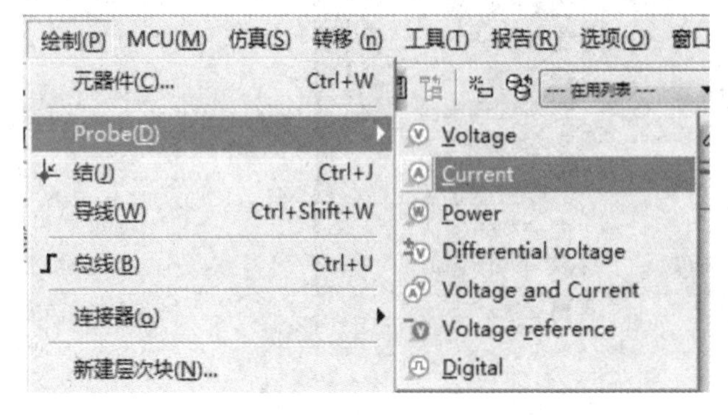

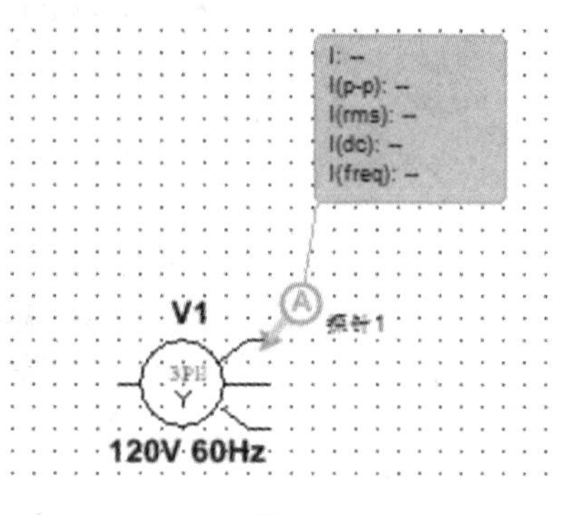

(a)　　　　(b)

图 3.1.9　插入探针

完整电路并开始仿真，即可观察 A 相输出线电流的实时变化。双击探针图标可对探针进行设定。

6. 电路分析功能

观测电路仿真结果除了直接进行仿真即 Interactive Simulation 后，使用各种观测仪器查看，也可使用 Multisim14.0 自带的各种 Active Analysis 电路分析功能。单击菜单栏中的“仿真”(Simulate)→“Analyses and simulation”，即可打开电路分析窗口，如图 3.1.10 所示，Multisim14.0 自带了 18 种电路分析功能，针对不同的电路，选择合适的分析方式，同样可得到仿真结果。

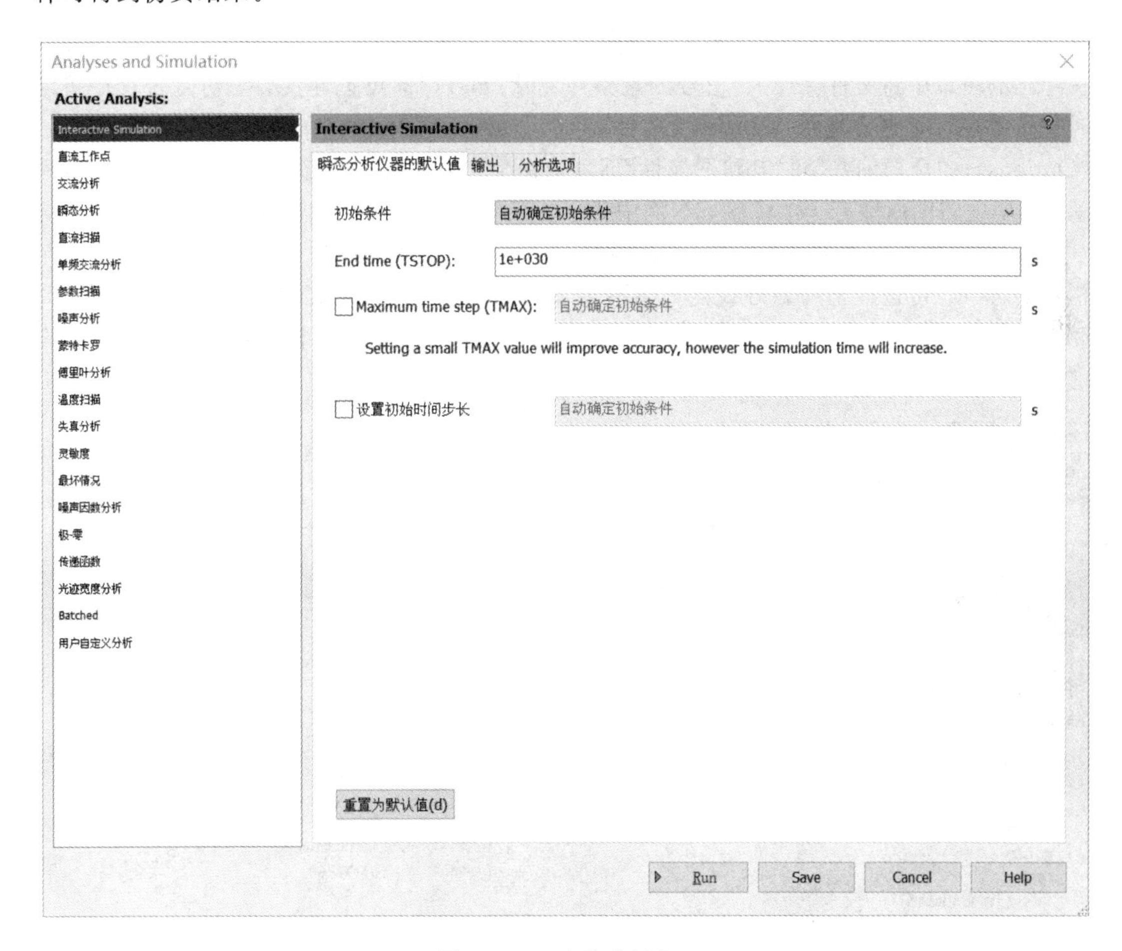

图 3.1.10　电路分析窗口

电路分析窗口也可通过单击图 3.1.2(f)所示仿真工具栏最右侧“Interactive”图标直接打开。

3.2　虚拟仿真实例

本节将以“信号的观察与测量”实验中相位差测量电路为例，对 Multisim14.0 的完整使用进行介绍。

相位差测量电路如图 3.2.1 所示。

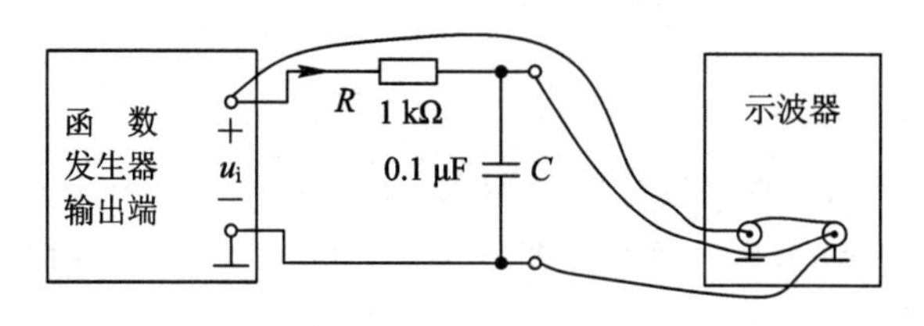

图 3.2.1　相位差测量电路图

1. 创建文件以及设定偏好

打开 NI Multisim14.0 后，默认新建设计 1，单击菜单栏中的“文件”(File)→“保存”，在弹出的窗口中将文件保存为“信号的观察与测量.ms14”即可创建文件，仿真过程中可随时进行保存，操作与其他 Windows 软件一致，此处不再详述。单击菜单栏中的“选项”(Options)→“全局偏好”和“电路图属性”即可依据个人习惯设定电路绘制区，如图 3.2.2 所示，其中电路图属性有 7 个标签，本例中为了方便进行电路分析和使画面显示简洁，选择“电路图可见性”→“网络名称”→“全部显示”，“工作区”标签取消勾选“显示网格”。在菜单栏单击“选项”可进行全局偏好设定，如图 3.2.2(b)所示，符号标准默认使用 ANSI 美标，DIN 为德标，其中德标电气符号与书中实操电路图相似性更高，可根据使用者偏好进行设定。读者使用软件时可按需设定。

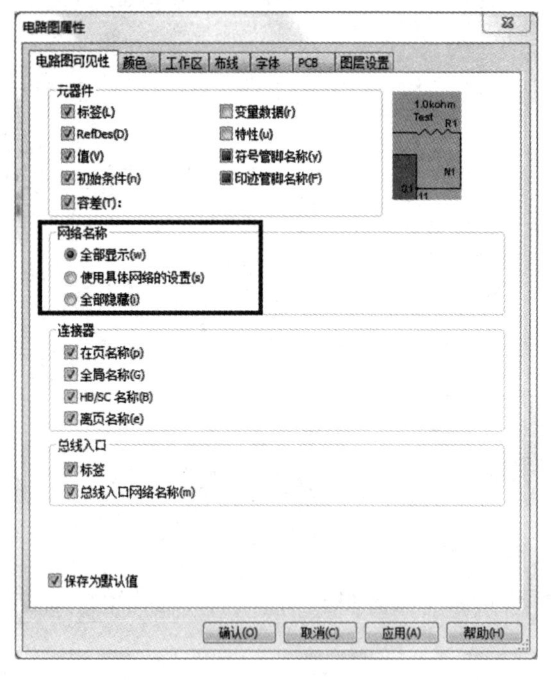

(a) 电路图属性

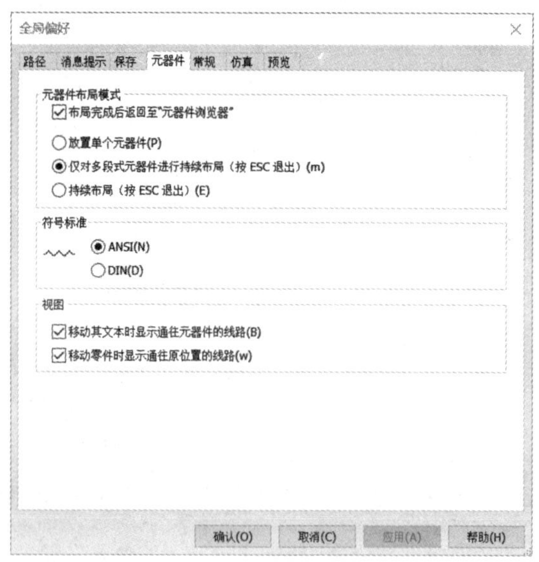

(b) 设定全局偏好

图 3.2.2　创建文件及设定偏好

2. 绘制元器件

“信号的观察与测量”实验需要一个 1 kΩ 的电阻和一个 0.1 μF 的电容，单击菜单栏中的“绘制”(Place)→“元器件”(Component)，在弹出的窗口中，选择“数据库”为“主数据库”，“组”为“Basic”，“系列”下可看到“RESISTOR”和“CAPACITOR”，如图 3.2.3 所示，“元器件”下直接选择需要的参数，单击“确认”按钮，即可用鼠标选择合适的位置将元件放置在电路绘制区，放置后也可随意移动位置。如果可选参数中没有需要的，则选择任意参数绘制，然后双击元件图标修改参数，修改电容器参数界面，如图 3.2.4 所示，其中“标签”栏可以修改电阻电容的编号。

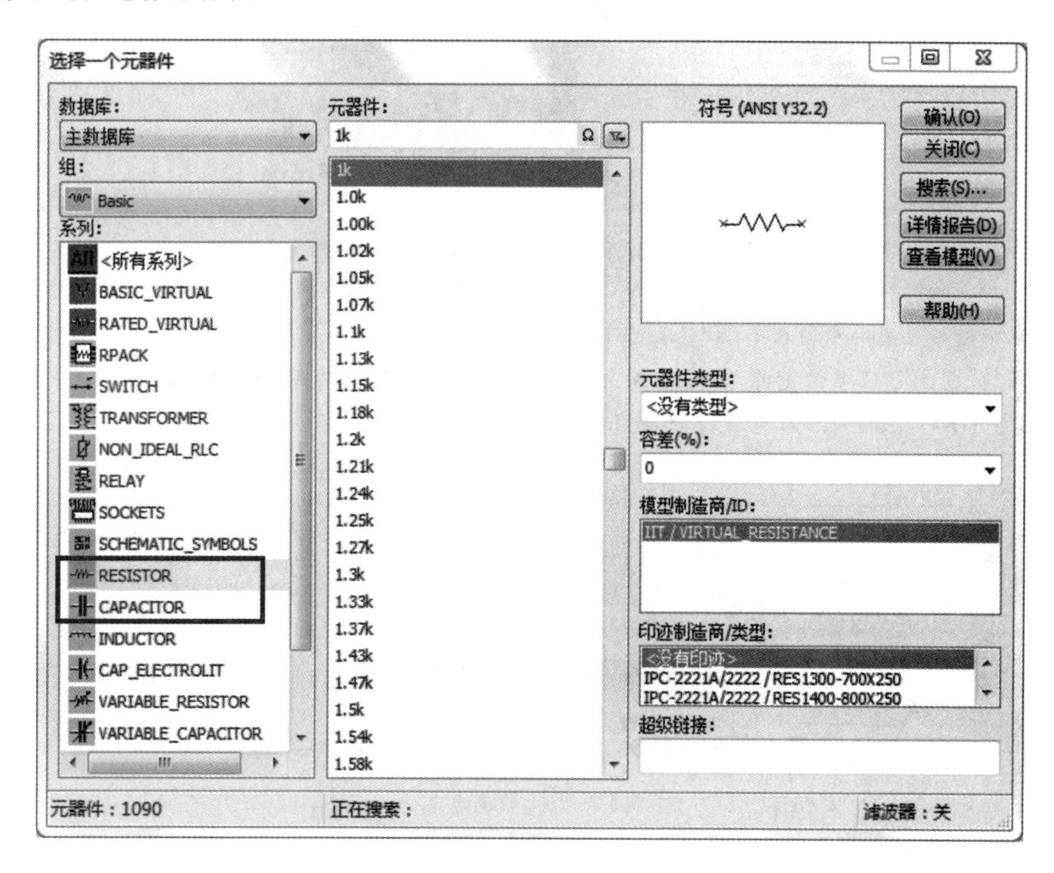

图 3.2.3　绘制电阻、电容

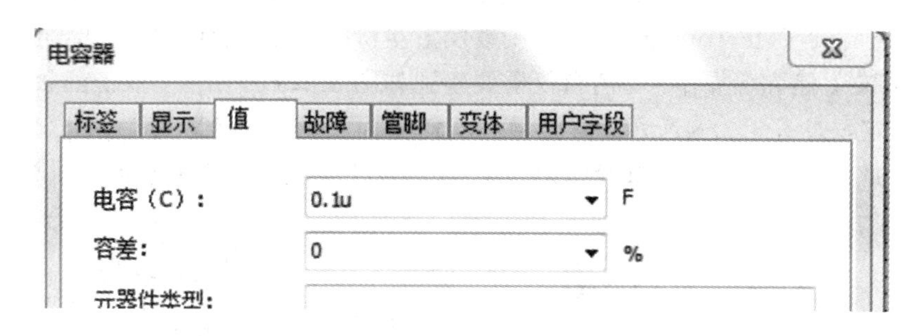

图 3.2.4　修改电容参数

放置好元器件后，可按鼠标右键在元件图标上对其进行基本编辑、翻转、旋转、替换等操作，图 3.2.5 所示为旋转操作菜单，按下 Delete 键可删除不需要的元件。

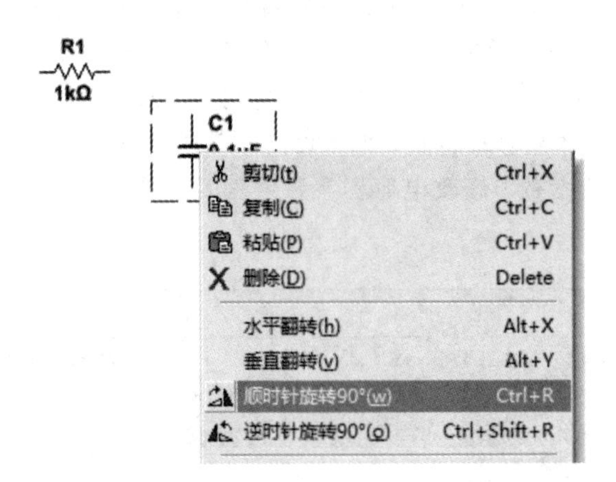

图 3.2.5　旋转电容与图 3.2.1 电路图一致

此处需要注意：图 3.2.1 中除了电阻、电容以外，信号发生器负极应接地，所以还需插入一个地线。单击菜单栏中的“绘制”(Place)→“元器件”(Component)，在弹出的窗口中，选择“数据库”为“主数据库”，“组”为“Sources”，“系列”为“POWER_SOURCES”，“元器件”为“GROUND”(即为地线)，如图 3.2.6 所示。

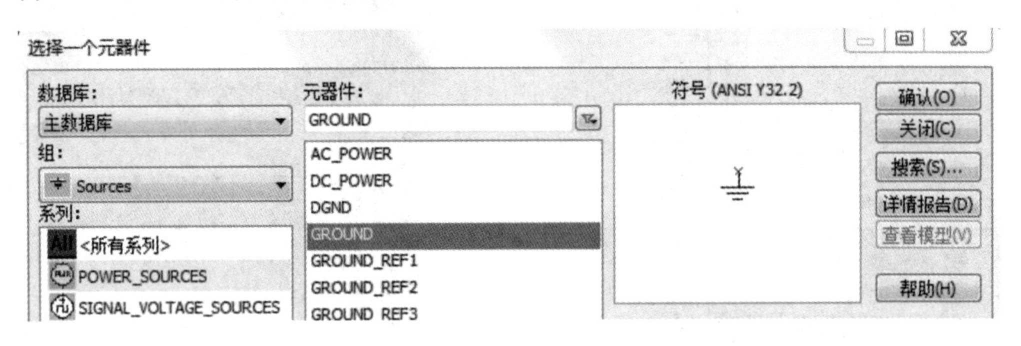

图 3.2.6　放置地线

3. 插入仪表

“信号的观察与测量”实验需要使用函数发生器及示波器，通过单击菜单栏中的“仿真”(Simulate)→“仪器”(Instrument)，插入函数发生器和示波器，与元器件一样，也可以进行移动、旋转、翻转、删除等操作，将两台仪器调整到如图 3.2.7 所示后，双击函数发生器图标进行参数设定，如图 3.2.8 所示。需要用到的信号为正弦波，频率为 1 kHz，电压峰峰值 $U_{P\text{-}P}=3$ V，此处设定的振幅为峰峰值的一半，即 1.5 V，偏移即设置直流分量为 0。若不想

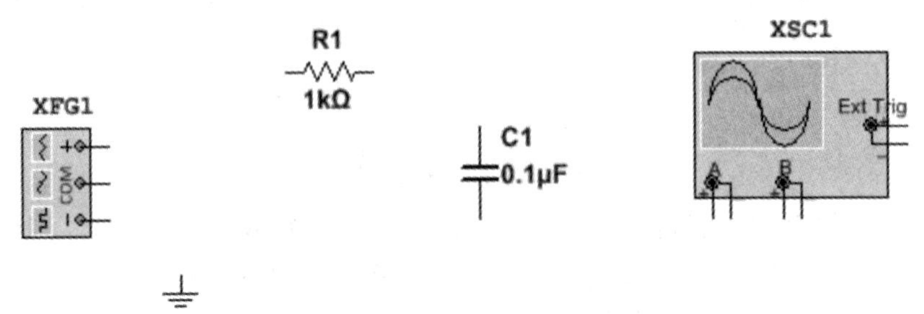

图 3.2.7　放置函数发生器和示波器

使用虚拟仪器，也可使用与实际仪器对应的安捷伦(Agilent)函数发生器和示波器，其功能更多。

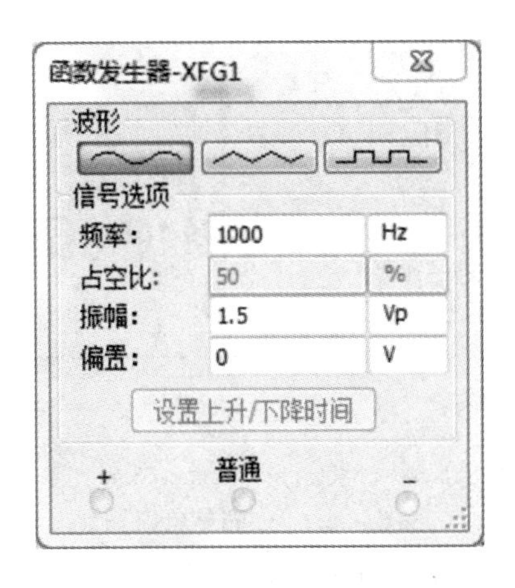

图 3.2.8　设置函数发生器参数

4. 连接电路

用鼠标单击信号发生器图标的正极后，带着虚线靠近电阻 R_1 的左端会出现红点，单击该点后即可将两点相连，未连接时显示为黑虚线，连接好后显示导线为实心红线，单击鼠标选定导线后可以调整导线每个转折点(蓝点)的位置。如图 3.2.9 所示，绘制导线时，可根据需要将鼠标在任意位置停下单击，在点击处会留下一个转折点，使电路图更清晰美观。如果画了一半发现画错了，则可单击鼠标右键取消。连接导线时，如果觉得画面太小，则可使用鼠标滚轮进行放大与缩小。导线与元器件一样，可以按 Delete 键删除。注意：连接示波器 CH1 和 CH2 的导线颜色可以通过选中导线→右键→区段颜色更改，更改后波形颜色也相应改变，便于区分，此处将 CH2 调成黄色。

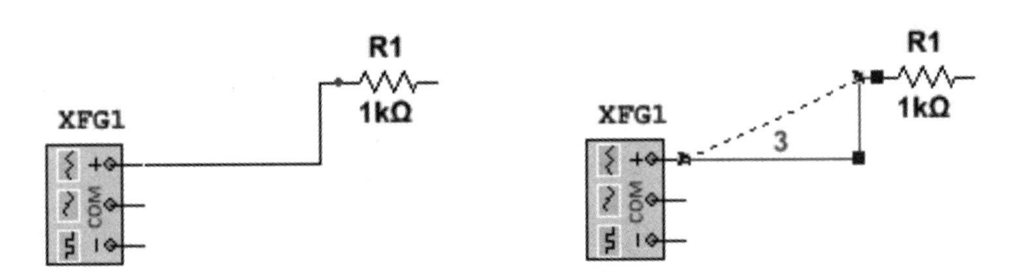

图 3.2.9　绘制与修改导线

连接好的电路如图 3.2.10 所示，图中各结点均有编号是由于一开始在“电路图可见性”标签中网络名称选择了“全部显示”，若选隐藏则不会显示编号。单击菜单栏中的“绘制”(Place)→“文本”即可插入 u_i 与 u_C 的标注。

注意图 3.2.1 中函数发生器的负极在 Multisim14.0 中为 COM，正极与 COM 之间产生一个频率为 1 kHz，电压峰峰值为 $U_{P\text{-}P}=3$ V 的正弦波，负极与 COM 之间则产生一个电压峰峰值大小相同、同频率但是反相的正弦波。

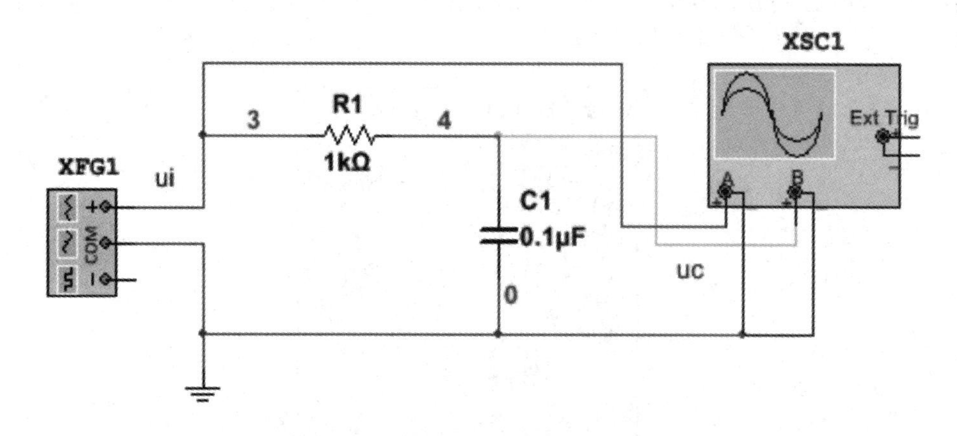

图 3.2.10 完整电路图

连接好电路后，若想在导线上增加结点连到别的元器件上，可在空白处点击鼠标右键，在弹出的菜单中选择“在原理图上绘制”→“结”，或单击菜单栏中的“绘制”(Place)→“结”，即可插入，按下快捷键 Ctrl+J，即可在任意导线上增加结点，如图 3.1.11 所示。

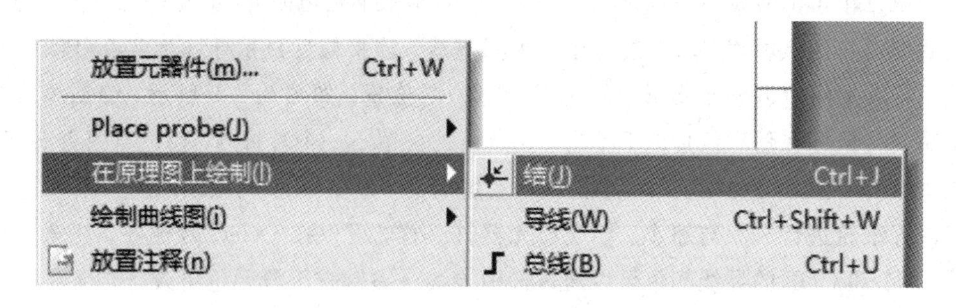

图 3.2.11 增加结点

5. 电路仿真

电路连接完毕并检查无误后，即可单击菜单栏中的“仿真”(Simulate)→绿色三角形图标运行，或者单击图 3.2.12 所示仿真工具栏中三角形(绿色)图标，进入仿真状态。进入仿真状态后无法修改参数，只有停止仿真后，才能进行参数修改。

图 3.2.12 仿真工具栏进入仿真状态图标

此时双击示波器图标，可以看到示波器中波形并不稳定，与实际示波器一样，需要对示波器进行设置才能看到稳定清晰的结果。将示波器调节为交流耦合，正常触发一段时间后再单次触发，将时基(水平扫描速度)调节为 200 μs/Div，通道 A、B 的刻度(垂直灵敏度)调节为 1 V/Div，即可看到“信号观察与测量”实验中相位差测量的实验结果波形，如图 3.2.13 所示。选择“反向”按钮可以将背景设置为白色。

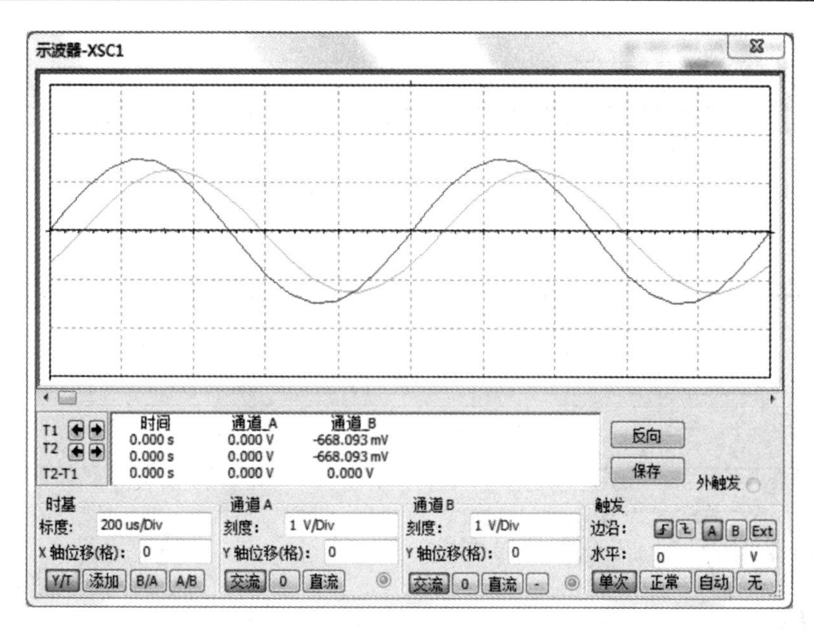

图 3.2.13　仿真结果波形

波形稳定后，单击停止仿真即可开始测量。将屏幕左侧闪动的光标向右拉至两个波形的下降沿过零点，1 光标测量线即 u_i，2 光标测量线即 u_C，可测得时间差为 85.47 μs，1 周期为 1 ms，计算出相位差为 $\varphi=360°\times 85.47/1000=31°$，在实际实验中数格数测出的 28.8°～36°范围内，如图 3.2.14 所示。

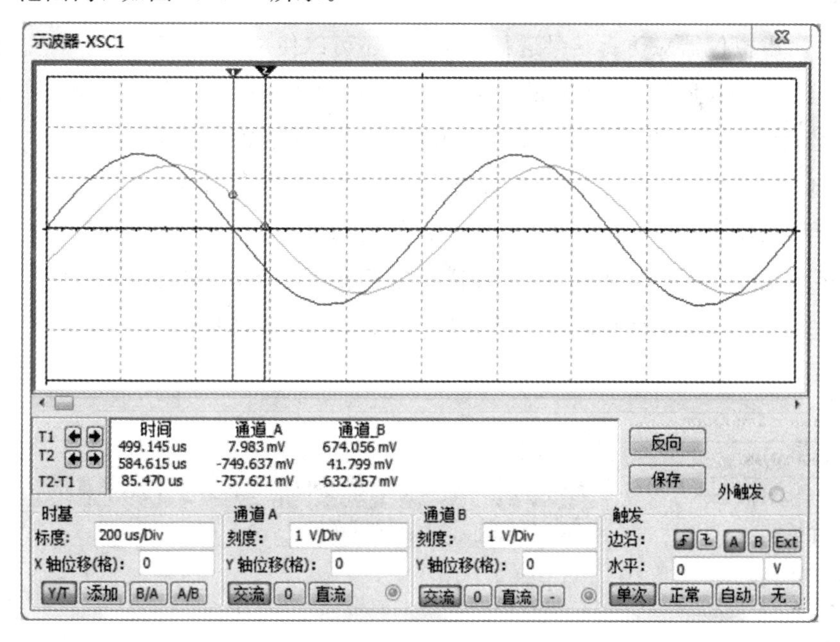

图 3.2.14　测量相位差

下面来测量 u_C 的峰峰值，选择 u_C 的波形，将两条光标分别移动到波峰与波谷，如图 3.2.15 所示，可以看到通道 B 的参数，T2－T1＝2.502 V，即波峰与波谷之差为 2.502 V，故 u_C 峰峰值为 2.502 V，与实际实验测量结果一致。

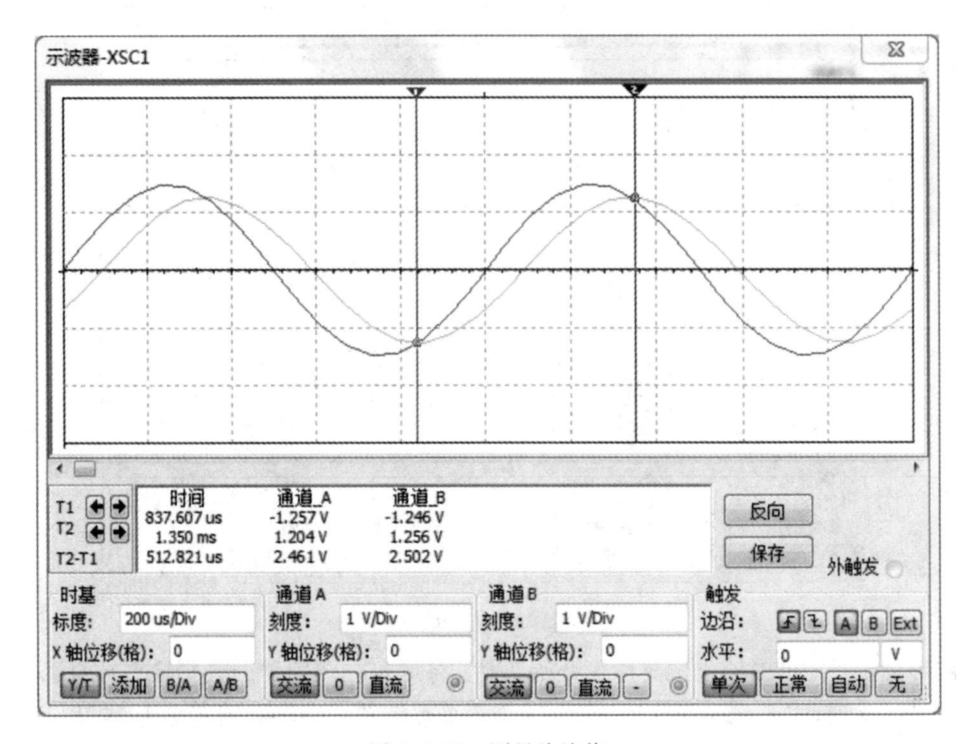

图 3.2.15　测量峰峰值

6. 交流电路分析

除了使用虚拟仪器对仿真结果进行分析外，还可以使用 Multisim 自带的交流电路分析功能。本实验为单频率实验，指定频率为 1 kHz，可使用单频交流分析功能。单击菜单栏中的“仿真”(Simulate)→“Analyses and simulation”，打开电路分析窗口，选择“单频交流分析”，如图 3.2.16(a)所示，设置“频率参数”标签下，“频率”为 1 kHz，“输出”下的“复合数字格式”选择“幅值/相位”，如图 3.2.16(b)，在“已选定用于分析的变量”中添加输出变量 V(3)、V(4)，即 u_i 和 u_C。单击“Run”按钮，即可查看结果，如图 3.2.17 所示，V(4)(即 u_C)幅值为 1.27 V，即峰峰值为 2.54 V，相位滞后于 V(3)(即 u_i)约 32°，与实验最终测量结果吻合。

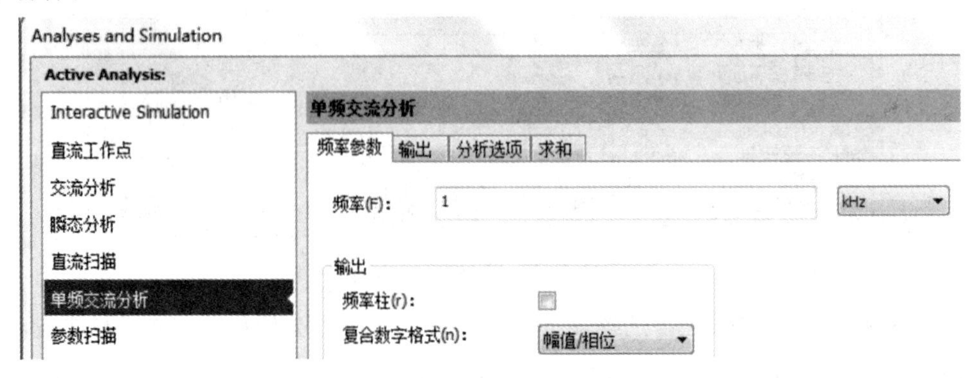

(a) 设置频率参数

(b) 设置输出变量

图 3.2.16　单频交流分析

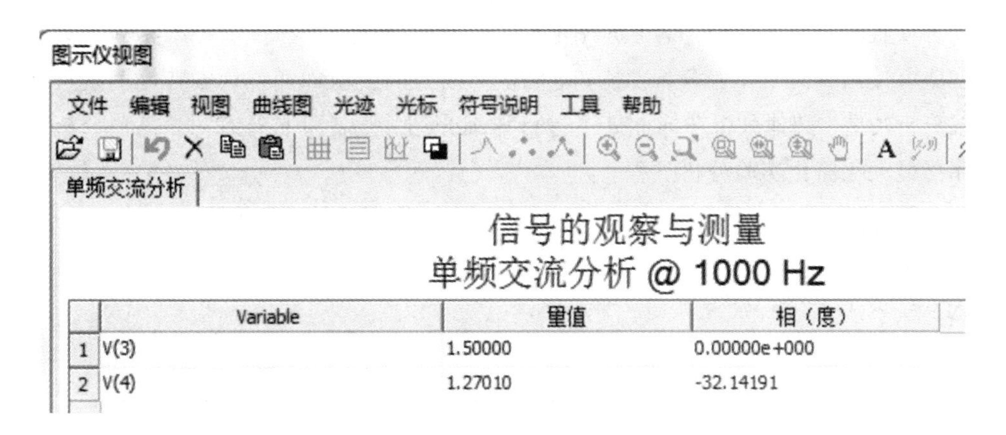

	Variable	量值	相（度）
1	V(3)	1.50000	0.00000e+000
2	V(4)	1.27010	-32.14191

图 3.2.17　单频交流分析结果

在含有多频率如 *RLC* 谐振电路实验中，也可使用交流电路分析功能查看幅频和相频特性曲线，如图 3.2.18 所示，设置合适参数后选择“输出”，即可查看结果。本实验为单频交流实验，也可查看幅频和相频曲线。选择 V(3)、V(4)作为分析变量，运行之后即可得到如图 3.2.19 所示幅频、相频特性曲线，使用光标选择频率为 1 kHz 时的参数，即可测出 V(4)幅值为 1.27 V，相位滞后 V(3)32°。

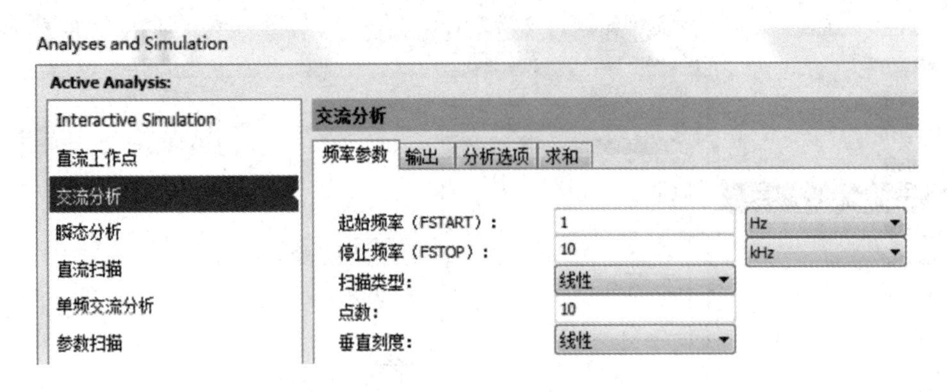

图 3.2.18　交流分析参数

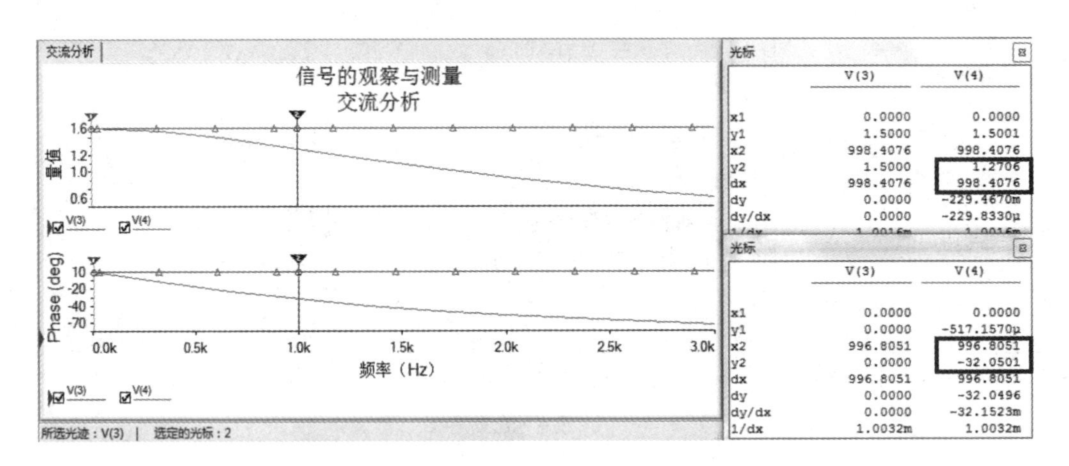

图 3.2.19　交流分析结果：幅频、相频特性曲线

在各种直流电路实验中，也可选择各种直流分析功能，电源值固定的实验如叠加定理验证实验可使用直流工作点分析功能；电源值不固定的实验如元件伏安特性测量可使用直流扫描分析功能。其他分析功能此处不进行详细介绍，读者可自行练习，各种分析功能搭配使用可最大化简化实验分析过程。

7. 保存文件

完成仿真后保存文件即可。

第四章　电路基本元件特性测量

电路中通常含有多种基本元件，如电阻、电感、电容、二极管等，它们有的是线性元件，有的是非线性元件，根据其自身材质、特性还可分为多种种类。本章 4.1 节对基本元件进行详细介绍，后续小节则通过对电路中的基本电参数进行测量，了解这些基本元件的特性。

4.1　常用电路元件介绍

一、电阻元件

电阻元件(简称电阻)是电路实验中最常用的元件。

电荷在导体中运动时，会受到分子和原子等其他粒子的碰撞与摩擦，碰撞和摩擦的结果形成了导体对电流的阻碍，这种阻碍作用最明显的特征是导体消耗电能而发热(或发光)。物体对电流的这种阻碍作用，称为该物体的电阻。

导体的电阻越大，表示导体对电流的阻碍作用越大，电阻是导体本身的一种特性。超导体没有电阻。电阻是一种耗能元件，它的主要物理特性是将电能转化为热能。电阻在电路中通常起到分压、分流的作用。

1. 电阻元件的主要技术参数

(1) 标称值。电阻元件的标称值是以 20℃ 为工作温度来标定的，单位为欧(Ω)、千欧(kΩ)、兆欧(MΩ)、太欧(TΩ)。阻值按标准化优先数系列制造，系列数对应于允许偏差。

电阻的标称值和允许偏差的标注方法一般有直标法和色标法。

① 直标法：将电阻的标称值和误差直接用数字和字母印在电阻上(无误差标示为允许误差±20%)。因电阻的实测值与标称值必然有偏差，国家标准规定了一系列的阻值作为产品的标准(见表 4.1.1)称为系列值。不同误差等级的电阻有不同数目的系列值。误差越小的电阻，系列值越多。系列值可以乘以 10、100、1000，比如 1.0 这个系列值，阻值就有 1 Ω、10 Ω、100 Ω、1 kΩ、10 kΩ、100 kΩ。

表 4.1.1　电阻系列值

允许误差	系列代号	系　列　值
±20%	E6	1.0　1.5　2.2　2.3　4.7　6.8
±10%	E12	1.0　1.2　1.5　1.8　2.2　2.7　3.3　3.9　4.4　5.6　6.8　8.2
±5%	E24	1.0　1.1　1.2　1.3　1.5　1.6　1.8　2.0　2.2　2.4　2.7　3.0 3.3　3.6　3.9　4.3　4.7　5.1　5.6　6.2　6.8　7.5　8.2　9.1

② 色标法：将不同颜色的色环涂在电阻(或电容)上来表示电阻的标称值及允许误差，

表 4.1.2 为四环电阻的识别方法。

表 4.1.2　四环电阻的识别方法

颜色	第一环数字	第二环数字	倍乘数	误差
黑	0	0	0	—
棕	1	1	10^1	—
红	2	2	10^2	—
橙	3	3	10^3	—
黄	4	4	10^4	—
绿	5	5	10^5	—
蓝	6	6	10^6	—
紫	7	7	10^7	—
灰	8	8	10^8	—
白	9	9	10^9	—
金	—	—	10^{-1}	±5%
银	—	—	10^{-2}	±10%

(2) 允许误差。电阻元件的允许误差是指实际阻值与标称阻值间可允许的最大误差范围，通常以允许的相对误差来表示，分为 6 个等级，如表 4.1.3 所示。通常将允许误差直接标注在电阻元件的表面上。

表 4.1.3　电阻元件的允许误差与标注符号

允许误差	±0.5%	±1%	±2%	±5%	±10%	±20%
级别	0.05	0.1	0.2	Ⅰ	Ⅱ	Ⅲ
标注符号	D	F	G	J	K	M

(3) 额定功率。在标准大气压和规定的环境温度下(20℃)，电阻元件长期连续工作而不改变其性能的最大允许功率称为电阻元件的额定功率。实际使用中，当使用功率超过额定功率时，电阻会因过热而改变阻值甚至被烧毁。电阻元件的额定功率是按照国家标准进行标注的，标称值有 1/8W、1/4W、1/2W、1W、2W、5W、10W 等。

在选用电阻元件时，除了要考虑其阻值，还应使其额定功率高于电路实际要求功率的 1.5～2 倍。功率可根据电阻元件的体积大小粗略判断，一般体积大的电阻元件功率也大。如果功率不够，可以用两个电阻元件并联后使用，但要注意并联后实际阻值应与原阻值相同。

(4) 温度系数。电阻温度系数表示当温度改变 1℃时电阻值的相对变化，单位为 ppm/℃(即 10^{-6}/℃)，有负温度系数、正温度系数及在某一特定温度下电阻值发生突变的临界温度系数。一般来说，准确度高的电阻其电阻温度系数较小，而有特殊用途的热敏电阻器，则要求有较大的电阻温度系数，以便起到某种控制或是温度传感器的作用。

2. 电阻元件的分类

电阻元件通常分为 3 大类：固定电阻、可变电阻、特种电阻。在电子产品中，以固定电阻应用最多。按用途分类有：限流电阻、降压电阻、分压电阻、保护电阻、启动电阻、取样电阻、去耦电阻、信号衰减电阻等；按外形及制作材料分类有：碳膜电阻、硼碳膜电阻、硅碳膜电阻、合成膜电阻、金属膜电阻、氧化膜电阻、实心(包括有机和无机)电阻、压敏电阻、光敏电阻器、热敏电阻、水泥电阻、拉线电阻、贴片电阻等类型。

二、电容元件

电容元件(简称电容)是一种表征电路元件储存电荷特征的理想元件，是电子设备中大量使用的电子元件之一，广泛应用于隔直、耦合、旁路、滤波、调谐回路、能量转换、控制电路等方面。任何两块金属导体，中间由不导电的绝缘材料(如真空、气体、纸质、云母、陶瓷金属氧化物等)隔开，就能构成一个电容结构。两块金属称为极板，中间的物质称为介质。电容也分为容量固定的与容量可变的。但常见的是固定容量的电容，最多见的是电解电容和瓷片电容。

图 4.1.1 所示为常见的电容元件。

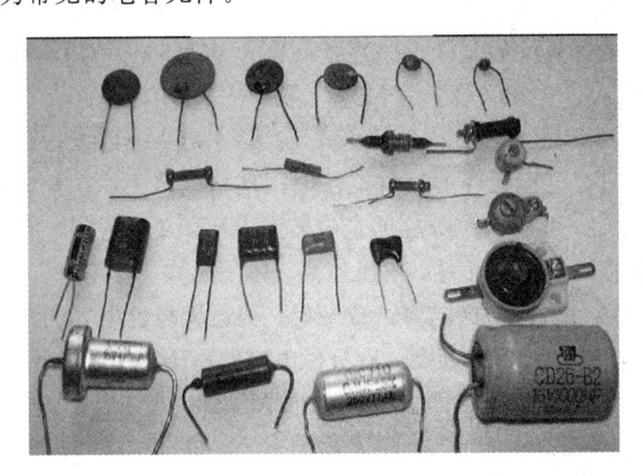

图 4.1.1　常见的电容元件

1. 电容元件的单位

当在电容元件两极板上加上电压后，极板上分别积聚着等量的正负电荷，在两个极板之间产生电场。积聚的电荷越多，所形成的电场就越强，该电容元件所储存的电场能也就越大。

在电路学里，将在一定电势差(U)下，电容元件储存电荷的能力，称为电容或电容量(capacitance)，标记为 C。采用国际单位制，电容的单位是法拉(farad)，简称法，标记为 F。但是由于电容的容量非常大，所以实验当中用到的一般都是 μF、nF、pF。它们之间的具体换算关系是 $1\ \text{F}=10^6\ \mu\text{F}=10^9\ \text{nF}=10^{12}\ \text{pF}$。

2. 电容元件的特性

在电子线路中，电容元件被用来通过交流而阻隔直流，也用来存储和释放电荷以充当滤波器，平滑输出脉动信号。小容量的电容元件，通常在高频电路中使用，如收音机、发射机和振荡器等。大容量的电容元件往往是作滤波和存储电荷用。电容元件还有一个特点，一般 1 μF 以上的电容均为电解电容，而 1 μF 以下的电容多为瓷片电容，当然也有其他的，如独石电容、涤纶电容、小容量的云母电容等。

把电容元件的两个电极分别接在电源的正、负极上，经过一段时间后将电源断开，电容元件就储存了电荷，极板间建立电压，积蓄电能，该过程被称为电容的充电。充好电的电容元件两端有一定的电压，电容元件储存的电荷向电路释放的过程被称为电容的放电。

在电子电路中，只有在电容充电过程中，才有电流流过，充电过程结束后，电容是不能通过直流电的，故在电路中起着“隔直流”的作用。在电子电路中，电容元件常被用于耦合、旁路、滤波等，都是利用它“通交流，隔直流”的特性。交流电不仅方向往复交变，它的大小也在按规律变化。电容接在交流电源上时，电容将连续地充电、放电，电路中就会流过与交流电变化规律一致(相位不同)的充电电流和放电电流。

3. 电容元件的主要技术参数

电容元件的主要技术参数有标称电容、允许误差、额定工作电压、绝缘电阻、介质损耗、频率范围等。

(1) 标称电容。电容元件的标称电容是指该电容元件在正常工作条件下的电容量。和电阻器一样，固定式电容一般有 E6、E12、E24 三个标称容量系列。

(2) 允许误差。电容元件的允许误差是指实际电容量和标称电容量之间可允许的最大偏差范围，一般分为：D——005 级——±0.5%、F——01 级——±1%、G——02 级——±2%、J——Ⅰ级——±5%、K——Ⅱ级——±10%、M——Ⅲ级——±20%。

(3) 额定工作电压。电容元件的额定工作电压是指电容元件在规定的工作温度范围内，在电路中能够长期稳定、可靠工作所能承受的最大电压，又称耐压，一般是指直流电压。对于结构、介质、容量相同的电容元件，耐压越高，体积越大。使用时要注意选择合适的额定电压，避免因工作电压过高而击穿电容造成短路。普通无极性电容的标称耐压值有：63 V、100 V、160 V、250 V、400 V、600 V 等。有极性电容的耐压值相对较低，一般有 4 V、6.3 V、10 V、16 V、25 V、35 V、50 V、63 V、80 V、100 V、220 V、400 V 等。

(4) 绝缘电阻。电容元件的绝缘电阻表示电容元件的漏电量的大小，也就是电容元件在恒定直流电压作用下产生的漏电阻。由于电容两极之间的介质不是绝对的绝缘体，因此它的电阻值不是无限大，而是一个有限的数值，一般在 1000 MΩ 以上。电容两极之间的电阻叫作绝缘电阻，或者叫作漏电电阻。漏电电阻越小，漏电越严重。电容漏电会引起能量损耗，这种损耗不仅影响电容的寿命，而且会影响电路的工作。因此，漏电电阻越大越好。

(5) 介质损耗。电容元件的损耗是指在电场作用下，电容元件在单位时间内发热而消耗的能量。损耗主要来自电容元件极板间的介质损耗，包含漏电电阻损耗和介质极化损耗。

(6) 频率特性。电容元件的频率特性指电容元件的电参数随电场频率而变化的性质。在高频条件下工作的电容元件，由于介电常数在高频时比低频时小，电容量也相应减小，损耗也就随频率的升高而增加。另外，在高频条件下工作时，电容元件的分布参数，如极片电阻、引线和极片间的电阻、极片的自身电感、引线电感等，都会影响电容元件的性能。为了保证电容的稳定性，一般应将电容的极限工作频率选择为电容固有谐振频率的 1/3～1/2。

4. 电容元件的检测

实验中，通常根据电容元件放电时电流和电压的变化快慢来判定电容元件的好坏与容量大小。一般采取以下方法。

(1) 对于容量小的电容(1 μF 以下)，可以使用电压表检测，如图 4.1.2(a)所示。

电源电压 U_S 应小于电容的耐压值。接通电源后：

① 若电压表的初始值较大，随后缓慢落回 0 V，则说明该电容的充放电过程正常，电容正常；电压值变化越大，说明电容的容量越大。

② 如果接通电源时，电压表的电压值为 0 V，更换电容的电极与电源的连接方式，电压值仍为 0，则说明该电容断路。

③ 如果接通电源时，电压表一直显示某一数值而不会变小，则说明电容被击穿短路。

④ 如果接通电源时，电压表的电压值不能返回 0 V，则说明电容漏电。电压表显示的电压值越高，漏电量越大。

(2) 对于容量较大的电容(1 μF 以上)，可以用万用表检测，如图 4.1.2(b)所示。测量前，先将电容短路放电，将万用表置于欧姆挡，将两表笔接触电容的两电极，观察万用表数值。

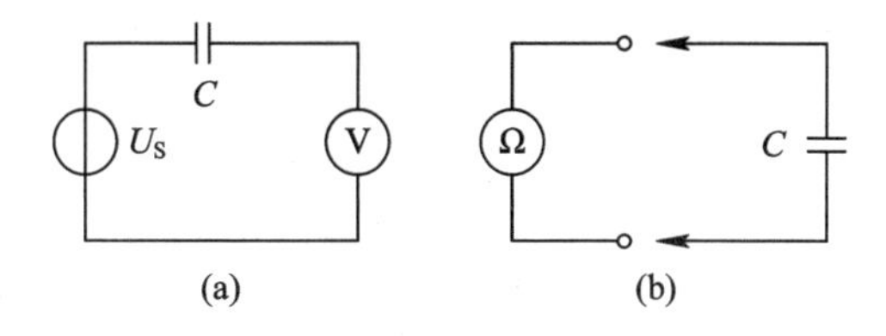

图 4.1.2　用万用表检测电容电路图

① 若万用表读数先变小后又趋于无穷大，则说明该电容正常。交换表笔位置再测一次，观察万用表读数，变化越大，说明电容量越大。

② 若表笔接触电容两极时万用表读数总是无穷大，交换表笔后依然如此，则表明该电容断路或电容量很小，可以再更换到电压挡采用电压表检测方式检查。

③ 若万用表读数没有变化，则说明电容被击穿。

④ 若万用表读数有变化，但是不能达到无穷大，则说明电容漏电。

三、电感元件

电感元件(简称电感)是用绝缘导线绕制而成的电磁感应元件，也是电子电路中常用的元件之一。它能够把电能转化为磁能而存储起来。电感器的结构类似于变压器，但只有一个绕组。

电路实验中所需的电感器大多采用绕在空心圆筒或者是架子上的线圈来实现，其主要作用是对交流信号进行隔离、滤波或与电容器、电阻器等组成谐振电路。

1. 电感元件的单位

电感元件在电路中用符号 L 表示，单位有亨(H)、毫亨(mH)、微亨(μH)、纳亨(nH)，换算关系为 $1\ \text{H}=10^3\ \text{mH}=10^6\ \mu\text{H}=10^9\ \text{nH}$。

电感元件的电感量 L 主要取决于线圈的圈数、结构及绕制方法等因素。线圈匝数越多，绕制越密集，电感量就越大；线圈内有磁芯的比无磁芯的电感量大，磁芯导磁率越大，电感量也越大。

2. 电感元件的主要参数

电感元件除了电感量以外，还有其他一些重要参数。

(1) 允许偏差。电感元件的允许偏差是指电感元件上标称的电感量与实际电感量的允许误差值。

一般用于振荡或滤波等电路中的电感元件精度要求较高，允许偏差为±0.2%～±0.5%；而用于耦合、高频阻流等电路的电感元件精度要求不高，允许偏差为±10%～15%。

(2) 额定工作电流。电感元件工作时的电流不得超过其说明书上标注的额定工作电流。若工作电流超过额定值，电感元件会因发热而改变性能参数，甚至会因过流而烧毁。某些可变电感箱，当旋钮在不同示值时，其额定工作电流是不同的，使用时应特别注意。此外，在额定工作电流范围内，电感元件长时间工作，其温度会有一定的升高，也会导致电感元件某些参数的变化。

(3) 品质因数。电感元件的品质因数是电感元件的主要参数之一，记作 Q。它是指电感元件在某一频率的交流电压下工作时，所呈现的感抗与其等效损耗电阻之比，也是其等效阻抗的虚部和实部之比，即

$$Q=\frac{X}{R} \tag{4.1.1}$$

其中 X 为电感元件的等效电抗，R 为等效电阻。

电感元件的 Q 值越高，其损耗越小，效率越高。由于 X、R 是频率函数，因此 Q 会随着频率的变化而变化，若是非线性的电感元件，Q 还会随电压和电流的变化而变化。另外，Q 值的高低与线圈导线的直流电阻、线圈骨架的介质损耗及铁芯、屏蔽罩等引起的损耗有关。

(4) 分布电容。电感元件的分布电容是指线圈的匝与匝之间、线圈与铁芯之间存在的电容。电感元件的分布电容越小，性能越稳定。

电路实验中可以用万用表的欧姆挡通过测量电感的阻值对电感的好坏进行粗略判断，一般情况下，只要能测出阻值，就表明电感可正常使用。

四、晶体二极管

晶体二极管(以下简称二极管)是一类导电性能介于导体和绝缘体之间的材料，它是一种能够单向传导电流的电子元件。

采用一定的工艺将 P 型半导体和 N 型半导体紧密结合在一起，在其交界面会产生空间电荷区，构成自建电场，称作 PN 结。在其两端加上直流电压时，电流只能从一个方向流过，即二极管具有单向导电性。关于二极管的伏安特性会在本章 4.4 中详细介绍。

二极管的电路图形符号如图 4.1.3 所示。

图 4.1.3　二极管的电路图形符号

1. 二极管的主要参数

(1) 正向导通压降。给二极管 PN 结外部加上正向电压，当电压很小时，二极管并不导通，逐渐增大电压，当超过一定值后，二极管导通，电流显著增大。使二极管导通的最小正向电压被称为正向压降。硅稳压二极管的正向压降一般为 0.5～0.8 V，锗二极管的正向压降一般为 0.2～0.3 V。

(2) 最高工作频率。二极管的最高工作频率是指二极管能承受的最高频率。通过 PN 结的交流电频率如果高于此值，则二极管不能正常工作。

(3) 最大整流电流。二极管的最大整流电流是指二极管长期正常工作时的最大正向电流。因为电流通过二极管时会产生热量，如果正向电流大于一定数值，那么二极管就会有烧坏的危险。所以用二极管整流时，流过二极管的正向电流(即输出直流)不允许超过最大整流电流。

(4) 最高反向工作电压。二极管的最高反向工作电压是指二极管长期正常工作时所能承受的最高反向电压。若超过此值，则二极管的反向电流会突然增大，导致PN结被击穿，二极管失去单向导电性。如果二极管没有因电击穿而引起过热，则单向导电性不一定会被永久破坏，在撤除外加电压后，其性能仍可恢复，否则二极管就损坏了。因而使用时应避免二极管外加的反向电压过高。

(5) 反向电流。二极管的反向电流是指在常温(25℃)和最高反向电压作用下，流过二极管的反向电流。反向电流越小，二极管的单向导电性能越好。反向电流与温度有着密切的关系，大约温度每升高10℃，反向电流增大一倍。例如2AP1型锗二极管，在25℃时反向电流若为250 μA，则温度升高到35℃时，反向电流将上升到500 μA，依此类推，在75℃时，它的反向电流已达8 mA，不仅失去了单方导电特性，还会使管子因过热而损坏。又如，2CP10型硅二极管，25℃时反向电流仅为5 μA，温度升高到75℃时，反向电流也不过160 μA。故硅二极管比锗二极管在高温下具有更好的稳定性。

2. 二极管的分类

二极管的种类有很多，按照制作时所使用的半导体材料，可分为锗二极管(Ge管)和硅二极管(Si管)。根据其不同用途，可分为检波二极管、整流二极管、稳压二极管、开关二极管、发光二极管等。按照管芯结构，又可分为点接触型二极管、面接触型二极管及平面型二极管。

4.2　基本元件参数的测量

一、实验目的

(1) 熟悉实验台，了解常用元件的测量方法。

(2) 学习手持式万用表的使用方法，掌握选择量程和正确读数的方法。

(3) 掌握测量误差及实验数据的处理方法。

二、实验原理

手持式万用表是实验室常用的测量仪表，可以测量电阻、电容、二极管等基本元件参数，也可以测量电压、电流等。图4.2.1所示为手持式万用表的实物。

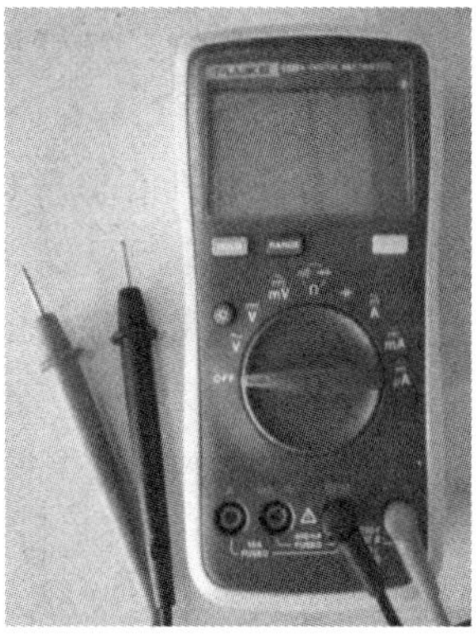

图4.2.1　手持式万用表

1. 电阻的测量

用手持式万用表的欧姆挡(Ω挡)可以测量电阻。测量时，将红、黑色两支表笔的插头端分别插入万用表的“V Ω”插孔和“COM”插孔(如图4.2.1所示)，再将功能选择开关的箭头置于欧姆挡，表笔金属端接在被测电阻两端，读取数据即为所测电阻值。

注意：

① 断电测量电阻值。测量电路中的电阻时，应先切断电源。如果电路中有电容元件，则应对电容进行放电，绝对不能在带电线路上用万用表测量电阻值，否则极易烧坏万用表。

② 被测电阻应从电路中分离出来。为保证测量结果的准确，测量电阻时，应将电阻单独分离出来进行测量，避免电路其他元件对测量结果造成影响。

2. 电容的测量

用手持式万用表的电容挡(—‖—挡)可以测量电容。测量时，将红、黑色两支表笔的插头端分别插入万用表的“V Ω”插孔和“COM”插孔，再将功能选择开关的箭头置于电容挡位，表笔金属端接在被测电容两端，读取数据即为所测电容值。

需要注意的是：数字万用表在测量小容量电容时误差较大，例如UT39A测量0.01 μF以下的小容量电容误差较大。这时可以采用并联法测量小容量电容。方法是：先找一只0.01 μF左右的电容，用数字万用表测出其实际容量C_1，然后把待测小容量电容与之并联，测出其总容量C_2，则两者之差(C_1-C_2)即是待测电容的容量。

3. 电感的测量

可以用手持式万用表的欧姆挡通过测量电感的阻值对电感的好坏进行粗略判断，一般情况下，只要能测出阻值，则表明电感可正常使用。

4. 二极管的测量

在测量二极管时，电路板要处于断电状态。用手持式万用表的二极管测量功能来测量。将功能选择开关的箭头置于欧姆挡，按两次右上方的黄色按键，显示屏右上角出现二极管符号“—▷|—”，此时即为二极管测量挡。红色表笔接二极管的正极，黑色表笔接负极，可直接测得二极管的正向压降。硅稳压二极管的正向压降一般为0.5～0.8 V，锗二极管的正向压降一般为0.2～0.3 V。

注意：

(1) 如果被测二极管极性接反，显示屏将显示“OL”，因此也可以通过该办法判定未知二极管的正负极。

(2) 如果测量值小于0.1 V，则说明二极管被击穿，此时正反向都导通；如果正反向测量值均为“OL”(表示无穷大)，则说明二极管PN结开路。

(3) 通过测量二极管的正反向电阻，可以判别二极管的质量。正向电阻越小越好，反向电阻越大越好。

(4) 二极管位于电路中时，测量前必须断开电源，并将相关的电容放电。

三、实验设备

本实验所需设备见表4.2.1。

表 4.2.1　实验设备名称、型号和数量

设备名称	设备型号规格	数量
手持式万用表	UT39A/DC1000V	1块
实验元件	插件式模块	1套

四、实验内容

1. 电阻的测量

找到表 4.2.2 所示的各个规格的电阻，将手持式万用表的功能选择开关的箭头置于欧姆挡，测得各电阻的阻值，填入表 4.2.2 中，计算各被测量的相对误差。(相对误差：$\gamma=\frac{\text{测量值}-\text{理论值}}{\text{理论值}}\times 100\%$)

注意：

① 应分别测量各个电阻阻值，且测量时电阻必须保持独立状态，不得接入电源和电路。

② 选择合适的量程。

表 4.2.2　电阻的测量

被测电阻	R_1/Ω	R_2/Ω	R_3/Ω	R_4/Ω	R_5/Ω
标称值	100	200	300	510	1000
测量值					
相对误差					

2. 电容的测量

使用手持式万用表的电容挡分别测量 $C_1=5600$ pF、$C_2=0.01$ μF，两电容并联后的总电容 C_3 的值，计算相对误差，并将结果填入表 4.2.3 中。

表 4.2.3　电容的测量

被测电容	C_1	C_2	C_3	C_4	C_5
标称值	2200 pF	5600 pF	0.01 μF	0.1 μF	2.2 μF
测量值					
相对误差					

3. 电感的测量

使用手持式万用表欧姆挡测量 4.7 mH、10 mH 和 30 mH 电感线圈所含电阻值，并判断其通断，将结果填入表 4.2.4 中。

表 4.2.4　电感的测量

被测电感	L_1	L_2	L_3
规格	4.7 mH	10 mH	30 mH
测量值(电阻)			
线圈状态(通断)			

4. 二极管的测量

将手持式万用表的功能选择开关置于二极管挡位，分别测量型号为 2AP9 和 1N4007

的二极管，共测量两次。首先将红色表笔接二极管的正极，黑色表笔接负极，屏幕显示为 U_1；而后将红、黑色表笔反接，屏幕显示为 U_2，通过两次测量判断二极管状态(正常/开路/击穿)，填写其正向压降，并判断其类型(锗管/硅管)。将结果填入表 4.2.5 中。

表 4.2.5　二极管的测量

型号	U_1	U_2	二极管状态	正向压降	二极管类型
2AP9					
1N4007					

五、预习思考题

测量电阻时为什么不能接入电源和电路?

六、数据处理及分析

分析表 4.2.2 和表 4.2.3 中误差产生的原因。

4.3　直流电路电压、电位、电流的测量

一、实验目的

(1) 学习用台式万用表测电流的方法，掌握选择量程和正确读数的方法。
(2) 掌握直流电源的使用方法。
(3) 学习如何正确连接电路和排除故障。
(4) 学习电压和电流的测量及误差分析。
(5) 验证电位的相对性、电压的绝对性原理。

二、实验原理

本实验需要掌握台式万用表和直流电源的使用，了解实验台的配置、九孔电路实验板的结构及插件式模块结构。

1. 直流稳压电源

直流稳压电源既可以作为电压源也可以作为电流源使用。电压源输出电压固定，输出电流随负载电阻大小变化。电流源输出电流恒定，输出电压随负载电阻大小变化。直流稳压电源的作用是给负载供电。实际使用时，需要根据需要设置电源参数。

在对电压源 U_S 进行参数设置时，需要同时设置输出电压值 U_S 和限流值 I_0，I_0 的大小由外电路决定。电源工作电路示意图如图 4.3.1 所示。

图 4.3.1(a)所示为电压源 U_S(实际电压源)与电阻 R 的简单串联电路。根据欧姆定律可以得到流经 R 的电流 I_R。电压源正常工作所需要设定的限流值应满足 $I_0 > I_R$。

同样地，设置电流源参数时，需要同时设置输出电流值 I_S 和限压值 U_0。U_0 的大小由外电路决定。

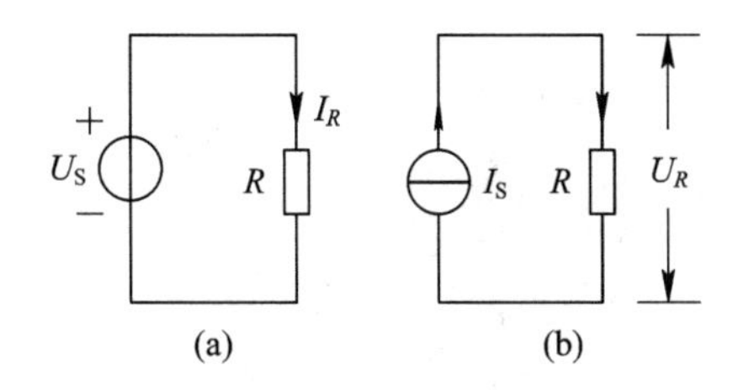

图 4.3.1　电源工作电路示意图

图 4.3.1(b)所示为电流源 I_S(实际电流源)与电阻 R 的简单串联电路。根据欧姆定律可以得到 R 两端的电压 U_R。电流源正常工作所需要设定的限压值应满足 $U_0 > U_R$。

当外电阻负载阻值发生变化时，U_R 和 I_R 也随之改变，若电源设置参数不能满足上述两个条件，电源就会出现工作异常。

实验室使用的 DP832 直流电源可持续提供 0～30 V 的直流电压和 0～3 A 的直流电流。

2. 电压、电位的测量

电路中电位的高低是以参考点的电位为基础进行比较的，我们通常取参考点的电位为“零电位”。如果电路中某点的电位比参考点电位高，则该点电位为正；反之，该点电位为负。

在一个确定的闭合电路中，电位参考点可任意选取，各点的电位值随参考点的不同而改变，但电路中任意两点之间的电位差是不变的，即电位是一个相对量，而电压是一个绝对量。电位与电压之间的换算关系为 $U_{AB}=\Phi_A-\Phi_B$，其中 Φ_A 和 Φ_B 是电路中 A 点和 B 点的电位。

采用万用表测量直流电压时(实验中采用手持万用表测量电压)，首先让红、黑色两支表笔的插头端分别插入万用表的“V Ω”插孔和“COM”插孔，再将功能选择开关的箭头置于直流电压挡(根据估计电压大小选择合适的量程)，表笔金属端与被测电压两端并联，读取的数据即为所测电压值。

注意：

① 测量电源电压时，红色表笔接电源正极，黑色表笔接电源负极。

② 测量电位时，黑色表笔接参考电位点，红色表笔接被测各点。

③ 测量电路元件两端电压时，按照电压的参考方向，红色表笔接高电位插孔，黑色表笔接低电位插孔。若万用表显示负值，则表示实际电压方向与参考方向相反，记入数据时保留负号。

3. 电流的测量

测量电流时，需要将电流表串联接入所需测量的支路中。实验中采用台式万用表、电流插头、电流检测孔相结合的方式来测量电流，如图 4.3.2 所示。图 4.3.2(c)中的“⌒)(⌒”为电流插座的电路符号。

使用时，电流插头与万用表相接，要求红色导线与万用表正极端口相接，黑色导线与万用表负极端口相接，再将另一端的金属头插入串联在测量支路中的电流插座(即间接将电流表串于电路中)，读取的数据即为所测电流值。

注意：

① 用万用表测量电流时，红色表笔接“I”插孔，黑色表笔接“COM”插孔。

(a) 台式万用表

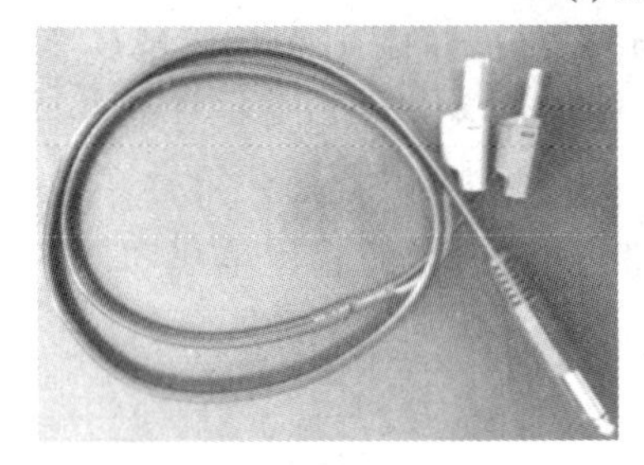

(b) 电流插头

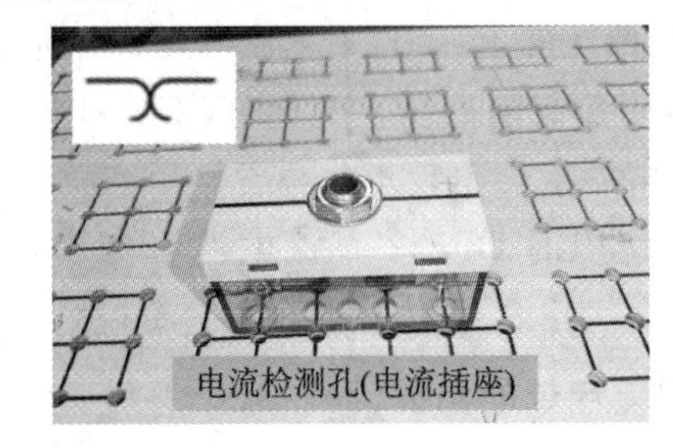

(c) 直流电流检测孔(电流插座)

图 4.3.2　台式万用表结合电流插头和电流检测孔测量电流

② 由于电流表内阻很小，因此不能将电流表或万用表的电流测量挡直接与电压源并联。

③ 电流插座结构内部常出现接触不良，导致其为断开状态，故使用前需检查。

④ 电流插座连入电路时，其正负方向与电路参考方向一致。

4. 九孔电路实验板

实验中常需将部分插件式模块插入九孔电路实验板上组成实验电路。九孔电路实验板的结构如图 4.3.3 所示。实验板中的黑线表示其内部已经接通，如每个田字格有九个孔，这九孔之间是导通的，相当于电路中的一个节点，但田字格之间、田字格与半田字格之间、田字格与两条单边线之间均为断开状态，注意每条单边线上的孔为导通状态。使用时选择合适的孔插入元件模块。

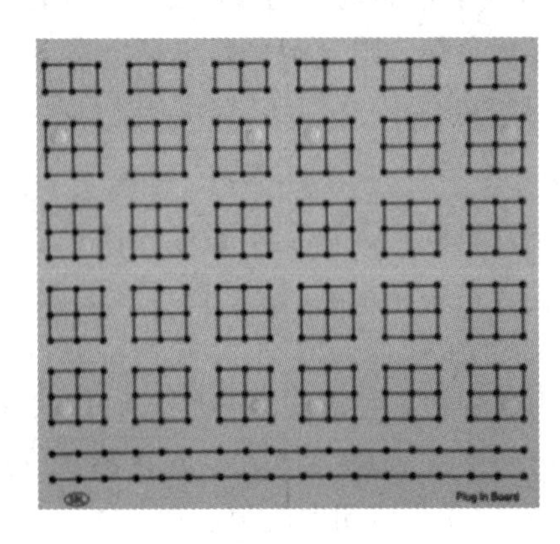

图 4.3.3　九孔电路实验板

5. 故障处理

在实验过程中，经常会出现接触不良、导线内部焊点断开、元件损坏等情况，严重时会有异味、冒烟等现象，一般处理步骤如下：

(1) 关闭电源，检查线路是否正确，连接点是否可靠。

(2) 检查电源设定值是否正确。

(3) 根据故障现象和所学的理论知识，确定故障发生处。

(4) 用万用表对疑似故障导线或元件单独检测，如可用蜂鸣测量挡位检测导线的通断。

(5) 接通电源，用万用表电压挡依次测量电位，逐步缩小故障发生范围。

(6) 问题解决后，方可进行实验。

当无法解决问题时，需咨询老师。

三、实验设备

本实验所需设备见表 4.3.1。

表 4.3.1　实验设备名称、型号和数量

设备名称	设备型号规格	数量
直流电源	DP832/30V/3A	1 台
手持式万用表	UT39A/DC1000V	1 块
台式万用表	DM3058E/10A	1 台
实验元件	九孔电路实验板，插件式模块	1 套

四、实验内容

用手持式万用表测量电阻和电压值，用台式万用表测量电流值。

注意： 本实验中一切指定参数以万用表测量值为准(例如指定电压源输出电压为 5 V，指的是万用表监测电源输出值为 5 V 而非手动输入值)。

1. 电流插座的检测

用手持式万用表蜂鸣测量挡位分别检测三个电流插座，如有响声，则电流插座接触完好，否则，需检修。

2. 电压、电位的测量

选择直流稳压电源的通道 1 或者通道 2 作为输出，将选定通道的电压输出值设定为 6 V，电流值设定为 0.2 A 或大于 0.2 A，按下该通道输出按钮，观察屏幕上显示的该通道输出数值，用手持式万用表测量输出端口电压，继续微调输出电压使万用表读数稳定在 6.00 V(控制在±0.02 V 的误差范围内)，然后关闭通道输出。

按图 4.3.4 所示连接线路，电路中 $R_1=510\ \Omega$，$R_2=1\ \text{k}\Omega$，$R_3=510\ \Omega$，$R_4=200\ \Omega$，$R_5=300\ \Omega$。连接线路时应注意以下几方面：

(1) 注意元器件的摆放位置应便于连线和操作读数，做到心中有数。

(2) 严格按照给定的实验电路图连线，不能凭空想象。

(3) 电路中的电压源和电流源应先调整完成后，在断电的情况下接入电路。

(4) 一般情况下，连线从电源正极出发，沿电路图顺时针方向回到电源负极。电路中存在并联支路时，按照先串联后并联的原则接线。对于单个元件，默认电流沿箭头指定方向流动。对无方向标定的元件，则电流通常从左边端口流入，从右边端口流出。

(5) 注意检查导线与插孔之间是否接触良好。

(6) 在确认连线正确后，才能接通稳压电源。

确定连线正确，尤其是电流插座的正负插孔必须和电路图中的参考方向保持一致。

接通电源，用黑色表笔接图 4.3.4 中的 A 点作为电位的参考点，用手持式万用表测量 B、C、D 各点的电位值 Φ，将数据记入表 4.3.2 中。以 E 点作为参考点，重复上述测量，将数据记入表 4.3.2 中。

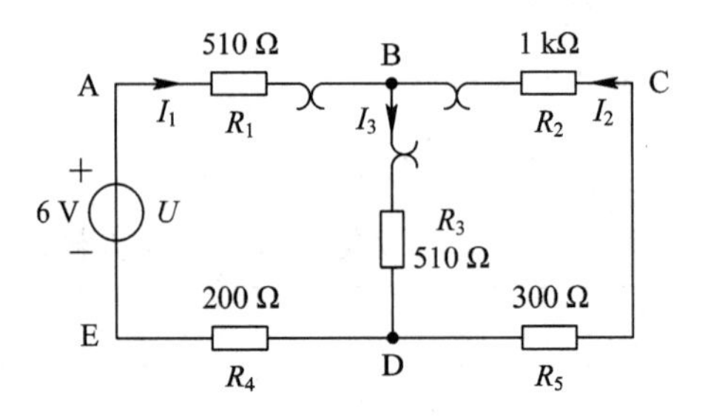

图 4.3.4　直流电路电压、电流测量实验电路

用手持式万用表测量电压 U_{BC}、U_{BD}、U_{CD}，红色表笔接下标第一个字母点，黑色表笔接下标第二个字母点，将数据记入表 4.3.2 中。

注意：

① 电源电压 $U=6.00$ V 需用万用表测量，不应直接读取电源本身的显示值。

② 电源状态要始终保持为“CV”状态(即电压源状态)。

③ 使用稳压电源时要防止两个输出端碰线短路。

表 4.3.2　电压、电位的测量

电位参考点	Φ_B/V	Φ_C/V	Φ_D/V	U_{BC}/V	U_{BD}/V	U_{CD}/V
A						
E						

通过表 4.3.2 中已测量出的数值计算验证电位与电压之间的换算关系，完成表 4.3.3。

表 4.3.3　电位和电压关系验证

电位参考点	$\Phi_B-\Phi_C$/V	U_{BC}/V	相对误差	$\Phi_B-\Phi_D$/V	U_{BD}/V	相对误差
A						
E						

3. 电流的测量

实验中使用台式万用表测量电流。选择基本测量功能按键为直流电流键，将电流插头分别插入 3 个电流检测孔，测量电路中各支路电流 I_1、I_2、I_3，手动调节量程，分别用

20 mA 挡和 2 A 挡各测一次，将读数填入表 4.3.4 中，注意保留不同位数有效数字(20 mA 保留 4 位，2 A 保留 3 位)以显示出两者的区别。若万用表显示负号，应将负号保留。其中 I_1、I_2、I_3 的方向已在图 4.3.4 中给定。

表 4.3.4　电流的测量

被测电流及指定量程	I_1		I_2		I_3	
	20 mA 挡/mA	2A 挡/A	20 mA 挡/mA	2 A 挡/A	20 mA 挡/mA	2A 挡/A
计算值						
测量值						
相对误差						

五、预习思考题

计算图 4.3.4 中各支路电流 I_1、I_2、I_3，写出计算过程，并将结果填入表 4.3.4 中对应的位置。

六、数据处理及分析

(1) 对表 4.3.2 和表 4.3.3 的数据进行分析，得出电位和电压的相关结论。

(2) 结合表 4.3.4，说明选择不同量程对测量结果有何影响，如何正确选择量程。

4.4　元件伏安特性的测量

一、实验目的

(1) 掌握线性和非线性电阻元件伏安特性的测量方法。

(2) 研究、了解线性和非线性元件的伏安特性曲线。

二、实验原理

电路中有各种电学元件，如线性电阻、二极管、三极管、热敏元件、光敏元件等。了解这些元件的伏安特性(也称为端口特性)，对正确使用它们至关重要。电路元件的伏安特性是指元件两端电压与通过该元件电流之间的函数关系，如用 $U-I$ 平面上的一条曲线来描述，则这条曲线称为元件的伏安特性曲线。

通常我们利用滑动变阻器的分压接法，通过电压和电流表测出电学元件的电压与电流的变化关系，得到其伏安特性(简称伏安法)。伏安法操作简便，原理简单，被广泛使用。下面介绍几种实验中常用的电路元件的伏安特性。

1. 线性电阻的伏安特性

线性电阻的主要作用是调节电路中的电压与电流，达到分压或分流的目的，它是电路中最基本的元件之一。线性电阻的伏安特性遵循欧姆定律，即两端电压与通过的电流成正比。在 $U-I$ 坐标平面上，其伏安特性曲线是一条通过坐标原点的直线，如图4.4.1 所示，直线的斜率即为电阻元件的阻值，为一常量。

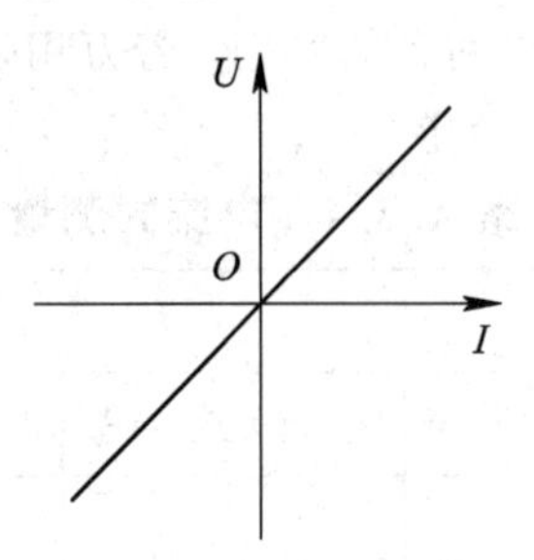

图 4.4.1　线性电阻的伏安特性曲线图

2. 白炽灯灯丝的伏安特性

白炽灯灯丝是一种非线性电阻元件，灯丝在工作时处于高温状态，其电阻值随温度的升高而增大，而灯丝温度又随通过灯丝的电流增大而升高，故灯丝阻值随通过灯丝的电流而变化，其阻值可增大十几倍，灯丝的伏安特性曲线为一条通过坐标原点的曲线，如图 4.4.2 所示。

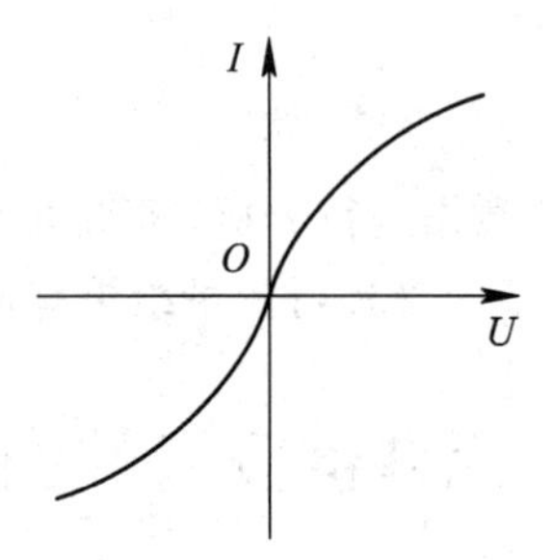

图 4.4.2　白炽灯灯丝的伏安特性曲线

3. 二极管的伏安特性

(1) 普通二极管。二极管的伏安特性曲线如图 4.4.3 所示，分为正向特性和反向特性。

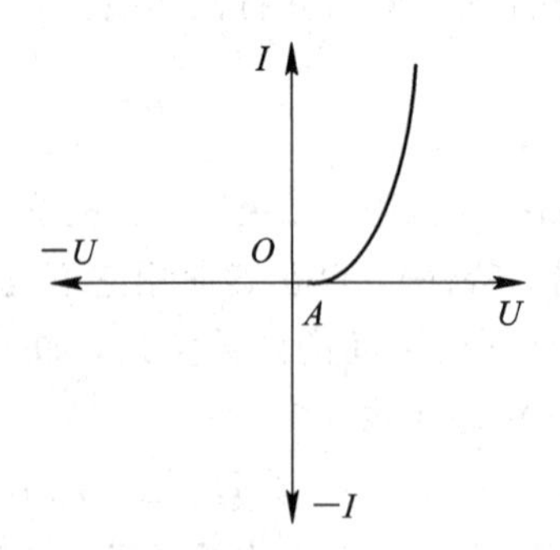

图 4.4.3　普通二极管的伏安特性曲线

正向特性：

① 外加正向电压较小时，二极管呈现的电阻较大，正向电流近似为零，曲线 *OA* 段被称为不导通区或死区。通常硅二极管的死区电压约为 0.5 V，锗二极管的死区电压约为 0.2 V，该电压值又称门坎电压或阈值电压。

② 当外加正向电压超过死区电压后，PN 结内电场被抵消，二极管呈现的电阻很小，正向电流开始显著增加，进入正导通。

反向特性：

二极管两端加上反向电压后，PN 结的内电场增强，二极管呈现大电阻，几乎没有电流流过，二极管呈现截止状态。实际应用中，反向电流越小说明二极管的反向电阻越大，反向截止功用越好。通常硅二极管的反向电流在几十微安以下，锗二极管则达几百微安，大功率二极管稍大些。

若反向电压过大，二极管被击穿，电流过大会烧毁二极管。因而除稳压管外，二极管的反向电压不能超过击穿电压。

(2) 稳压二极管。稳压二极管是一种特殊的半导体二极管，也是一种非线性电阻元件，其正向特性与普通二极管类似，正向压降较小，正向电流随正向压降的升高而急剧上升。但其反向特性较特别，当施加在其两端的反向电压较小时，反向电流几乎为零，当反向电压增加到一定数值时，通过的电流会急剧增加，稳压管反向击穿。当反向电流在较大范围内变化时，稳压管两端的电压基本维持恒定，利用这一特性可以起到稳定电压的作用。稳压二极管的伏安特性曲线如图 4.4.4 所示。

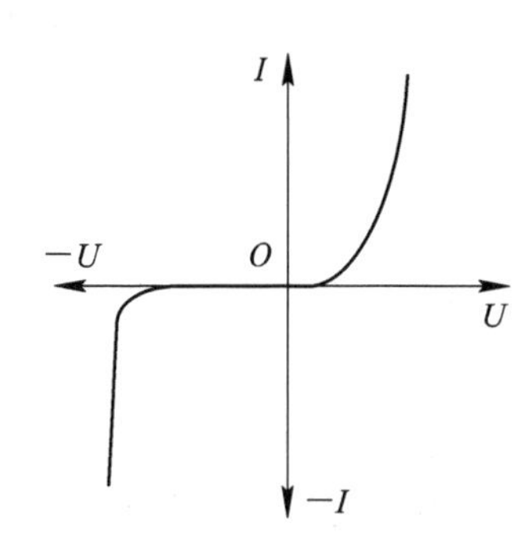

图 4.4.4　稳压二极管的伏安特性曲线

(3) 发光二极管。发光二极管是一种将电能直接转换成光能的半导体固体显示器件，简称 LED(Light Emitting Diode)。这种电子元件出现于 1962 年，早期只能发出低光度的红光，之后发展出其他单色光的版本，时至今日能发出的光已遍及可见光、红外线及紫外线，光度也有很大的提高。其用途最初是作为指示灯、显示板等，随着技术的不断进步，发光二极管被广泛应用于显示器、电视机采光装饰和照明等。

在 LED 两端加上正向电压，当所加电压小于其阈值电压时，LED 并不工作；当电压超过阈值电压时，LED 导通，电流从 LED 阳极流向阴极，半导体晶体就发出从紫外到红外不同颜色的光线。光的强弱与电流有关，电流越大，发的光越强。

三、实验设备

本实验使用的实验设备如表 4.4.1 所示。

表 4.4.1　实验设备名称、型号和数量

设备名称	设备型号规格	数量
直流电源	DP832/30V/3A	1 台
手持式万用表(万用表 1)	UT39A/DC1000V	1 块
台式万用表(万用表 2)	DM3058E/10A	1 台
实验元件	九孔电路实验板，插件式模块	1 套

四、实验内容

1. 线性电阻伏安特性的测量

关闭电源，按图 4.4.5 所示连接实验电路，其中被测元件为电阻(200 Ω)。检查电路连接，确认正确后，打开电源，用手持式万用表监测电源电压输出，使所测电压与表 4.4.2 所列数值相等，用台式万用表测出相应的电流值填入表 4.4.2 中。

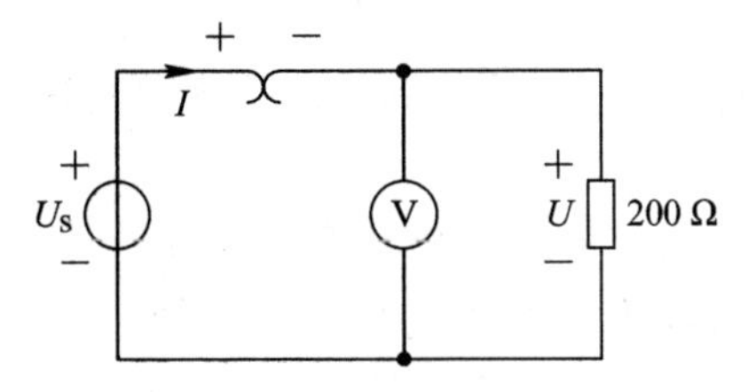

图 4.4.5 线性电阻伏安特性的测量实验电路

注意：

① 在换接电路时，让电源先置零并断开电源开关。

② 电流表的内阻会产生分压，应注意电流表的接法。

③ 测量完毕后，及时关闭电源。

表 4.4.2 线性电阻伏安特性的测量

U/V	0.00	2.00	4.00	6.00	8.00	10.00
I/mA						

2. 灯泡灯丝伏安特性的测量

关闭电源。按图 4.4.6 所示连接实验电路，其中被测元件为小灯泡。检查电路连接，确认正确后，接通电源，调节稳压电源的输出，使灯泡两端电压 U 由 0 V 至 6 V 变化(用手持式万用表测量)，测量电流 I，并选取 8 组测量数据填入表 4.4.3 中。实验中观察灯泡的亮度变化。

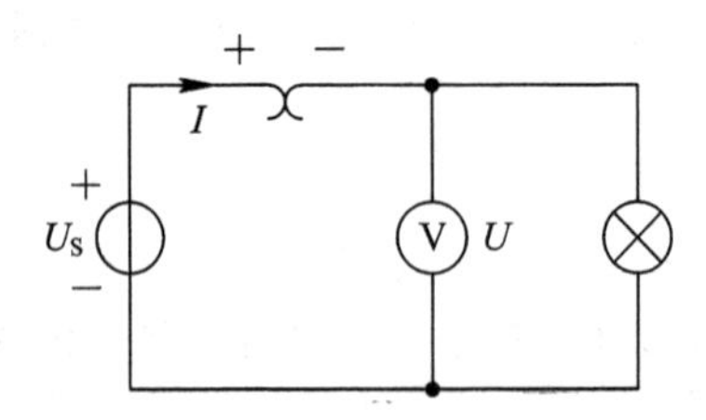

图 4.4.6 灯泡灯丝伏安特性的测量实验电路

注意：测量时缓慢调节电源，所记录的测量点要能反映曲线特性(既完整又能反映曲线变化的细节)。

表 4.4.3 灯泡灯丝伏安特性的测量（在曲线弯曲部分多取几点）

U/V								
I/mA								

3. 稳压二极管伏安特性的测量

首先采用4.2节中介绍的方法测量二极管(型号为2CW51)的正向压降，填入表4.4.4中。

关闭电源，按图4.4.7所示连接电路。检查电路连接，确认正确后，打开电源，将稳压电源的输出电压U_S由0 V逐渐调至7 V(直接读取稳压源的显示值)，用手持式万用表和台式万用表分别测量稳压管两端电压U和电流I，并选取8组测量数据填入表4.4.4中。

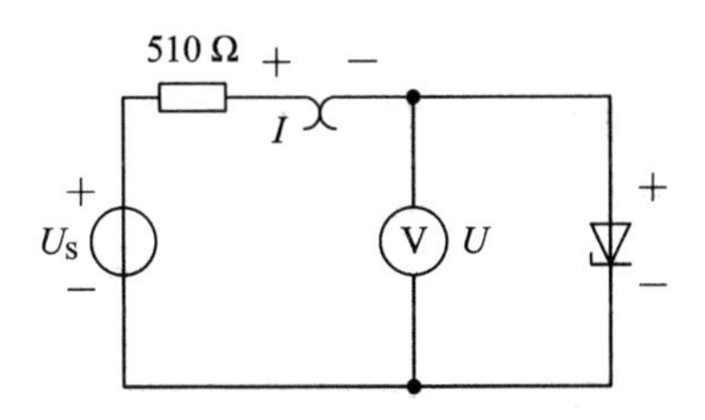

图4.4.7　稳压二极管正向特性测量实验电路

注意：

① 连接电路时，分清稳压管的正负极。

② 测量时可记录多个数据，再根据既要满足反映特性曲线的整体要求，又能反映曲线细节的变化原则，选取合适的数据记入表中。

表4.4.4　稳压二极管正向特性测量(在曲线弯曲部分多取几点)

U_S/V									二极管正向电压
U/V									
I/mA									

测量稳压二极管的反向特性及稳压值：将稳压电源输出电压置零，按图4.4.8所示连接实验电路，需将图4.4.7中稳压二极管反接。将稳压电源的输出电压U_S由0 V逐渐调至10 V(直接读取稳压源的显示值)，测量稳压二极管两端电压U和电流I，并选取10组测量数据填入表4.4.5中，确定所测量的稳压值，将数据记入表4.4.5中。

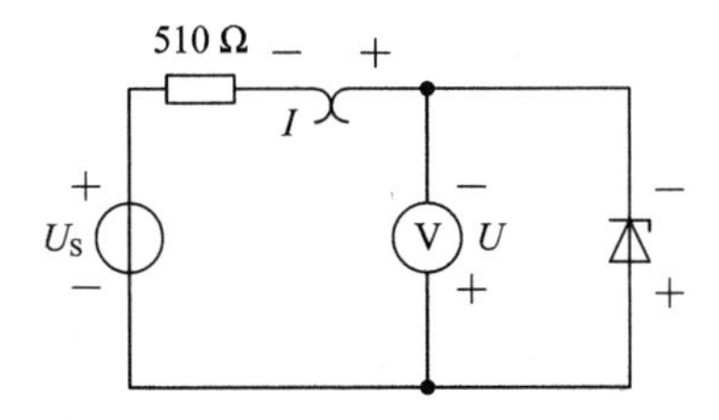

图4.4.8　稳压二极管反向特性测量实验电路

表4.4.5　稳压二极管反向特性及稳压值的测量
(注意在曲线弯曲部分和稳压部分测量值的选取)

U_S/V											所测稳压值
U/V											
I/mA											

4. 发光二极管伏安特性的测量

在元件模块上找到发光二极管(根据其外部形态判断)。该LED两端分别标注1和2，需要使用手持式万用表的二极管挡位对其进行测量，判断其正负极，填入表4.4.6中。

关闭电源，按图4.4.9所示连接电路。检查电路连接，确认正确后，打开电源，将稳压电源的输出电压U_S由-2 V逐渐调至3 V(直接读取稳压源的显示值)，要求电源为负值时，调换电源的正负极即可实现。用手持式万用表和台式万用表分别测量稳压管两端电压U和电流I，并选取8～10组测量数据填入表4.4.6中。

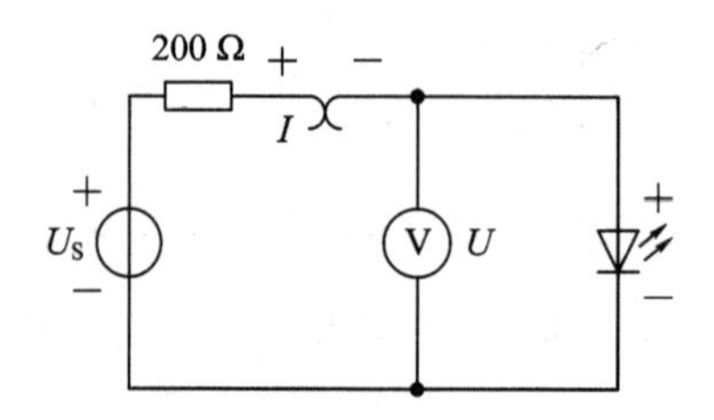

图4.4.9 发光二极管伏安特性的测量实验电路

根据所测数据判断LED的阈值电压大小，将数据填入表4.4.6中。

注意：

① 电压源为负值时，可少取几组数据，2～3组数据即可。

② 在LED阈值电压(即曲线弯曲部分)附近应多取几组数据。

③ 可根据实际测量需求自行对表4.4.6的测量点进行增减。

④ 在测量过程中，注意观察LED管的发光情况，更好地理解二极管的单向导通特性。

表4.4.6 发光二极管伏安特性及正负极判断

(注意在曲线弯曲部分测量值的选取)

<table>
<tr><td>U_S/V</td><td></td><td></td><td></td><td></td><td></td><td></td><td></td><td></td><td></td><td></td><td rowspan="2">正极标注点</td><td>阈值电压</td></tr>
<tr><td>U/V</td><td></td><td></td><td></td><td></td><td></td><td></td><td></td><td></td><td></td><td></td><td rowspan="2"></td></tr>
<tr><td>I/mA</td><td></td><td></td><td></td><td></td><td></td><td></td><td></td><td></td><td></td><td></td><td></td></tr>
</table>

五、预习思考题

(1) 测量电阻的伏安特性时，可以将电压表接在电流表的“+”端，也可以接在电流表的“−”端，哪一种接法对测量误差的影响较小？为什么？

(2) 测量非线性电阻的伏安特性时，电路必须串联一定量值的电阻，它们在电路中起什么作用？若没有该电阻，则会发生什么情况？

六、数据处理及分析

(1) 根据测量数据绘制元件的伏安特性曲线，绘制曲线时注意数据描点和曲线名称(在坐标纸上绘制曲线并粘贴)，并总结分析各特性曲线的特点。

(2) 根据测量数据及绘制的特性曲线，总结本实验选取测量点时存在的问题。

4.5　直流电源端口特性研究

一、实验目的

(1) 掌握直流电源的端口特性。

(2) 掌握测量电压源和电流源端口特性的方法。

二、实验原理

实验中所用的DP832双路直流电源可以为直流电路持续提供电压(0～30 V)或者电流(0～3 A)，工作状态可分别设置为电压源模式(CV)和电流源模式(CC)。

1. 电源的理想工作状态

直流稳压电源既可以作为电压源也可以作为电流源使用，4.3节中已对电源的正常工作状态进行了分析。

电压源输出电压恒定，输出电流随负载电阻大小变化。电流源输出电流恒定，输出电压随负载电阻大小变化。实际使用时，需要根据需要设置电源参数。

在对电压源U_S进行参数设置时，需要同时设置输出电压值U_S和限流值I_0。I_0应大于外电路所需的最大电流。同样地，对电流源I_S进行参数设置时，需要同时设置输出电流值I_S和限压值U_0。U_0应大于外电路所产生的最大压降。只有参数设定正确，电源才能正常工作。

2. 直流电压源的端口特性

理想直流电压源的输出的电流在一定范围内，其输出的电压恒定不变，不随外电路变化，但输出电流的大小由外电路决定，故其端口特性曲线是与电流轴平行的直线，如图4.5.1所示实线。由于实际直流电压源因为各种因素会存在内阻，其输出电压会随输出电流的大小而变化，故其端口特性曲线如图4.5.1中的虚线，图中角φ的正切值代表实际电压源的等效内阻R_S。实际直流电压源可以用一个理想直流电压源U_S和等效内阻R_S相串联的电路模型来表示，如图4.5.2所示。

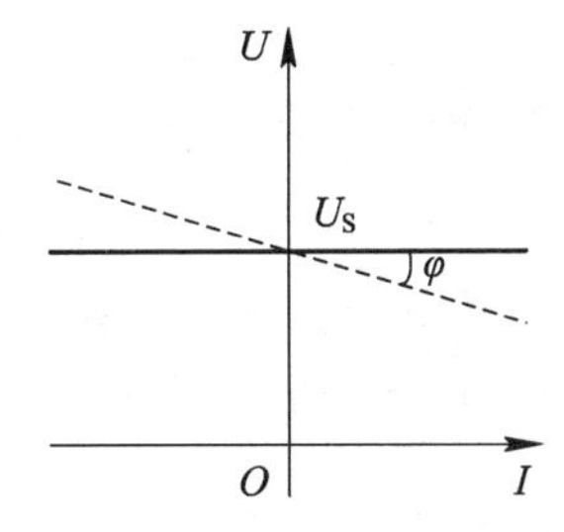

图4.5.1　电压源的端口特性曲线

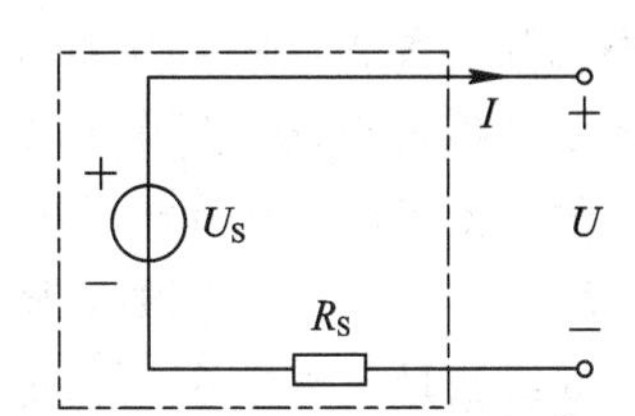

图4.5.2　实际电压源电路模型

3. 直流电流源的端口特性

理想直流电流源的输出电压在一定范围内，其输出的电流恒定不变，不随外电路而变化，但其输出电压的大小由外电路决定，故其端口特性曲线是与电压轴平行的直线，如图4.5.3所示实线。同样由于实际直流电流源存在内阻，其输出电流大小随外电路而变化，故其端口特性曲线如图4.5.3中的虚线，图中角φ的正切值代表实际电流源的电导值G_S。实际电流源可以用一个理想电流源I_S和电导G_S相并联的电路模型来表示，如图4.5.4所示。

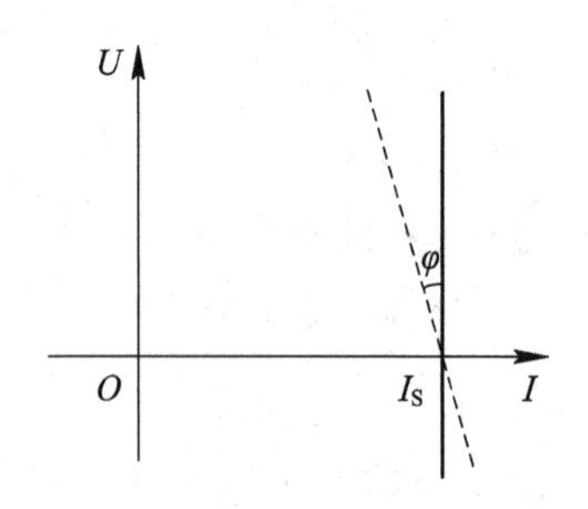

图4.5.3　电流源的端口特性曲线

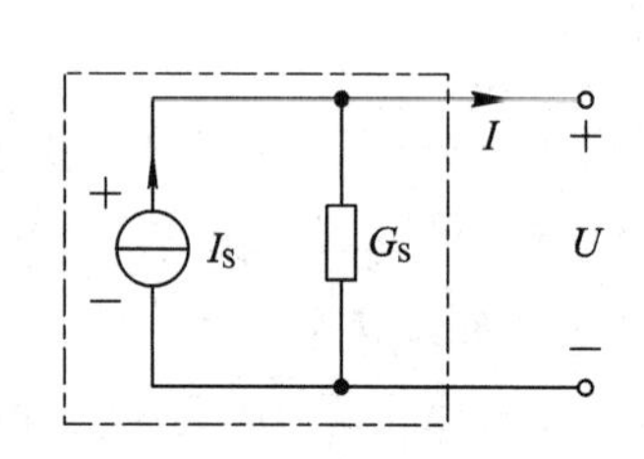

图4.5.4　实际电流源电路模型

三、实验设备

本实验使用的实验设备如表4.5.1所示。

表4.5.1　实验设备名称、型号和数量

设备名称	设备型号规格	数量
直流电源	DP832/30V/3A	1台
手持式万用表(万用表1)	UT39A/DC1000V	1块
台式万用表(万用表2)	DM3058E/10A	1台
实验元件	九孔电路实验板，插件式模块	1套

四、实验内容

1. 理想直流电压源端口特性的测量

由于实验所用直流稳压稳流源稳压效果较好，可视为理想直流电压源。关闭电源，按图4.5.5所示连接实验电路，其中限流保护电阻为200 Ω，R_P为0～1 kΩ的可变电阻。检查电路连接，确认正确后，调节电压源的输出电压为10 V(用手持式万用表测量)，记下电源的设置值，填入表4.5.2中。改变R_P的值，分别测量不同负载时电压源的端口电压和端口电流，选取6组测量值填入表4.5.2中。

注意：

① 为防止电压源短路，电流源开路，电路中应接一保护电阻，保护电阻的阻值要适当。

② 可变电阻器既可作固定电阻使用，又可作可变电阻使用，注意接线方法。

③ 电源模式要始终保持为“CV”状态(即电压源模式)。

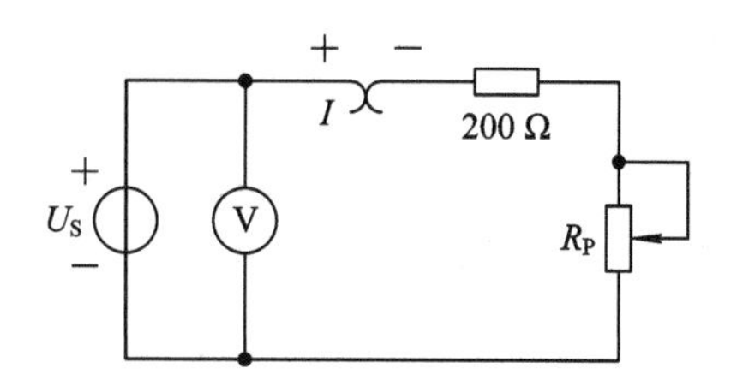

图 4.5.5　理想电压源端口特性的测量实验电路

表 4.5.2　理想电压源端口特性的测量

U/V							电源设置值 U=　　　I=
I/mA							

2. 理想直流电流源端口特性的测量

由于实验所用直流稳压稳流源稳流效果较好，可视为理想直流电流源。关闭电源，按图 4.5.6 所示连接实验电路，其中保护电阻为 200 Ω，R_P 为 0～1 kΩ 的可变电阻，检查电路连接，确认正确后，调节电流源的输出电流为 35 mA(用台式万用表测量)，记下电源的设置值，填入表 4.5.3 中。改变 R_P 的阻值，分别测量不同负载时电流源上的端口电压和端口电流，选取 6 组测量值填入表 4.5.3 中。

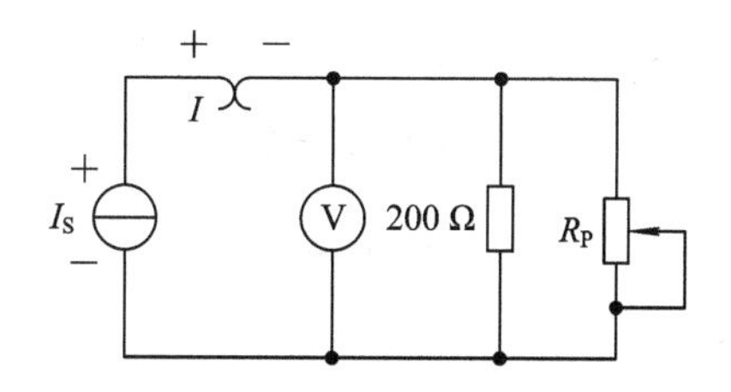

图 4.5.6　理想电流源端口特性的测量实验电路

注意：电源模式要始终保持为“CC”状态(即电流源模式)。

表 4.5.3　理想电流源端口特性的测量

U/V							电源设置值 U=　　　I=
I/mA							

3. 提高实验：实际直流电压源/电流源端口特性的测量

请在理想直流电源端口特性测量的基础上设计两个含有内阻且内阻阻值不同的实际电压源(或者设计两个内阻不同的实际电流源)，并测量其端口特性。

要求：

(1) 画出电路图(标明参数)。

(2) 绘制实验数据表格，并记录数据。

(3) 根据测量数据在坐标纸上绘制其伏安特性曲线，并得出结论。

(4) 写出设计和操作实验时应注意的事项。

五、预习思考题

测量理想直流电源端口特性时，电路都必须串联一定量值的电阻，它们在电路中起什么作用？若没有该电阻，则会发生什么情况？

六、数据处理及分析

（1）根据测量数据绘制直流电源端口特性曲线，绘制曲线时注意数据对应的描点和标注每条曲线的名称，最后总结分析曲线的特点（在坐标纸上绘制曲线并粘贴）。

（2）完成提高实验。

4.6 基本电参数的测量虚拟实验

一、实验目的

（1）熟悉 Multisim14.0 仿真平台，掌握基本的操作方法。

（2）学习在仿真平台上搭建基本电路，测量基本电量。

二、实验原理

本章前几节已对基本元件和基本电路进行了详细介绍，此处不再赘述。本节介绍在 Multisim14.0 中搭建最基础的简单电路并测量其电参数的方法。

三、Multisim14.0 仿真平台、元件和仪器的使用

本次实验中，需要使用的元件有电阻，需要使用的仪器有万用表、直流电源及电压探针。

1. 电阻元件

单击菜单栏的“绘制”(Place)→“元器件”(Component)，在弹出的窗口中选择“数据库”为“主数据库”，“组”为“Basic”，“系列”为“RESISTOR”，在“元器件”下选择所需规格参数，如图 4.6.1(a)所示，将其插入绘制区。双击电阻图标，设定电阻器的“标签”和“值”选项，如图 4.6.1(b)所示。

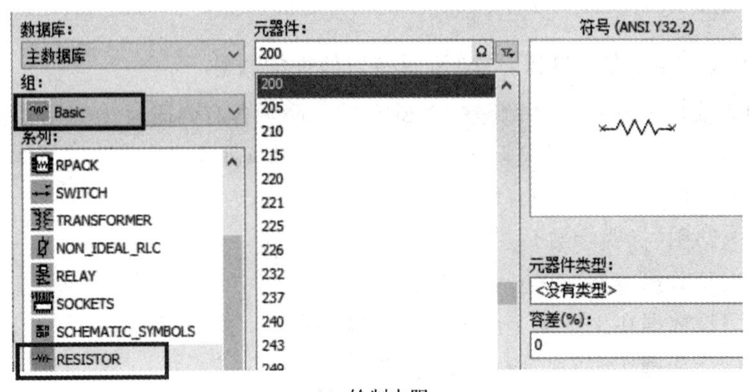

(a) 绘制电阻

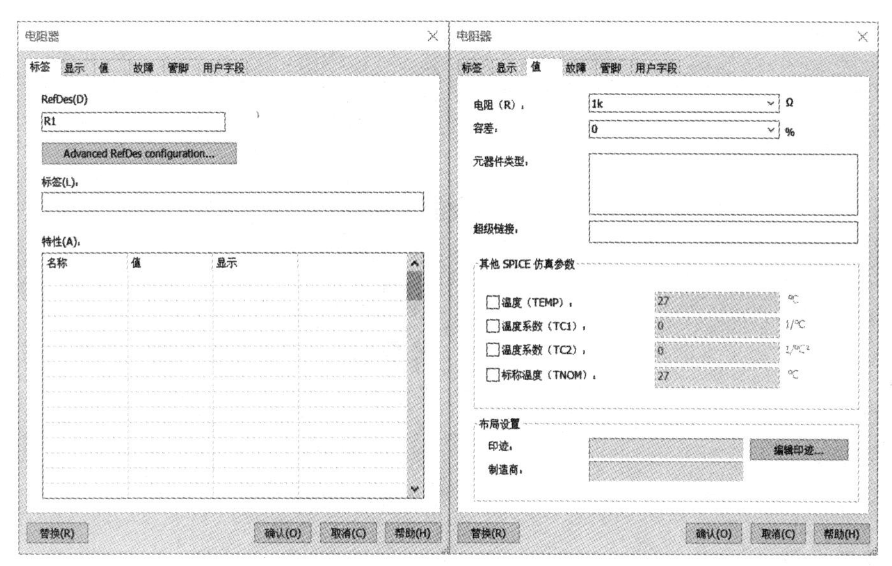

(b) 设置电阻器标签和值

图 4.6.1　电阻元件的选择和设置

2. 万用表

单击菜单栏的“仿真”(Simulate)→“仪器”(Instrument)，在弹出的窗口中选择“万用表”，如图 4.6.2(a)所示。双击万用表图标，设置为直流电压测量模式、直流电流测量模式和电阻测量模式，如图4.6.2(b)、(c)、(d)所示。

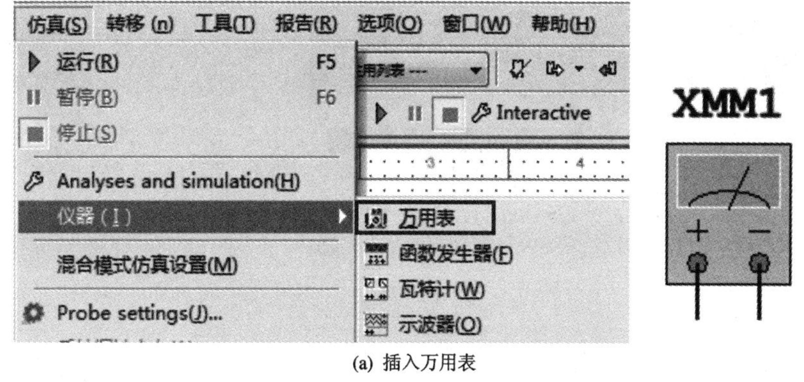

(a) 插入万用表

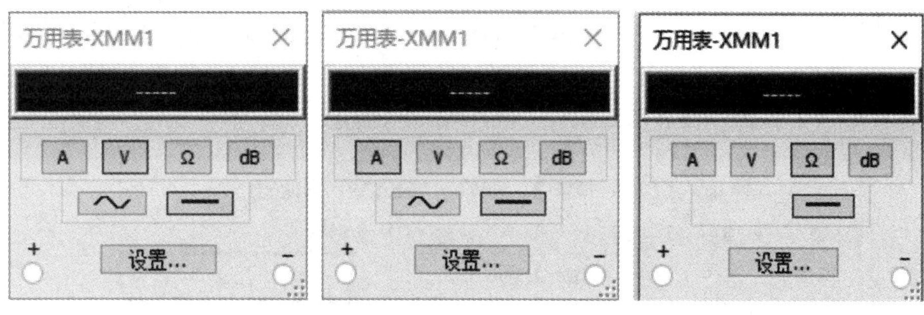

(b) 直流电压测量设置　　(c) 直流电流测量设置　　(d) 电阻测量设置

图 4.6.2　万用表的选择和测量设置

3. 直流电压源

单击菜单栏的“绘制”(Place)→“元器件”(Component)，在弹出的窗口中选择“数据库”为“主数据库”，“组”为“Sources”，“系列”为“POWER_SOURCES”，“元器件”为“DC_POWER”(直流电压电源)。

双击电源图标(见图 4.6.3)，设置为相应的值和标签。

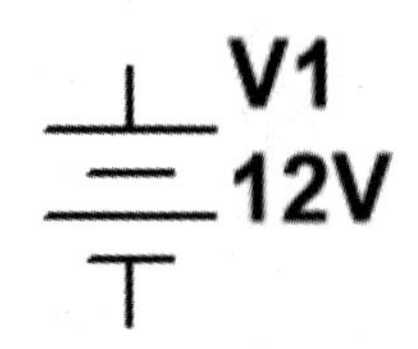

图 4.6.3 12 V 直流电压源

4. 放置地线

由于软件在进行仿真时必须有零电位参考点，以保证能够计算电路中其他各点的电压和电路中各支路电流，因此电路中必须要放置地线。

单击菜单栏的“绘制”(Place)→“元器件”(Component)，在弹出的窗口中选择“数据库”为“主数据库”，“组”为“Sources”，“系列”为“POWER_SOURCES”，“元器件”为“GROUND”，即可插入地线，如图 4.6.4 所示。

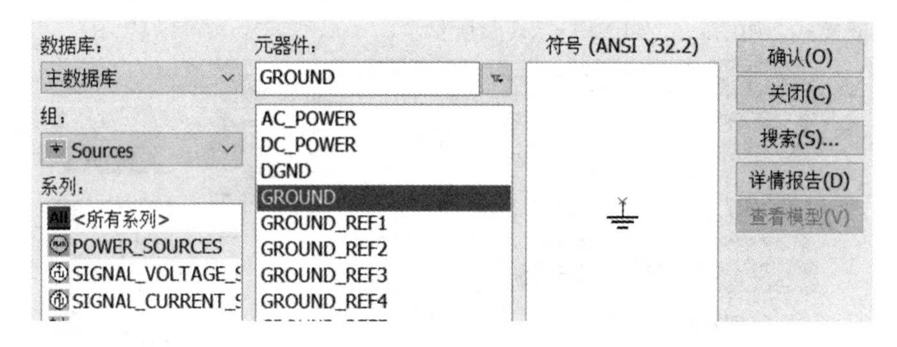

图 4.6.4 插入地线

5. 放置探针

单击菜单栏的“绘制”(Place)→“探针”(Probe)，在弹出的窗口中根据需要测量的电参数设置合适的探针：电压、电流、功率、差分电压、电压和电流等。另外，也可以通过探针快捷工具栏里插入各种探针，如图 4.6.5 和图 4.6.6 所示。

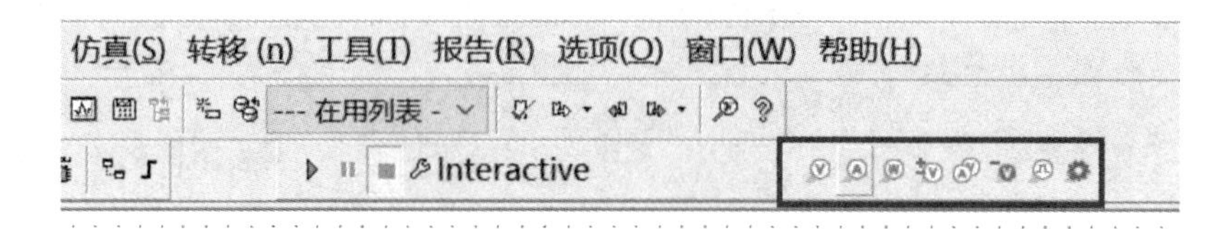

图 4.6.5 探针快捷工具栏

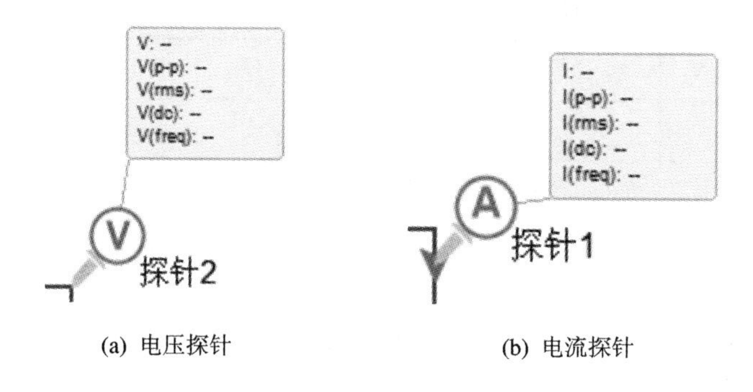

(a) 电压探针　　(b) 电流探针

图 4.6.6　电压探针和电流探针

在使用中，可以随意调整探针位置，需要注意的是：电压探针测量的是对地电位，因此一定要设置接地点。

设置电流探针时，注意看清楚箭头方向，也就是直流电流的参考方向，它决定了测量电流的正负。

四、实验内容

1. 电位、电压的测量

按照图 4.6.7 所示在 Multisim14.0 中搭建仿真模型，操作步骤如下：

(1) 放置电阻、直流电压源和地线，并设置正确的参数。

(2) 将元件摆放到合适的位置，连接电路，并设置接地点为 E 点。

(3) 在 A、B、C、D 点放置电压探针，进行仿真，测量各点电位值，将数据填入表 4.6.1 中。

(4) 停止仿真，将地线置于 A 点，在 E 点放置探针，开始仿真，测量 B、C、D 各点电位，将数据填入表 4.6.1 中。

(5) 去除探针，放置万用表，测量 U_{AB}、U_{BC}、U_{BD}、U_{DE} 的值，填入表 4.6.1 中。

(6) 可自行验证电压与电位之间的关系，例如：$U_{AB}=\Phi_A-\Phi_B$。

(7) 测量完成后，停止仿真。

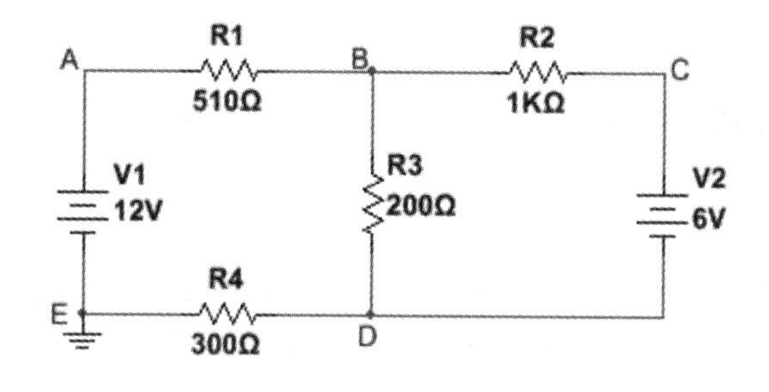

图 4.6.7　电压、电位和电流的测量实验电路

表 4.6.1 电位、电压的测量

电位参考点	Φ_A/V	Φ_B/V	Φ_C/V	Φ_D/V	U_{AB}/V	U_{BC}/V	U_{BD}/V	U_{DE}/V
E								
A								

2. 电流的测量

在图 4.6.7 中的合适位置放置电流探针，测量通过各电阻的电流大小，完成表 4.6.2。探针的方向自行设置。

表 4.6.2 电流的测量

测量电流	I_{AB}	I_{BC}	I_{BD}
节点 B			
测量电流	I_{CD}	I_{DE}	I_{BD}
节点 D			

五、预习思考题

计算图 4.6.7 中各支路电流探针测量 I_{AB}、I_{BC}、I_{BD} 的电流值，并写出计算过程。

六、数据处理及分析

(1) 根据表 4.6.1 的数据，验证电位与电压之间的关系，并给出关于电压和电位的相关结论(相对性和绝对性)。

(2) 对表 4.6.1 和表 4.6.2 中的数据进行分析，验证 KVL 和 KCL。

4.7 二极管伏安特性的测量虚拟实验

一、实验目的

(1) 学习使用仿真软件研究元件的伏安特性。

(2) 通过仿真实验研究稳压二极管和发光二极管的工作特性。

二、实验原理

在 4.4 节中对电阻、灯泡、二极管等元件的伏安特性进行了研究，但由于仪器误差、环境误差和元件本身性能等原因，元件特性尤其是二极管的稳压特性并没有得到非常准确的体现。

本实验将通过 Multisim14.0 仿真平台采用虚拟仿真手段得到更为准确的研究结果。

三、Multisim14.0 仿真平台、元件和仪器的使用

在前面的实验中，我们已经掌握了 Multisim14.0 绘制电阻、直流电源、接地以及万用

表的方法，本实验还需要绘制以下元件。

1. 可调电阻

单击菜单栏的“绘制”→“元器件”，在弹出的窗口中选择“数据库”为“主数据库”，“组”为“Basic”，“系列”为“VARIABLE_RESISTOR”，在“元器件”下选择所需规格的可变电阻并插入，如图 4.7.1 所示。

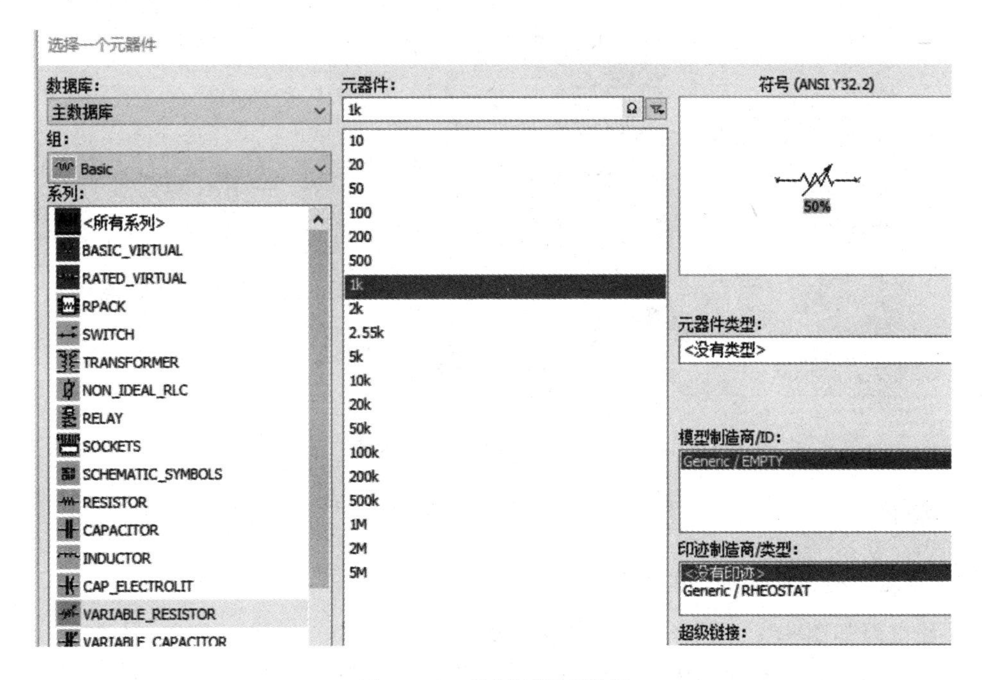

图 4.7.1　绘制可调变阻器

2. 稳压二极管

单击菜单栏的“绘制”→“元器件”，在弹出的窗口中选择“数据库”为“主数据库”，“组”为“Diodes”，“系列”为“ZENER”，“元器件”为“1N4370A”并插入，如图 4.7.2 所示。

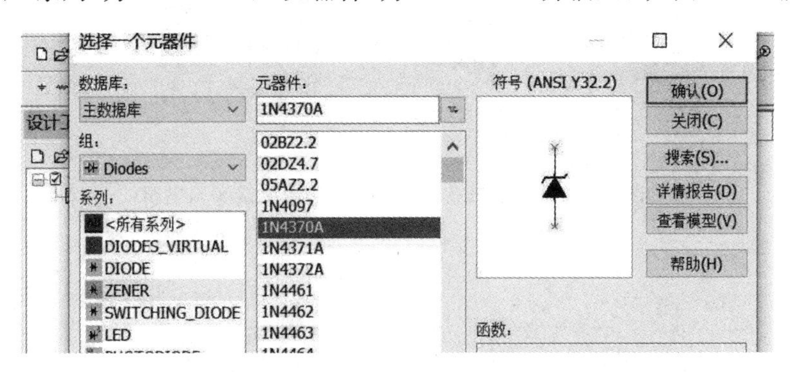

图 4.7.2　绘制稳压二极管

3. 发光二极管

单击菜单栏的“绘制”→“元器件”，在弹出的窗口中选择“数据库”为“主数据库”，“组”为“Diodes”，“系列”为“LED”，“元器件”为“LED_red”并插入，如图 4.7.3 所示。

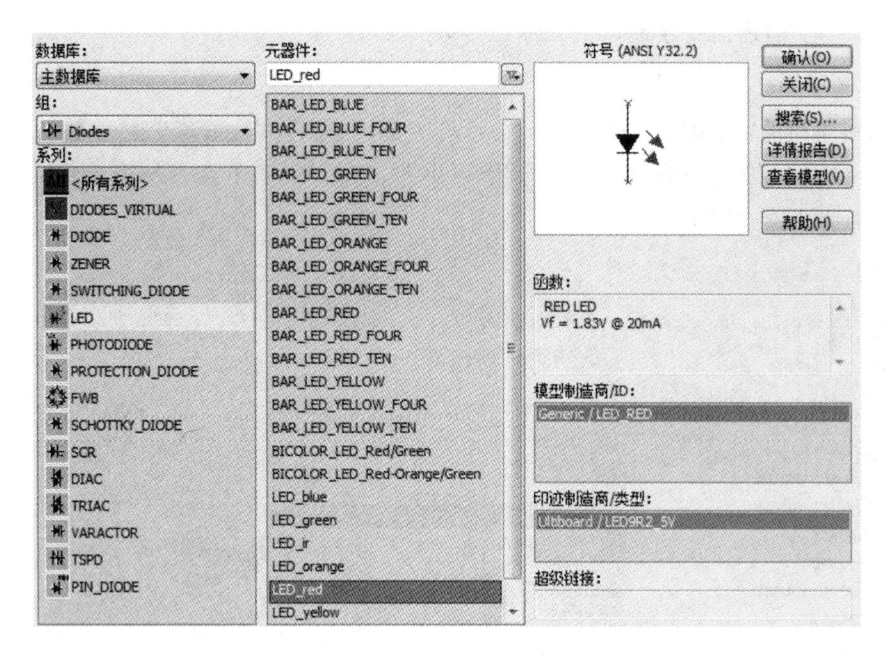

图 4.7.3　绘制发光二极管

四、实验内容

1. 稳压二极管伏安特性的测量

实验电路如图 4.7.4 和图 4.7.5 所示，其中，被测元件为 1N4370A，R 为可变电阻，调节 R 的阻值，测量稳压二极管的正向和反向电压 U 以及流经稳压二极管的电流 I，完成表 4.7.1 和表4.7.2。

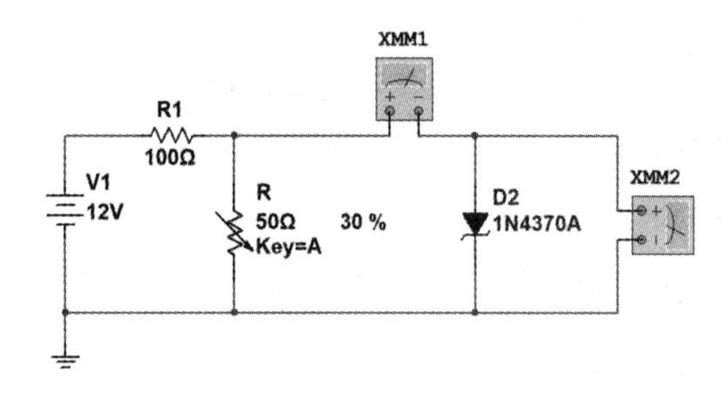

图 4.7.4　稳压二极管正向伏安特性测量实验电路

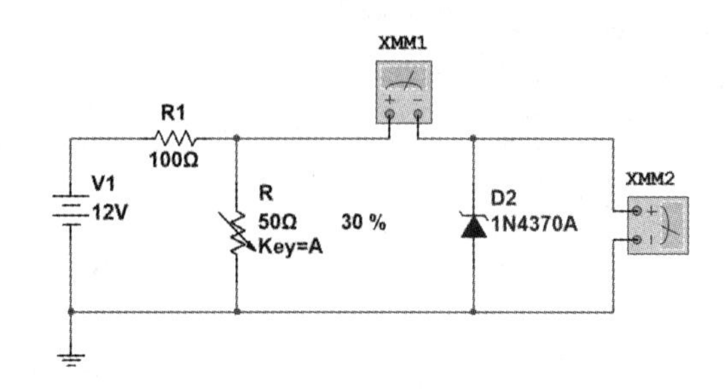

图 4.7.5　稳压二极管反向伏安特性测量实验电路

表 4.7.1　稳压二极管正向特性的测量

R/50 Ω	1%	2%	4%	6%	8%	10%	15%	20%	30%	40%	60%
U/V											
I/mA											

表 4.7.2　稳压二极管反向特性的测量

R/50 Ω	5%	10%	20%	30%	40%	50%	60%	70%	80%	90%	100%
U/V											
I/mA											

2. 发光二极管的伏安特性的测量(设计实验)

参考实验内容 1，自行设计实验电路图、实验步骤和记录表格，研究发光二极管的伏安特性。要求如下：

(1) 发光二极管的正、反向特性均要测量。

(2) 实验中需选择合适的限流电阻和可变电阻。可采用预测量的办法，多测几组不同参数的电压值和电流值，选择其中能明显表征 LED 管特性、便于绘制伏安特性曲线的参数进行实验。

(3) 自制记录表格，格式可参考表 4.7.1，正、反向特性测量数据放置于一张表格内。

(4) 对测量数据进行分析，找到 LED 管的阈值电压，并记录数据。

(5) 观察并记录实验中发光二极管的状态。

五、预习思考题

设计实验内容 2 相关电路、步骤和表格。

六、数据处理及分析

(1) 绘制稳压二极管和发光二极管的伏安特性曲线，并作出分析和结论。

(2) 仿真实验中，限流电阻可否去掉，为什么？实验室实际操作中，限流电阻可否去掉，为什么？

第五章　直流电路定理

本章主要通过实验验证直流电路的相关定理，如基尔霍夫定律、叠加定理、戴维南定理、诺顿定理、替换定理、特勒根定理等。通过实验进一步加深对相关定律和定理的理解和应用，并结合虚拟仿真电路进行相关研究。

5.1　基尔霍夫定律的验证

一、实验目的

(1) 掌握电压、电流参考方向的含义及其应用。

(2) 通过实验加深对基尔霍夫电流定律(KCL)、基尔霍夫电压定律(KVL)的理解。

二、实验原理

1. 基尔霍夫定律

基尔霍夫定律是电路的基本定律。测量某电路的各支路电流及每个元件两端的电压，应能分别满足基尔霍夫电流定律(KCL)和电压定律(KVL)。

(1) KCL：对电路中的任一节点而言，任一时刻流出(或流入)任一节点或闭合边界的电流代数和等于0，即有$\sum I=0$。KCL是电荷守恒定律在电路中的体现。

(2) KVL：对任何一个闭合回路而言，任一时刻沿任一闭合回路各电压的代数和等于0，即有$\sum U=0$。KVL是能量守恒定律在电路中的体现。

运用上述定律时必须注意各支路或闭合回路中电流的正方向，此方向可预先任意设定。

2. 基尔霍夫定律成立的条件

基尔霍夫定律是建立在电荷守恒定律、欧姆定律及电压环路定理的基础之上的，因此在稳恒电流条件下严格成立。

基尔霍夫定律除了可以用于直流电路的分析，还可用于似稳电路和含有电子元件的非线性电路的分析。运用基尔霍夫定律进行电路分析时，仅与电路的连接方式有关，而与构成该电路的元器件具有什么样的性质无关。

同理，基尔霍夫定律的应用范围亦可扩展到交流电路之中。

3. 电压、电流的参考方向

KCL和KVL内容中的电压和电流均为代数量，其取值的正负是由定律规定的。由于所求的叠加量是代数和，因此一定要根据参考方向来判断实际电压与电流的正或负。实验中按电路图中的参考方向测量电压与电流时，应按下述方法操作：

(1) 测量某支路电流时，将电流表按参考方向接入该支路(电流由电流表的“+”端流入，由“−”端流出)。若此时所测电流值为正，则说明该支路实际电流方向与参考方向一致；若此时所测电流值为负，则说明该支路通过的电流实际方向与参考方向相反，记录该电流值时应保留负号。

(2) 测量某支路电压时，将电压表“+”端与该支路参考方向“+”相连，电压表“−”端与该支路参考方向“−”相连。若此时所测电压值为正，则说明该支路实际电压方向与参考方向一致；若此时所测电压值为负，则说明该支路电压实际方向与参考方向相反，记录该电压值时应保留负号。

三、实验设备

本实验使用的实验设备如表 5.1.1 所示。

表 5.1.1　实验设备名称、型号和数量

设备名称	设备型号规格	数量
直流电源	DP832/30V/3A	1 台
手持式万用表	UT39A/DC1000V	1 块
台式万用表	DM3058E/10A	1 台
实验元件	九孔电路实验板，插件式模块	1 套

四、实验内容

1. 基尔霍夫电流定律(KCL)验证实验

实验电路如图 5.1.1 所示。以 B 点作为验证 KCL 的节点。电路中电流的参考方向已给定，设置电源通道 1 和通道 2 输出电压分别为 6 V 和 12 V，同时设置电流值均为 0.2A。检查电路连接，确认正确后，打开电源输出，使用台式万用表分别测量 I_1、I_2、I_3 的值，填入表 5.1.2 中。计算流经节点 B 的电流的代数和，填入表 5.1.2 中，验证 KCL。

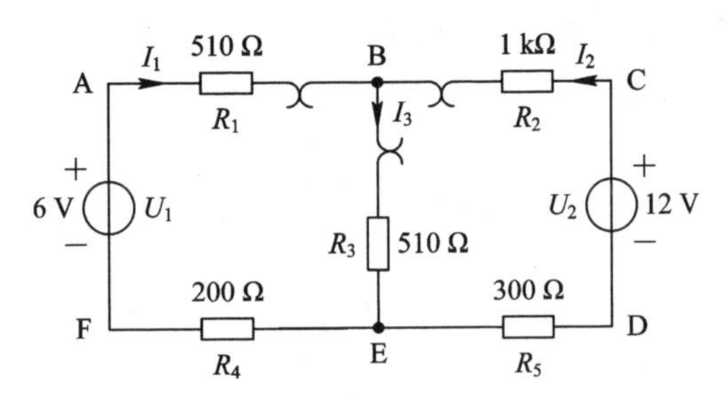

图 5.1.1　基尔霍夫电流定律验证实验电路

表 5.1.2　验证 KCL

被测电流	I_1/mA	I_2/mA	I_3/mA	$\sum I$/mA
节点 B				

注意：

① 连接电路前应检查电流检测孔是否接触良好。

② 电源输出值应以万用表测量值为准，不应直接读取电源本身的显示值。

③ 测量时如果万用表显示负值，则应将负号记录下来。

④ 测量完成后关闭电源。

2. 基尔霍夫电压定律(KVL)验证实验

图 5.1.1 中含有三个闭合回路：ABEF、BCDE 和 ABCDEF，使用万用表分别测量各个电阻两端的压降和电压源的输出电压，填入表 5.1.3 中，验证 KVL。

表 5.1.3 验证 KVL

<table>
<tr><td rowspan="2">回路
ABEF</td><td>U_{AB}/V</td><td></td><td>U_{BE}/V</td><td>U_{EF}/V</td><td></td><td>U_{FA}/V</td><td>$\sum U$/V</td></tr>
<tr><td></td><td></td><td></td><td></td><td></td><td></td><td></td></tr>
<tr><td rowspan="2">回路
BCDE</td><td>U_{BC}/V</td><td></td><td>U_{CD}/V</td><td>U_{DE}/V</td><td></td><td>U_{EB}/V</td><td>$\sum U$/V</td></tr>
<tr><td></td><td></td><td></td><td></td><td></td><td></td><td></td></tr>
<tr><td rowspan="2">回路
ABCDEF</td><td>U_{AB}/V</td><td>U_{BC}/V</td><td>U_{CD}/V</td><td>U_{DE}/V</td><td>U_{EF}/V</td><td>U_{FA}/V</td><td>$\sum U$/V</td></tr>
<tr><td></td><td></td><td></td><td></td><td></td><td></td><td></td></tr>
</table>

注意：

① 用万用表测量电路元件两端电压时，按照电压的参考方向，红色表笔接高电位插孔，黑色表笔接低电位插孔。本实验中，红色表笔接表 5.1.3 中下标第一个字母点，黑色表笔接下标第二个字母点)。

② 若万用表显示负值，则表示实际电压方向与参考方向相反，记录数据时应保留负号。

③ 同一电压只需测量一次即可。

④ 测量完成后关闭电源。

3. 非线性电路的基尔霍夫电压定律验证

实验电路如图 5.1.2 所示，用二极管 1N4007 替换电阻 R_3。

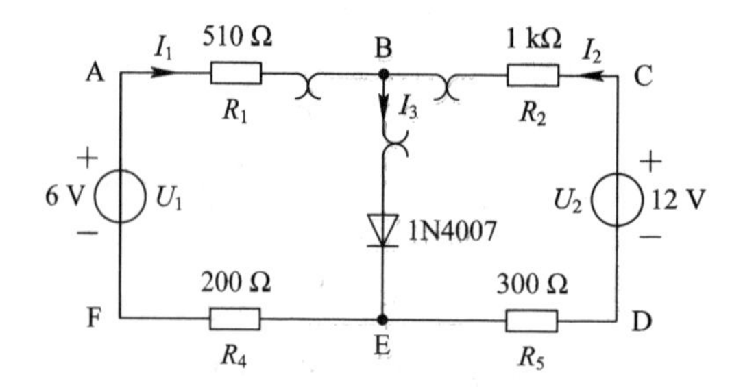

图 5.1.2 非线性电路的基尔霍夫电压定律验证实验电路

用万用表测量流经节点 B 的各电流和电路中各电阻两端压降，完成表 5.1.4，验证非线性电路的基尔霍夫电压定律。注意事项同实验内容 1、2。

表 5.1.4　非线性电路的基尔霍夫电压定律验证

被测量	I_1/mA	I_2/mA	I_3/mA	U_{AB}/V	U_{BC}/V	U_{BE}/V	U_{EF}/V	U_{DE}/V
测量值								

五、预习思考题

(1) 计算图 5.1.1 中待测电流 I_1、I_2、I_3 和各电阻上的电压值，以便实验时检查测量数据的合理性。

(2) 测量非线性电阻的伏安特性时，电路必须串联一定量值的电阻，它们在电路中起什么作用？若没有该电阻，则会发生什么情况？

六、数据处理及分析

(1) 完成表 5.1.2 和表 5.1.3，验证线性电路的基尔霍夫定律。

(2) 根据表 5.1.4 的实验数据，选定节点 B，验证非线性电路的 KCL。选定电路中任一闭合回路，验证非线性电路的 KVL。

5.2　特勒根定理的验证

一、实验目的

(1) 掌握特勒根定理的内容。

(2) 通过实验加深对功率守恒定律的理解。

(3) 掌握电流、电压参考方向二重规定及其应用。

二、实验原理

1. 特勒根定理内容一

对于一个具有 n 个节点和 b 条支路的电路，假设各支路电流和支路电压取关联参考方向，并令(i_1, i_2, …, i_n)、(u_1, u_2, …, u_n)分别为 b 条支路的电流和电压，则对任何时刻 t，有

$$\sum_k u_k i_k = 0 \tag{5.2.1}$$

此定理对任何具有线性、非线性、时不变、时变元件的集总电路都适用，它实质上是电路功率守恒的数学表达式。

2. 特勒根定理内容二

对元件参数、性质完全不同而拓扑结构相同的 N 和 $\tilde{N}$ 两个电路而言，电路 N 中各支路电压 u_k(或电流 i_k)与电路 $\tilde{N}$ 中对应支路电流 $\tilde{i}_k$(或电压 $\tilde{u}_k$)的乘积之和等于 0。即有

$$\sum_k u_k \tilde{i}_k = 0,\ \sum_k \tilde{u}_k i_k = 0 \tag{5.2.2}$$

此定理同样对任何具有线性、非线性、时不变、时变元件的集总电路都适用，但它不再是电路功率守恒的数学表达式。有时它被称为“拟功率定理”。它仅仅是表达两个具有相同拓扑的电路中，一个电路的支路电压和另一个电路的支路电流之间所遵循的数学关系。

图 5.2.1(a)和(b)是两个拓扑结构相同而元件不同的电路。

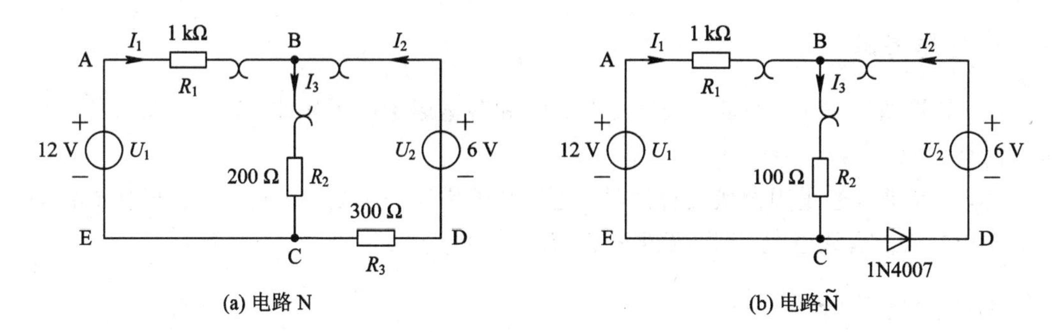

图 5.2.1　拓扑结构相同而元件不同的电路

需要特别指出的是，本实验为直流实验，式(5.2.1)和式(5.2.2)中的 u、i 应用 U、I 来替代。U、I 均为代数量，其取值的正负是由定理规定的。另外，电路中给定了参考方向，那么 U、I 的测量值也是有正负的。例如，根据已规定的参考方向判断出某支路电流 I 前面是“+”或是“−”，在代入计算之前，还应该按照定理规定的流入节点(或流出节点)为正方向再次确定 I 前面是“+”或是“−”，然后再将 I 所代表的正数或者负数代入式中计算。这就是对 U 和 I 的参考方向的二重规定。

三、实验设备

本实验使用的实验设备如表 5.2.1 所示。

表 5.2.1　实验设备名称、型号和数量

设备名称	设备型号规格	数量
直流电源	DP832/30V/3A	1 台
手持式万用表	UT39A/DC1000V	1 块
台式万用表	DM3058E/10A	1 台
实验元件	九孔电路实验板，插件式模块	1 套

四、实验内容——特勒根定理实验

实验电路如图 5.2.1 所示。注意电路 N 和 $\tilde{N}$ 的元件性质和参数不同。图 5.2.1(a)中 R_2 为 200 Ω 电阻，图 5.2.1(b)中 R_2 为 100 Ω 电阻；图 5.2.1(a)中 C、D 之间连入的是 300 Ω 电阻，图 5.2.1(b)中 C、D 之间连入的是 1N4007 二极管。

图中电流的参考方向已给定，使用万用表测量所要求的电流值和电压值，填入表 5.2.2 中。

表 5.2.2　特勒根定理实验

电路 N	I_1/mA	I_2/mA	I_3/mA		
电路 $\tilde{N}$	$\tilde{I}_1$/mA	$\tilde{I}_2$/mA	$\tilde{I}_3$/mA		
电路 N	U_{AB}/V	U_{BD}/V	U_{CB}/V	U_{DC}/V	U_{EA}/V
电路 $\tilde{N}$	$\tilde{U}_{AB}$/V	$\tilde{U}_{BD}$/V	$\tilde{U}_{CB}$/V	$\tilde{U}_{DC}$/V	$\tilde{U}_{EA}$/V

根据表 5.2.2 中记录的数据，电流电压取关联参考方向，计算 $\sum_k U_k I_k = 0$，$\sum_k \tilde{U}_k \tilde{I}_k = 0$，$\sum_k U_k \tilde{I}_k = 0$，$\sum_k \tilde{U}_k I_k = 0$ 是否成立，若不成立请分析原因。将计算公式和结果填入表 5.2.3 中。注意，计算时应先考虑电压电流的参考方向，再代入数值。

表 5.2.3　特勒根定理计算数据记录表

$\sum_k U_k I_k = 0$	
$\sum_k \tilde{U}_k \tilde{I}_k = 0$	
$\sum_k U_k \tilde{I}_k = 0$	
$\sum_k \tilde{U}_k I_k = 0$	

五、预习思考题

写出图 5.2.1 中电路 N 和 $\tilde{N}$ 的特勒根定理计算公式，并说明如何选取电压电流的正负号。

六、数据处理及分析

(1) 完成表 5.2.2 和表 5.2.3，对数据进行分析计算，得出结论并验证特勒根定理。

(2) 在正弦交流电路中，是否可以用类似于直流电路的方法验证特勒根定理？为什么？

5.3　叠加定理和齐次性定理验证

一、实验目的

(1) 加深对线性电路的特性——叠加性和齐次性的认识和理解。

(2) 进一步了解叠加定理和齐次性定理的适用条件。

二、实验原理

1. 叠加定理

叠加定理指出：在有多个独立源共同作用的线性电路中，通过每一个元件的电流或其两端的电压，可以被看成是由每一个独立源单独作用时在该元件上所产生的电流或电压的代数和。

在使用该定理时，应注意：当测量某一电源单独作用产生的电压或电流时，应将其他电源从电路中移去，并移去电压源的支路短路，移去电流源的支路开路，因为实验中使用的电源一般是由电子元件组成的直流稳压源或直流稳流源，关掉电源后，它们将成为负载，且不满足理想电压源内阻为零及理想电流源内阻为无穷大的要求。

如图 5.3.1 所示，电压源和电流源共同作用时，电阻 R_2 上的电压 U_2 等于电压源单独作用时的电压 U_2' 与电流源单独作用时的电压 U_2'' 的代数和，即 $U_2=U_2'+U_2''$。

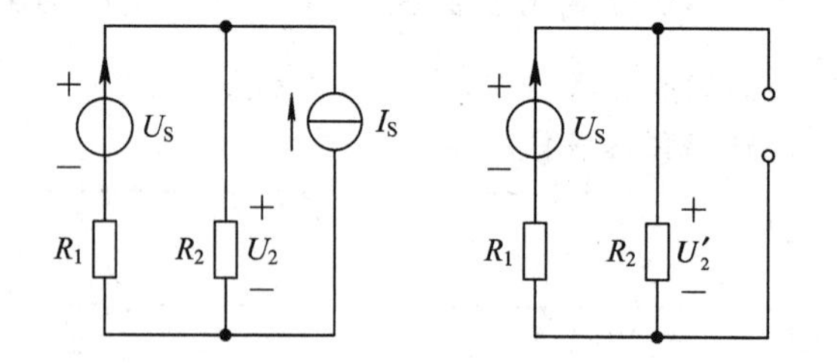

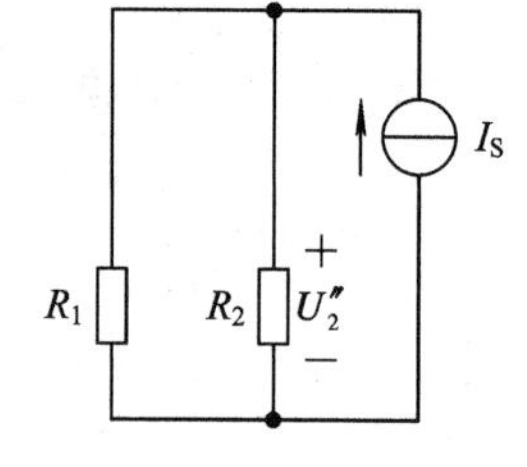

图 5.3.1 叠加定理示意图

2. 线性齐次性

在线性电路中，当激励增加或减少 K 倍时，其响应(即在每个支路中的电压或电流)也增加或减少 K 倍。如图 5.3.1 所示电路中，K 倍 U_S 单独作用时，电阻 R_2 上的电压 U_2''' 等于电压源 U_S 单独作用时的电压 U_2' 的 K 倍，即 $U_2'''=KU_2'$。

三、实验设备

本实验使用的实验设备见表 5.3.1。

表 5.3.1 实验设备名称、型号和数量

设备名称	设备型号规格	数量
直流电源	DP832/30V/3A	1 台
手持式万用表	UT39A/DC1000V	1 块
台式万用表	DM3058E/10A	1 台
实验元件	九孔电路实验板，插件式模块	1 套

四、实验内容

1. 线性电路的叠加性和齐次性实验

图 5.3.2 所示为实验电路，实验按以下步骤完成：

（1）U_S 与 I_S 共同作用：设置电源通道 1 输出电压为 12 V，同时设置电流值为 0.2 A；设置通道 2 输出电流为 35 mA，同时设置电压值为 20 V，关闭电源输出。按图 5.3.2(a)所示连接电路。检查电路连接，确认正确后，打开电源输出，微调电源并用手持万用表测量，使 U_S 值为 12 V。用台式万用表探头插入 I_S 对应的电流检测孔中测量 I_S 值，使之尽量接近 35 mA(误差在±0.5 mA 以内)，然后测量共同作用时产生的各电压、电流值，将数据记入表5.3.2 中。

（2）I_S 单独作用：关闭图 5.3.2(a)中的电压源 U_S，拔下导线并将该支路短路(电压源置零)，如图 5.3.2(b)所示，测量 I_S 单独作用时产生的各电压、电流值，将数据记入表 5.3.2 中。注意测量前检查 I_S 值，尽量接近 35 mA。

（3）U_S 单独作用：将图 5.3.2(a)中的电流源 I_S 关闭并拔下导线使该电源端保持开路状态(电流源置零)，如图 5.3.2(c)所示，测量 U_S 单独作用时产生的各电压、电流值，将数据记入表 5.3.2 中。注意测量前检查 U_S 值是否为 12 V。

（4）$2U_S$ 单独作用：电流源置零，电路同图 5.3.2(c)所示。将电压源输出调至 2 倍 U_S。测量 $2U_S$ 单独作用时产生的各电压、电流值，将数据记入表 5.3.2 中。注意测量前检查电压源输出值是否为 $2U_S$。

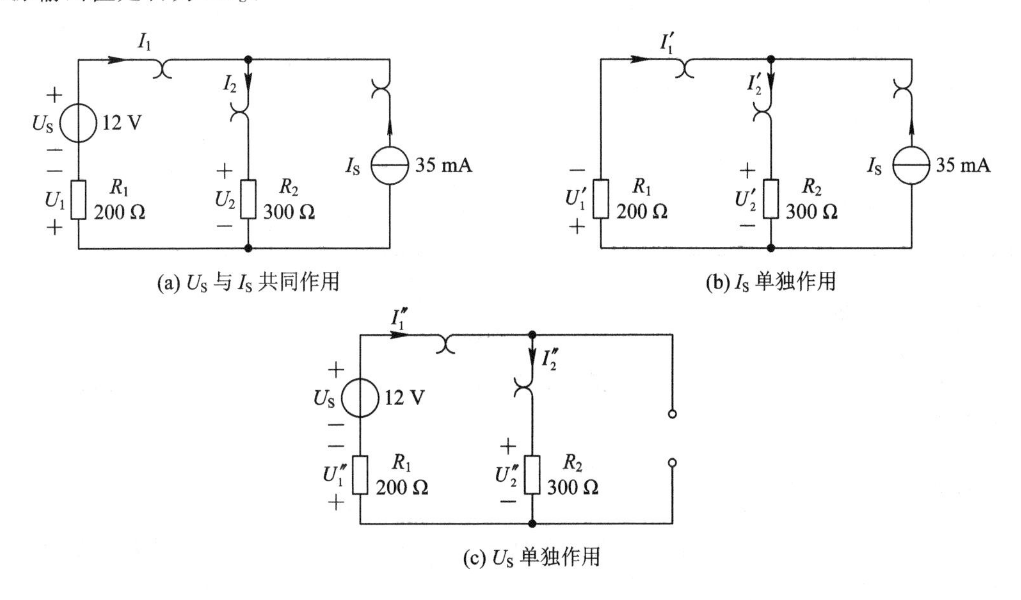

图 5.3.2　线性电路的叠加性和齐次性实验电路

表 5.3.2　线性电路的叠加性和齐次性实验数据

作用于电路的电源	U/V	U/V	I/mA	I/mA	计算功率 P_{R_1}/W
U_S 与 I_S 共同作用	$U_1=$	$U_2=$	$I_1=$	$I_2=$	$P_{R_1}=$
I_S 单独作用	$U'_1=$	$U'_2=$	$I'_1=$	$I'_2=$	$P'_{R_1}=$
U_S 单独作用	$U''_1=$	$U''_2=$	$I''_1=$	$I''_2=$	$P''_{R_1}=$
$2U_S$ 单独作用	$U'''_1=$	$U'''_2=$	$I'''_1=$	$I'''_2=$	$P'''_{R_1}=$
计算叠加结果	$U'_1+U''_1=$	$U'_2+U''_2=$	$I'_1+I''_1=$	$I'_2+I''_2=$	$P'_{R_1}+P''_{R_1}=$
验证齐次性结果	$\frac{U'''_1}{U''_1}=$	$\frac{U'''_2}{U''_2}=$	$\frac{I'''_1}{I''_1}=$	$\frac{I'''_2}{I''_2}=$	$\frac{P'''_{R_1}}{P''_{R_1}}=$

注意：

① 按照参考方向测量，注意万用表的极性及正负号的记录。

② 数据叠加时注意负号。

③ U_S 和 I_S 的值均以万用表读数为准，不应取电源本身的显示值。测量前应校准。

可根据叠加定理和齐次性定理自行验证数据正确性。

2. 非线性电路的叠加性和齐次性实验

将电阻 R_2 换成二极管 1N4007，重复实验内容 1 的测量，将测量结果记录于表 5.3.3 中。

表 5.3.3　非线性电路的叠加性和齐次性实验数据

作用于电路的电源	U/V	U/V	I/mA	I/mA	计算功率 P_{R_1}/W
U_S 与 I_S 共同作用	$U_1=$	$U_2=$	$I_1=$	$I_2=$	$P_{R_1}=$
I_S 单独作用	$U'_1=$	$U'_2=$	$I'_1=$	$I'_2=$	$P'_{R_1}=$
U_S 单独作用	$U''_1=$	$U''_2=$	$I''_1=$	$I''_2=$	$P''_{R_1}=$
$2U_S$ 单独作用	$U'''_1=$	$U'''_2=$	$I'''_1=$	$I'''_2=$	$P'''_{R_1}=$
计算叠加结果	$U'_1+U''_1=$	$U'_2+U''_2=$	$I'_1+I''_1=$	$I'_2+I''_2=$	$P'_{R_1}+P''_{R_1}=$
验证齐次性结果	$\frac{U'''_1}{U''_1}=$	$\frac{U'''_2}{U''_2}=$	$\frac{I'''_1}{I''_1}=$	$\frac{I'''_2}{I''_2}=$	$\frac{P'''_{R_1}}{P''_{R_1}}=$

五、预习思考题

在叠加定理实验中，要令电压源和电流源单独作用，应如何操作？能否直接关闭需要置零的电源输出？

六、数据处理及分析

(1) 根据表 5.3.2 的实验数据，判断线性电路中的电流、电压及功率是否满足叠加定理和齐次性定理。

(2) 结合表 5.3.2 和表 5.3.3 的实验数据，说明叠加定理和齐次性定理成立的条件。

5.4　戴维南定理和诺顿定理验证

一、实验目的

(1) 验证戴维南定理和诺顿定理。

(2) 学会测量线性含源一端口网络等效电路参数的方法。

二、实验原理

任何一个线性含源一端口电阻网络，如果仅研究其中一条支路的电压和电流，则可将电路的其余部分看作是一个有源二端口网络(或称为含源一端口网络)。其端口电流与端口电压关系满足直线方程，如图 5.4.1 所示，与该直线方程对应的电路模型是电压源与电阻的串联或电流源与电导的并联，分别由戴维南定理和诺顿定理来描述。

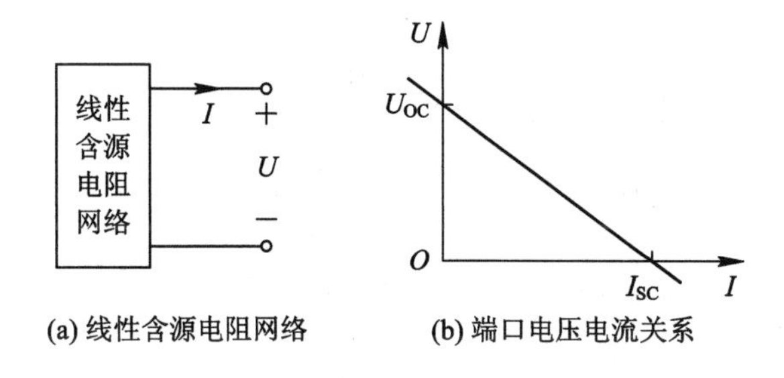

图 5.4.1　线性含源电阻网络示意图

戴维南定理：任何一个线性含源一端口电阻网络，对外电路来说，可以用一个电压源与电阻的串联组合等效代替，如图 5.4.2 所示。此电压源的电压等于这个一端口网络的开路电压，电阻等于该网络中所有独立源均置零(将理想电压源视为短接，理想电流源视为开路)后的输入电阻。

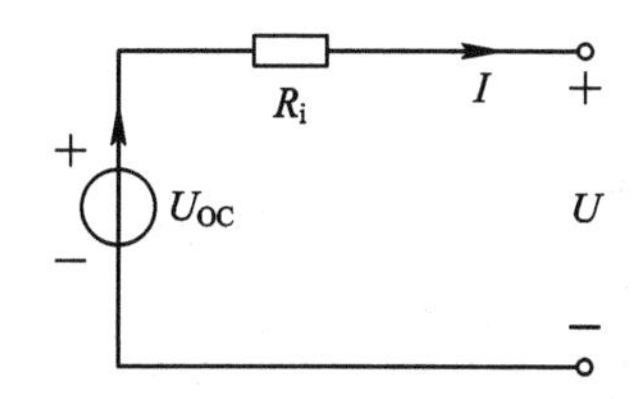

图 5.4.2　戴维南定理等效电路

诺顿定理：线性含源一端口电阻网络的对外作用可以用一个电流源并联电阻的电路来等效，如图 5.4.3 所示。其中电流源的电流等于该网络的短路电流，并联电阻等于该网络内部各独立电源置零后所得无独立源一端口网络的等效电阻。

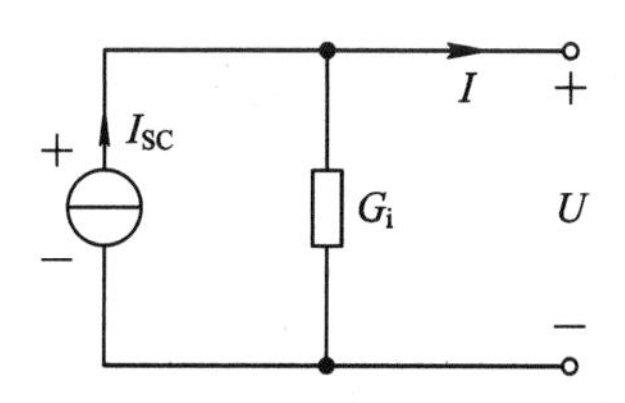

图 5.4.3　诺顿定理等效电路

戴维南定理与诺顿定理统称为等效电源定理，它们是对线性含源一端口网络进行等效化简的重要定理。求等效电路相当于确定端口电压与电流的直线方程。根据直线方程的形式，可以设计出确定等效电路的实验方法。实际应用时，要依据具体条件加以选择。下面介绍几种测量等效电路参数的实验方法。

1. 测量开路电压和短路电流

如果一端口网络允许开路和短路，可分别测量开路电压 U_{OC} 和短路电流 I_{SC}(见图 5.4.4)，即可得到直线在电压坐标轴和电流坐标轴上的截距，分别对应等效电路中电压源的电压和电流源的电流。而等效电阻和等效电导分别为

$$R_i=\frac{U_{OC}}{I_{SC}}, G_i=\frac{1}{R_i}$$

这种方法适用于等效电阻大而且短路电流不超过额定值的情况，否则有损坏一端口网络的危险。

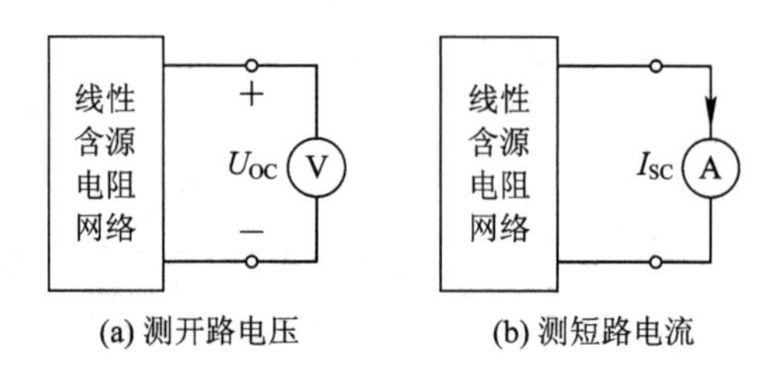

图 5.4.4　方法 1 原理示意图

2. 测量开路电压和等效电阻

当一端口网络不允许短路时，可按图 5.4.4 所示测量端口的开路电压 U_{OC}，然后将一端口网络内全部的独立电源置零，用万用表测出一端口网络的等效电阻，见图 5.4.5(a)，或在端口处外加电源，通过测量端口电压 U 与电流 I，计算 $U/I=R_i$，得到等效电阻 R_i 见图 5.4.5(b)。

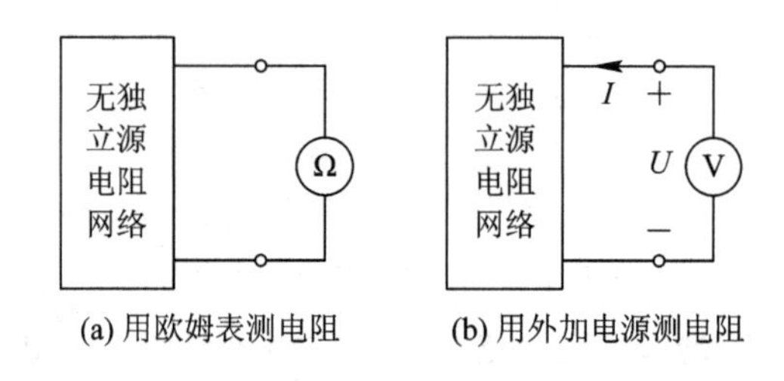

图 5.4.5　方法 2 测量等效电阻原理示意图

3. 测量短路电流和等效电阻

当一端口网络不允许开路时，将方法 2 中测量端口的开路电压改为测量端口的短路电流 I_{SC} 即可。

三、实验设备

本实验使用的实验设备见表 5.4.1。

表 5.4.1　实验设备名称、型号和数量

设备名称	设备型号规格	数量
直流电源	DP832/30V/3A	1 台
手持式万用表	UT39A/DC1000V	1 块
台式万用表	DM3058E/10A	1 台
实验元件	九孔电路实验板，插件式模块	1 套

四、实验内容

1. 测量线性含源一端口电阻网络的戴维南定理与诺顿定理等效电路参数

线性含源一端口电阻网络实验电路如图 5.4.6 所示，其中图 5.4.6(a)所示是桥式结构的线性电阻网络，将该网络视为“黑匣子”N_1，它与电压源 U_S 一起构成线性含源一端口电阻网络 N_2，如图 5.3.6(b)所示。其端口 AB 可以处于开路或短路状态。在上述 3 种测量方法中选择 1 种，测量 N_2 的戴维南定理和诺顿定理等效电路参数。记录测量数据，计算电路参数，并将测量和计算过程填入表 5.4.2 中。

注意在将电压源置零时，应将电源断开，然后用导线连接 1、2 两点。

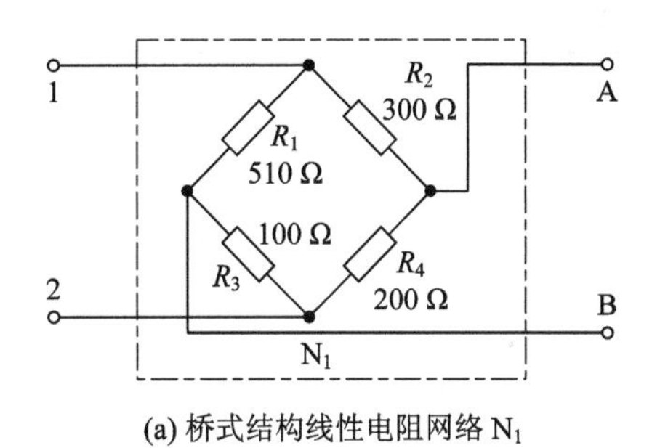

(a) 桥式结构线性电阻网络 N_1

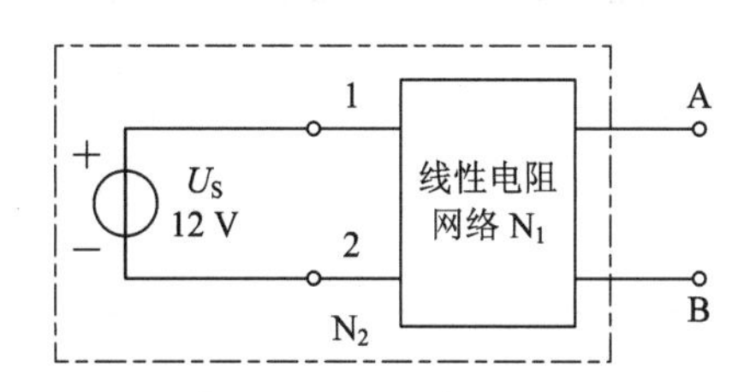

(b) 线性含源一端口电阻网络 N_2

图 5.4.6 线性含源一端口电阻网络实验电路

注意：

① 用万用表直接测量等效电阻时，要将电源从电路中移除。

② 测量等效电路外特性时，注意电源值与所测开路电压或短路电流的一致性。

表 5.4.2 线性含源一端口电阻网络等效电路参数的测量

测量方法(填序号)	测量值(由所选的测量方法决定)	等效电路参数的计算

2. 测量戴维南定理等效电路与线性含源一端口网络的等效性

测量网络 N_2 的外特性：关闭电源，将网络 N_2 端口 AB 端连接可变电路 R_L，如图 5.4.7(a)所示，检查电路连接，确认正确后，打开电源开关，改变可变电阻 R_L，测量网络 N_2 的端口电压 U 与电流 I，将数据记入表 5.4.3 中。

测量戴维南定理等效电路的外特性：将图 5.4.7(a)的网络 N_2 换为戴维南定理等效电路，如图 5.4.7(b)所示，其中 U_{OC} 和 R_i 的值取自表 5.4.2 中。改变可变电阻 R_L，测量戴维南定理等效电路的端口电压 U 与电流 I，将数据记入表 5.4.4 中。

注意：测量等效电路外特性时，电源值需与所测开路电压或短路电流一致。

表 5.4.3 线性含源一端口网络的外特性

R_L/Ω	0	200	400	600	800	∞
U/V						
I/mA						

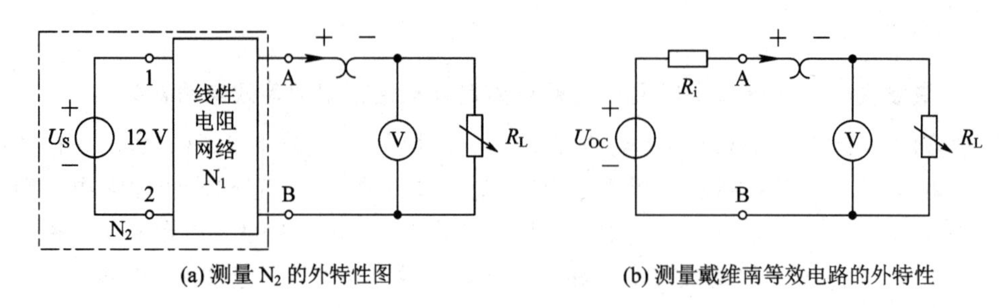

(a) 测量 N_2 的外特性图　　(b) 测量戴维南等效电路的外特性

图 5.4.7　戴维南与诺顿定理的实验电路

表 5.4.4　戴维南定理等效电路的外特性

R_L/Ω	0	200	400	600	800	∞
U/V						
I/mA						

表 5.4.3 和表 5.4.4 中所得的外特性应近似相等，大家可自行验证。

3. 提高实验：测量诺顿定理等效电路的外特性

将图 5.4.7(a)所示的网络 N_2 换为诺顿定理等效电路，即电流源和电阻的并联组合，其中 I_{SC} 及 R_i 的值取自表 5.4.2 中。请自制表格，测量其外特性。注意所取的测量点应该便于和原网络 N_2 的外特性——表 5.4.3 中的测量数据进行对比。

根据表中测量结果，比较 3 个电路是否等效，从而验证戴维南定理和诺顿定理。若不等效，请分析原因。

五、预习思考题

(1) 测量等效电路参数时，何种情况下不能测开路电压和短路电流？

(2) 计算网络 N_2 的等效电阻、开路电压和短路电流的理论值。

六、数据处理及分析

(1) 完成表 5.4.2 中等效电路参数的计算，与 U_{OC}、I_{SC}、R_{eq} 理论值比较并计算相对误差。

(2) 完成实验内容 3，要求：

① 绘制电路图(用尺子规范作图)，标注元件和电源参数；

② 绘制数据记录表格(可以参考表 5.4.4)；

③ 简述实验步骤和注意事项。

(3) 根据实验内容 2 和实验内容 3 的测量数据，在同一坐标系下绘制线性含源一端口电阻网络及其戴维南定理与诺顿定理等效电路的外特性曲线，比较分析 3 条外特性曲线，并得出结论。

5.5　替代定理验证

一、实验目的

(1) 通过实验验证替代定理。

(2) 加深对替代定理及其适用性的理解。

二、实验原理

1. 替代定理

替代定理：给定任意一个线性电阻电路，其中第 k 条支路的电压 u_k 和电流 i_k 已知(如图 5.5.1(a)所示)，那么这条支路就可以用一个具有电压等于 u_k 的独立电压源 u_S(如图 5.5.1(b)所示)，或者用一个具有电流等于 i_k 的独立电流源 i_S(如图 5.5.1(c))替代，替代后电路中全部电压和电流均将保持原值。定理中所提到的第 k 条支路可以是无源的，也可以是含源的，可以是电阻、电压源和电阻的串联组合或者电流源和电阻的并联组合。

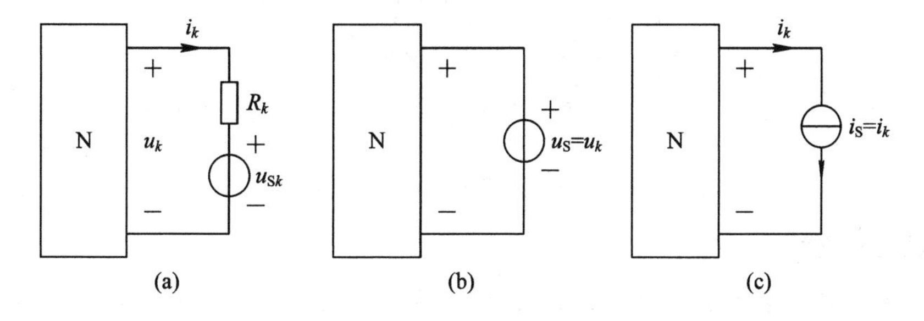

图 5.5.1　替代定理示意图

2. 成立条件

替代定理的成立应满足两个条件：

(1) 替代前和替代后的网络必须有解且解是唯一的。

(2) 替代后其余支路及参数不能改变。

三、实验设备

本实验使用的实验设备见表 5.5.1。

表 5.5.1　实验设备名称、型号和数量

设备名称	设备型号规格	数量
直流电源	DP832/30V/3A	1 台
手持式万用表	UT39A/DC1000V	1 块
台式万用表	DM3058E/10A	1 台
实验元件	九孔电路实验板，插件式模块	1 套

四、实验内容

替代定理验证实验电路如图 5.5.2 所示，虚线框内为被替代部分。实验分为三部分进行。

1. 原电路的测量

按照图 5.5.2 所示连接电路，测量电流 I_1、I_2、I_3 和 U_{DC} 的值，将数据填入表 5.5.2 中。

表 5.5.2 替代前电路参数

替代前	I_1/mA	I_2/mA	I_3/mA	U_{DC}/V
电流测量值				

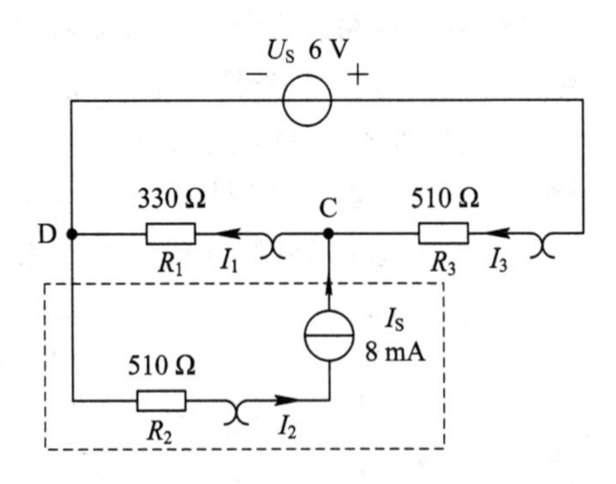

图 5.5.2 替代定理验证实验电路

2. 电压源替代

将虚线框用电压源替代，电压源 U_k 输出电压大小为表 5.5.2 中 U_{DC} 的值。实验电路图如图 5.5.3 所示。测量替代后电流 I_1、I_3 的值，将数据填入表 5.5.3 中。

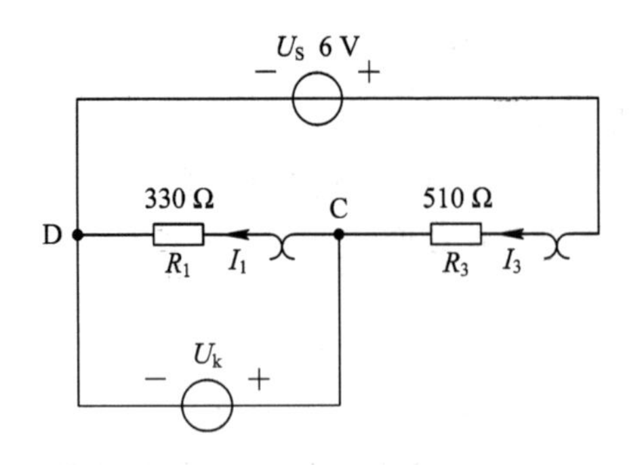

图 5.5.3 电压源替代电路

表 5.5.3 替代后电路参数

被测电流	I_1/mA	I_3/mA
电压源替代		
电流源替代		

3. 电流源替代

将虚线框用电流源替代，电流源 I_k 的电流大小等于 I_2。请大家自行绘制实验电路图，完成电路连接并测量替代后电流 I_1、I_3 的值，将数据填入表 5.5.3 中。

五、预习思考题

(1) 替代定理的适用性条件是什么?

(2) 计算图 5.5.2 中虚线框内的电路可被替代的电压源和电流源输出值。

六、数据处理及分析

完成表 5.5.3，分析并验证替代定理。

5.6　直流电路定理虚拟实验

一、实验目的

(1) 通过仿真实验加深对直流电路定理的认识和理解。

(2) 进一步了解直流电路定理的适用条件。

(3) 验证含有受控源的线性、非线性电路中直流定理是否成立。

二、实验原理

在前几节中依次对基尔霍夫定律、特勒根定理、叠加定理、齐次性定理、戴维南定理、诺顿定理、替代定理等几种直流电路定理进行了详细介绍。本节使用 Multisim14.0 搭建含有受控源的线性、非线性电路，验证直流电路定理是否依然成立。

三、Multisim14.0 仿真平台、元件和仪器的使用

本次实验中，需要使用的元件有：电阻、地线、拨盘开关、二极管、单刀双掷开关、可调电阻器，需要使用的仪器有：直流电流源、直流电压源、受控源、万用表、探针。

在第四章的实验中，已介绍了大部分元件、仪器和电源等的绘制方法，本实验还需要绘制的元件及具体绘制方法如下。

1. 直流电流源

在菜单栏单击“绘制”→“元器件”，在弹出的窗口中选择“数据库”为“主数据库”，“组”为“Sources”，“系列”为“SIGNAL_CURRENT_SOURCES”，“元器件”为“DC_CURRENT”并插入，如图 5.6.1 所示。双击电流源图标可以设置电流值。

2. 拨盘开关

在菜单栏单击“绘制”→“元器件”，在弹出的窗口中选择“数据库”为“主数据库”，“组”为“Basic”，“系列”为“SWITCH”，“元器件”为“DSWPK_3”并插入，如图 5.6.2 所示，白色拨盘向上为导通。

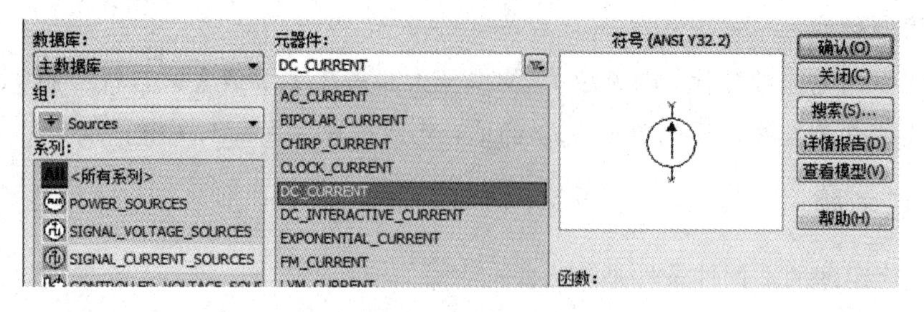

图 5.6.1　绘制直流电流源

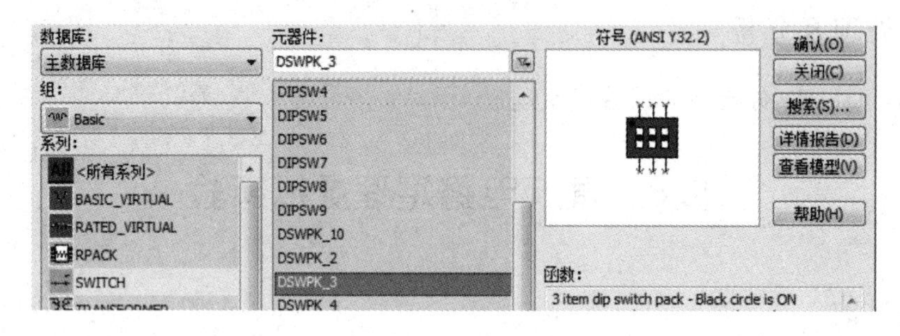

图 5.6.2　绘制拨盘开关

3. 单刀双掷开关

在菜单栏单击“绘制”→“元器件”，在弹出的窗口中选择“数据库”为“主数据库”，“组”为“Basic”，“系列”为“SWITCH”，“元器件”为“SPDT”并插入，如图 5.6.3 所示，双击 SPDT 图标设置快捷键。

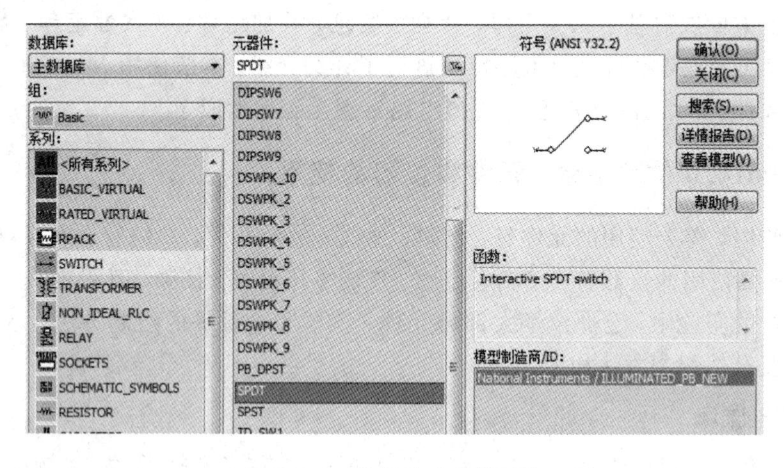

图 5.6.3　绘制单刀双掷开关

4. 受控源

Multisim14.0 中含有多种受控源，本实验以流控电压源(CCVS)为例。如图 5.6.4，选择“数据库”为“主数据库”，“组”为“Sources”，“系列”为“CONTROLLED_VOLTAGE_SOURCES”，元器件选择“CURRENT_CONTROLLED_VOLTAGE_SOURCES”并插入，双击受控源图标可以设置互阻。

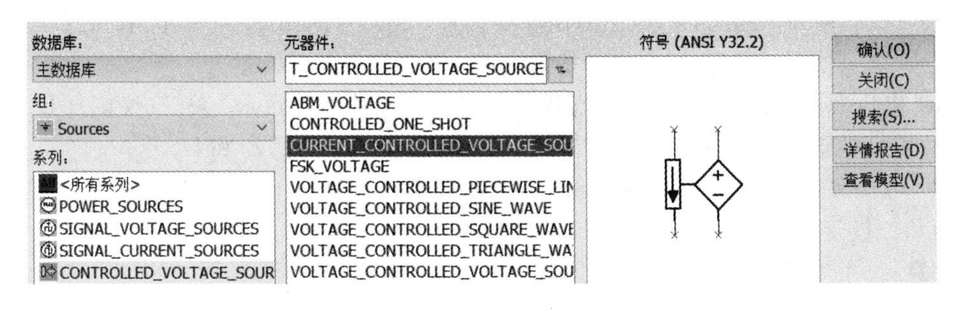

图 5.6.4　绘制受控源

四、实验内容

1. 含有受控源电路的叠加定理和齐次性定理验证

图 5.6.5 所示为实验电路，电路中包含两个电压源 U_S 和 $3U_S$、一个电流源 I_S、一个拨盘开关 S_1 和一个单刀双掷开关 S_2。其中，S_1 用于切换 U_S、$3U_S$(用于验证齐次性定理)和短路导线(电流源单独作用时，电压源用导线代替)3 种连接状态，S_2 用于切换电阻和二极管连入电路的状态，以验证叠加定理和齐次性定理在线性和非线性电路中的适用性。自拟表格进行相关数据记录。

实验分为 4 个步骤完成：

(1) U_S 与 I_S 共同作用。如图 5.6.5 所示，在 Multisim14.0 中搭建仿真模型。开关 S_1 接通 U_S，测量电流 I_1、I_2、U_1 和 U_2；单击 S_2 的开关图标或者按下快捷键 D 用二极管替代电阻 R_3 连入电路，再次进行相关测量。

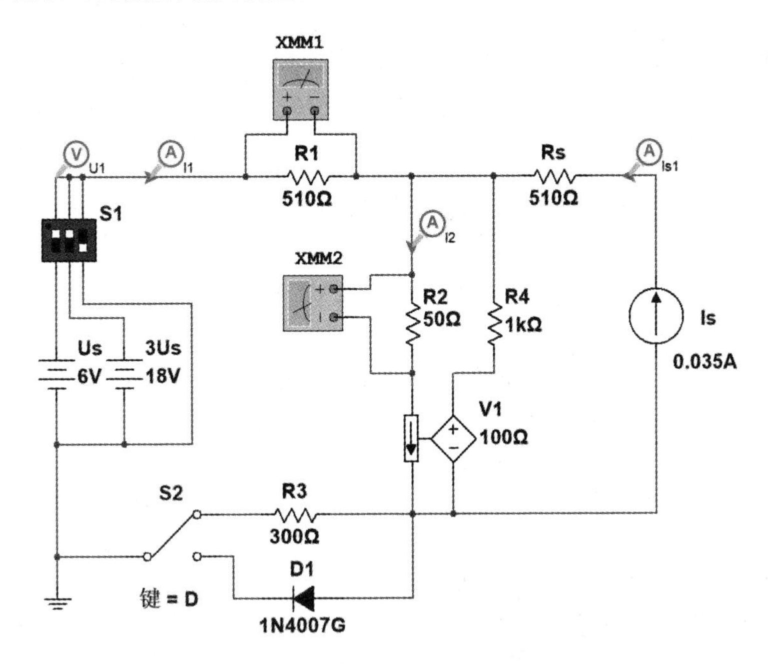

图 5.6.5　验证含有受控源电路的叠加性定理和齐次性定理实验电路

(2) I_S 单独作用。调整图 5.6.5 中开关 S_1 的拨盘位置，关闭 U_S(白色方块向下为关闭)，开启最右侧开关通路，将电压源用导线代替，此时电流源 I_S 单独作用。测量电流 I_1、I_2、U_1 和 U_2；使用开关 S_2 将二极管接入电路，再次进行相关测量。

(3) 电压源 U_S 单独作用。将电流源 I_S 和 R_S 从电路中移除，开关 S_1 仅接入 U_S，通过开关 S_2 切换电阻和二极管的接入状态，分别测量电流 I_1、I_2、U_1 和 U_2。

(4) 电压源 $3U_S$ 单独作用。在步骤(3)的基础上，开关 S_1 仅接入 $3U_S$，通过开关 S_2 切换电阻和二极管的接入状态，分别测量电流 I_1、I_2、U_1 和 U_2。

注意：

① 严格按照电路中给定的参数进行设置。

② 不同测量条件下，万用表和探针的测量方向应保持不变，数据叠加时注意负号不能省略。

③ 使用开关 S_1 时，注意每次只开启一个通道，白色方块向上为开启状态。

④ U_1 和 U_2 分别为电阻 R_1 和 R_2 的端电压。

⑤ 测量数据保留 2～3 位小数。

2. 含有受控源电路的戴维南定理和诺顿定理验证

按图 5.6.6 所示在 Multisim14.0 中搭建仿真模型，将该含源网络作为原网络，以电阻 R_2 两端作为输出端口，验证戴维南定理和诺顿定理。自拟表格记录相关数据。

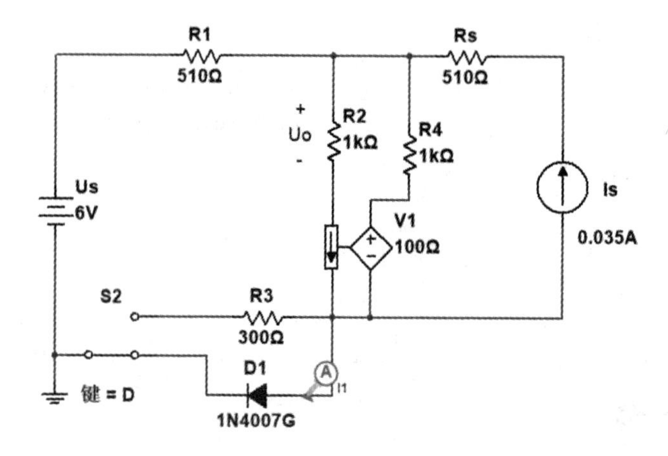

图 5.6.6 含有受控源的原网络

实验分为 4 个步骤完成：

(1) 测量等效参数。用万用表电压挡测量 R_2 两端电压作为开路电压 U_{OC}，在 U_o 处外接电流表测量短电流 I_{SC}。单击 S_2 图标，用二极管替代电阻 R_3 连入电路，再次进行相关测量。

(2) 在 U_o 处搭建外电路，连入可变电阻 R_L，调节可变电阻 R_L 的阻值，记录图 5.6.6 中原网络端口电压 U 与电流 I 的关系，得到其外特性。用二极管替代电阻 R_3 连入电路，再次进行相关测量。注意 R_L 变化时 I_1 电流探针值应有变化。

(3) 自行搭建线性、非线性两种状态下的戴维南定理等效电路，测量其外特性。

(4) 自行搭建线性、非线性两种状态下的诺顿定理等效电路，测量其外特性。

3. 含有受控源电路的替代定理验证

参照上述电路在 Multisim14.0 中自行设计搭建仿真模型，验证替代定理，自拟表格记录相关数据。要求如下：

(1) 原电路至少含有一种受控源。

(2) 原电路至少含有一种非线性元件。

(3) 原电路至少含有两种独立源。

(4) 被替换支路分别进行电压源和电流源替换。

4. 含有受控源电路的特勒根定理验证

参照上述电路在 Multisim14.0 中自行设计搭建仿真模型，验证特勒根定理，实验要求同实验内容 3，自拟表格记录相关数据。

五、预习思考题

设计各实验内容中所需电路和数据表格。

六、数据处理及分析

(1) 根据各实验内容仿真结果，用数据说明各直流电路定理在含有受控源的线性、非线性电路中是否成立。

(2) 说明各直流电路定理成立的条件。

第六章　信号的观察与测量

在电路实验中，动态电路是一种常见的研究对象。本章主要学习信号发生器和示波器的使用方法，将信号发生器作为信号源，示波器作为测量设备，并使用这些电子仪器对电信号进行测量，掌握其测量原理与测量方法。

6.1　基本电信号的观测

一、实验目的

(1) 掌握常用电子仪器的连接方法。

(2) 熟悉函数信号发生器、示波器的基本使用方法。

(3) 掌握电信号的特点和幅值、时间、频率的测量方法。

二、实验原理

1. 常用电子仪器连接

在电子线路测量中，当电路中有多台电子仪器时，应将这些电子仪器的接地端连在一起，以避免外界干扰信号和电路短路。

图 6.1.1 所示为用示波器测量信号发生器输出电压的连接示意图，图中符号“⚲”为BNC插座，其外圆是指与仪器外壳相连通的底座，即仪器的接地端；中间的圆点指仪器的信号接口端子(芯线端)，即信号发生器的输出端、示波器的输入端，此端子又称为仪器的“正”端。

电路实验中使用的测量线为75 Ω同轴电缆线，如图 6.1.2 所示，测量线BNC插头的芯线端与红色线夹导通，插头的金属部分与黑色线夹导通，即红色端为信号输入端，黑色端为接地端。

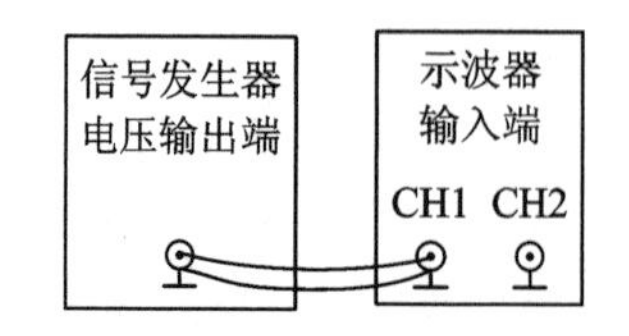

图 6.1.1　示波器测量信号发生器输出电压连接示意图

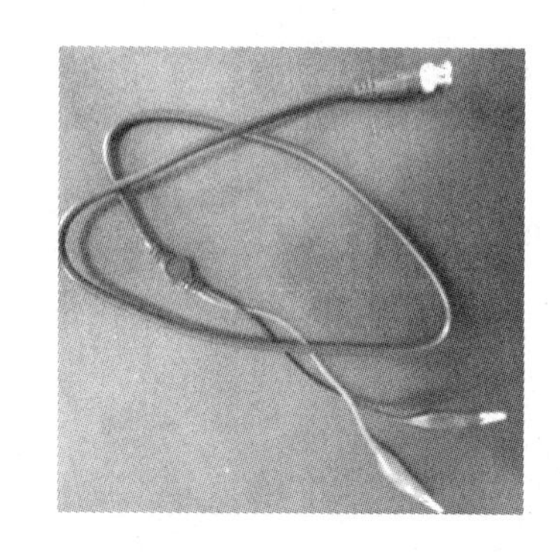

图 6.1.2　75 Ω同轴电缆线实物图

示波器和信号发生器的测试线采用同轴电缆线连接，直流稳压电源采用普通导线连接。

2. 函数信号发生器

函数信号发生器是一种可以输出信号的仪器，也称为信号源，它可以输出正弦波、方波、三角波、脉冲波等波形的信号。以本实验使用的 DG1062Z 函数信号发生器为例，函数信号发生器一般使用步骤如下：

(1) 将同轴电缆接在函数信号发生器的输出通道 CH1 端或 CH2 端，红、黑色线夹不要短路。

(2) 按下电源开关按键，接通电源，显示屏点亮。此时应检查功能控制区的六个按键和模拟通道控制区的 Output1、Output2 以及 Counter 3 个按键的指示灯是否处于熄灭状态。

(3) 将函数信号发生器接入电路，操作时注意鳄鱼夹不要碰触到电路其他部位，防止短路造成被测电路损坏，并且鳄鱼夹要夹牢。

(4) 设置输出波形参数：根据输出波形的要求，按照顺序设置输出波形的形状、频率、幅值、偏移、起始相位。

(5) 按下 Output1 键，其按键灯点亮，此时信号便通过 CH1 通道或 CH2 通道正常输出。

可以设定的参数一般有频率 f、占空比、振幅、偏置，其中频率为周期的倒数，振幅 U_P 指的是波峰到波谷垂直距离(峰峰值 U_{P-P})的一半，偏置指的是信号的直流分量，不随时间变化。以正弦波信号为例，各参数如图 6.1.3 所示。占空比是指电路被接通的时间占整个电路工作周期的百分比，以矩形脉冲波为例，如图 6.1.4 所示，占空比为 33%。当占空比为 50%时，波形为正方波。

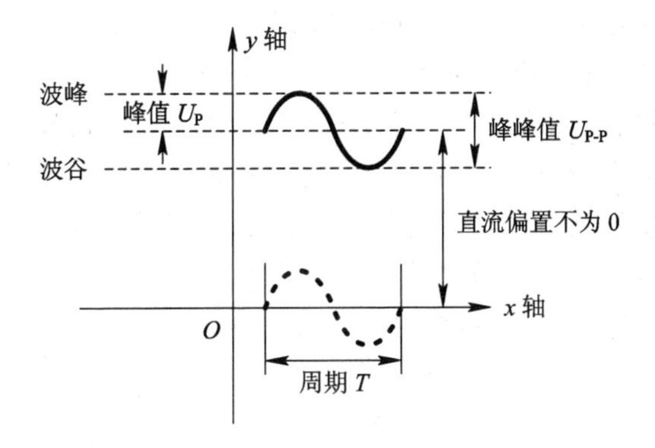

图 6.1.3　正弦波信号参数

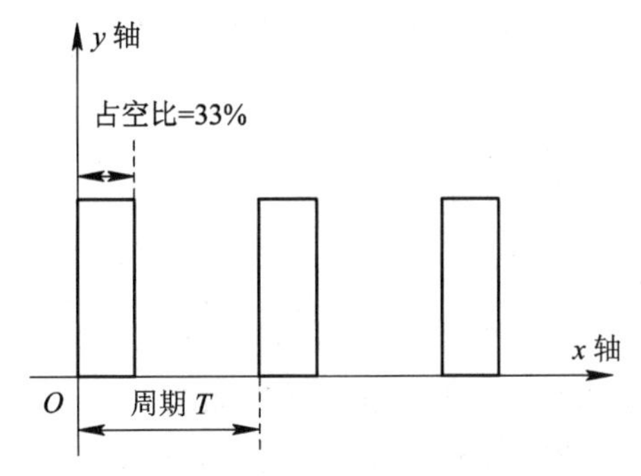

图 6.1.4　占空比为 33%的矩形脉冲波

注意：函数信号发生器的输出电压指的是带负载时的电压，并且每更改一次频率或者负载都需要调整一次输出电压，所以实验时应先接电路，选波形，调节频率，最后调节电压。实验完毕后请及时关闭电源。

DG1062Z 函数信号发生器的介绍详见附录 5。

3. 用示波器测量信号的电压幅值、时间、频率及相位

示波器是一种时域测量仪器，它不仅能够正确地测量信号的电压幅值、时间、频率及相位等，还能观察电信号随时间变化的波形，其中示波器屏幕上的 X 轴代表时间轴，Y 轴代表电压幅值。

(1) 示波器的校准。

测量前，首先用示波器的“校准信号”功能检查和校准示波器，判断测量线、垂直灵敏度、水平扫描速度等是否正常。

(2) 电压的测量。

测量时，先选择输入耦合方式为“接地”，调节 X 轴和 Y 轴位移旋钮，使扫描基线在合适的位置，此时扫描基线即为零基准线，将被测信号接入示波器输入端。测量直流电压时，选择输入耦合方式为“直流/DC”，测量交流电压时，选择输入耦合方式为“交流/AC”。

下面以实验室采用的 DS2102 数字示波器为例进行说明。电压信号主要有以下 3 种测量方法。

① 直接读取。数字示波器带有自动测量功能，按下“Measure”功能快捷键，打开“全部测量”即可得到关于波形的全部参数信息，从中可以直接读取电压的幅值等。

② 直接测量法。数字示波器接收到电压信号，并且在屏幕上稳定显示其波形，可以在屏幕上直接读取垂直灵敏度 VOL/Div(电压/格)，则有

$$被测电压幅值=垂直灵敏度(\mathrm{VOL/Div})\times 格数(\mathrm{Div}) \tag{6.1.1}$$

例如：测量直流电压信号时，数字示波器显示一条水平的扫描基线，若扫描基线在 0 V 线的上方，则直流量为正，若扫描基线在 0 V 线下方，则直流量为负；读出扫描基线离开 0 V 线的位置、格数 n，就可以得到直流电压值的大小、极性。如图 6.1.5 所示，通道垂直灵敏度为 1 V/Div，可以得到被测信号的直流电压为 $U=1\ \mathrm{V/Div}\times n=2\ \mathrm{V}$，极性为正。

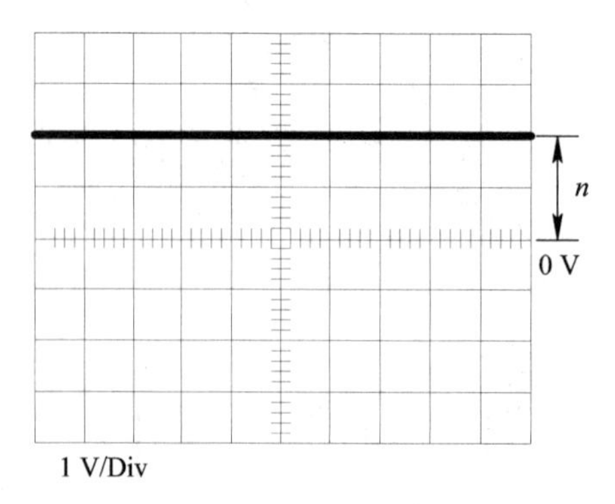

图 6.1.5 直流电压的测量

用数字示波器测量交流电压时，观察到的波形如图 6.1.6 所示，峰峰值间的高度为 5.6 格，垂直灵敏度为 1 V/Div，此时所测交流电压的峰峰值为 1×5.6=5.6 V。

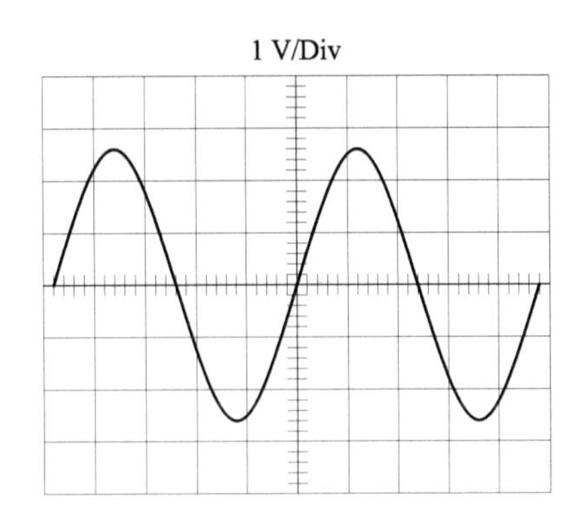

图 6.1.6 数字示波器测量交流电压、时间示意图

③ 光标测量法。按下“Cursor”键，选择“手动模式”，使用位移按键并结合多功能旋钮将两条水平光标线移到电压幅值的两个测量点，便可以直接读取两点间的电压值——电压幅值。

(3) 周期、频率的测量。

用数字示波器测量信号的周期、频率时，首先调节数字示波器的水平扫描速度 TIME/Div(时间/格)旋钮，使波形在屏幕上能够完整显示 1～2 个周期，调节 X 轴位移旋钮，让信号波形的测量点处于方便读数位置，从数字示波器屏幕上的 X 轴上读取 1 个周期所占有的格数(Div)，则有

$$\text{被测时间} = \text{水平扫描速度(TIME/Div)} \times \text{格数(Div)} \tag{6.1.2}$$

如图 6.1.6 所示，图中信号 1 个周期共占有 4.8 格，若“TIME/Div(时间/格)”为 1 ms/Div，则此信号周期为 $1\times4.8=4.8$ ms，频率值为 $1/4.8\times10^{-3}=208.3$ Hz。

同电压测量类似，数字示波器也可以使用“Measure”→“全部测量”功能直接读取周期和频率，不用计算。同样，也可采用光标测量法，使用位移按键并结合多功能旋钮将两条垂直光标线移到一个周期的两个测量点，便可以直接读取周期和频率。

(4) 电流的测量。

用示波器不能直接测量电流。如果要想用示波器来观测电流，通常需要在电路中串连一个阻值很小的采样电阻 r，如图 6.1.7 所示。当电流流经 r 时，在 r 两端得到的电压与流经 r 的电流波形完全相同。因此先测量 u_r，而后通过欧姆定律计算即可得到电路的电流。

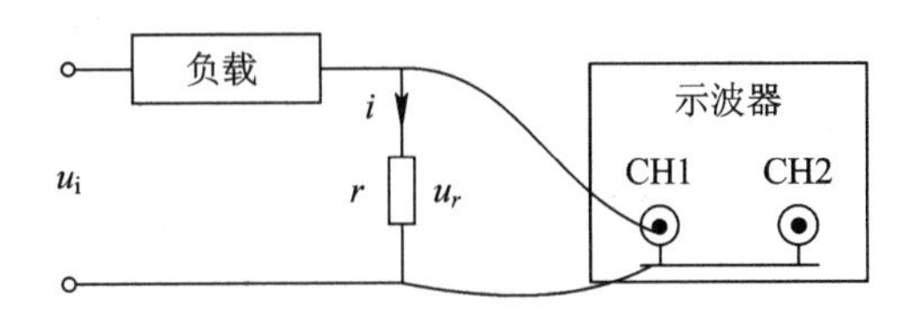

图 6.1.7 示波器测量电流连接示意图

本实验使用的 DS2102/100 MHz 数字示波器介绍详见附录 4。

三、实验设备

本实验使用的实验设备见表 6.1.1。

表 6.1.1　实验设备名称、型号和数量

设备名称	设备型号	数量
函数信号发生器	DG1062Z/60 MHz	1台
数字示波器	DS2102/100 MHz	1台
台式万用表	DM3058E/10A	1台
直流电源	DP832	1台

四、实验内容

1. 检查校准示波器

打开数字示波器(以下简称示波器)电源开关，将扫描基线调节到零位置，选择通道CH1，设置探头比值为1、输入耦合方式为“AC”，选择触发源为“CH1”、垂直灵敏度为1 V/Div、扫描速度为200 μs/Div。用同轴电缆线将校准信号(在示波器面板右下角)接入通道1，注意黑色夹子接下面的金属片，此时示波器应显示方波，在表6.1.2中记录数据。如计算值与标准值有差异，应查明原因。

使用光标测量时，在坐标纸上按1∶1比例绘制2个周期波形，标明4条光标显示位置，并记录光标相关数据，标明各数据含义。

校验完毕后关闭示波器。

表 6.1.2　校准示波器(标准值：峰峰值=3 V，频率=1 kHz)

直接测量法	示波器调节的参数				测量值	
	VOL/Div	峰峰值格数	TIME/Div	周期格数	峰峰值 U_{P-P}/V	频率/周期
示波器测量功能直接读取	峰峰值：		频率：			
光标测量法	峰峰值 ΔU=				f=	

2. 测量交流信号

调节函数信号发生器并输出以下3种信号，分别用台式万用表和已校验的示波器进行测量，完成表6.1.3。

(1) 正弦波：频率 f=1 kHz，电压峰峰值 U_{P-P}=1 V。

(2) 正方波，频率 f=1 kHz，占空比为50%，电压峰峰值 U_{P-P}=1 V。

(3) 三角波，频率 f=1 kHz，占空比为50%，电压峰峰值 U_{P-P}=1 V。

用台式万用表测量时，将红、黑色表笔接入电压测量接口，选择合适的量程，将台式万用表红、黑色表笔与函数信号发生器的红黑色线夹分别对应连接，从台式万用表直接读取输出信号的有效值。

用示波器测量时，需测出各个信号的峰峰值及其周期、频率，要求在坐标纸上按1∶1比例画出每种波形(1～2个周期)。

注意：

① 设置函数信号发生器参数时应关闭通道开关。

② 函数信号发生器输出端红、黑色线夹不能短接。

表 6.1.3　交流信号的测量

函数信号发生器按键选择和调节值			台式万用表测量		示波器测量					
波形选择	峰峰值 $U_{P\text{-}P}$/V	频率/Hz	量程选择	有效值/V	VOL/Div	峰峰值格数	TIME/Div	周期格数	峰峰值/V	周期/ms
正弦波	1	1 k								
正方波										
三角波										

调节输出信号的频率，观察信号波形，你有何发现？

3. 测量直流电压

调节直流电压源，使其输出电压为 6 V，分别用示波器和万用表进行测量，将结果填入表 6.1.4 中。

使用示波器测量时，注意需要将输入通道的垂直位移旋钮按下，使得 0 V 线位于屏幕中央位置。

表 6.1.4　直流电压的测量

直流稳压电源显示值/V	VOL/Div	扫描线离开 0 V 线的方向及格数	直流电压值/V	
			示波器测量	万用表测量

4. 测量合成信号

合成信号指的是直流信号和交流信号的叠加信号，可以用示波器进行测量。

可以将直流稳压源和函数信号发生器串联生成合成信号。调节直流稳压电源输出 4 V 的直流电压，调节函数信号发生器输出 $U_{P\text{-}P}=4$ V，$f=1$ kHz 的正弦波信号，按照图 6.1.8 所示将直流稳压源和函数信号发生器串联，用示波器观察合成信号的波形。在坐标纸上按 1∶1 比例绘制 1～2 个周期的合成信号波形(标明 TIME/Div、VOL/Div、0 V 线、波形名称)。

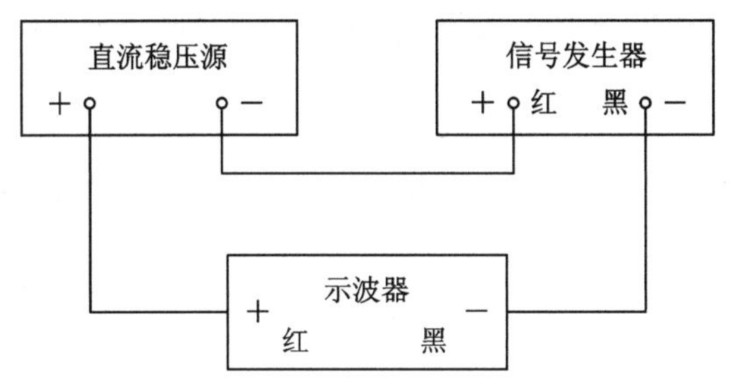

图 6.1.8　示波器测量合成信号连接示意图

注意： 可使用示波器输入通道的垂直位移旋钮将 0 V 线调至屏幕中央位置，便于观察和记录。

需要特别注意，函数信号发生器的输出端不能与稳压电源输出端并联，否则会导致信号源损坏。

另外，还可以使用函数信号发生器的“直流偏置”功能直接输出合成信号，在这里不作具体要求。

五、预习思考题

(1) 为什么函数信号发生器的输出电压幅度在接入被测电路后可能会发生变化？

(2) 用示波器的 CH1(通道 1)观察信号，将 Source(触发源)选择为 CH2(通道 2)，观察的波形是否稳定？用示波器双路测量时，Source 应选择哪一个信号？

六、数据处理及分析

在坐标纸上完成实验内容中要求绘制的波形，注意标注所需的参数。

6.2　李萨如图形

一、实验目的

(1) 进一步熟悉信号发生器和示波器的操作。

(2) 学会使用示波器观测李萨如图形。

(3) 学习使用李萨如图形测量两个信号的频率比与相位差。

二、实验原理

将频率分别为 f_x 和 f_y 且相位不同的正弦信号分别输入示波器的通道 CH1 和通道 CH2，将示波器的显示方式设置为“X - Y”方式，即以通道 CH1 的信号电压值为 X 轴、通道 CH2 的信号电压值为 Y 轴，此时示波器显示的有规则的图形被称为李萨如图形。也可以理解为一个质子同时沿 X 轴和 Y 轴的方向做正弦振动后的运动轨迹即为李萨如图形。

在已知一个正弦信号的情况下，可以用李萨如图形来测量另一正弦信号的频率和相位。常见的李萨如图形如图 6.2.1 所示。

测量未知信号的频率时，两信号的频率比$\dfrac{f_x}{f_y}=\dfrac{n_y}{n_x}$，其中 n_x 与 n_y 分别为水平线和垂直线与图形交点个数的最大值。

测量同频率信号的相位差时，有 $\varphi=\arcsin\dfrac{x}{x_0}$，其中 x 为椭圆与 X 轴交点到原点的距离，x_0 为水平方向距 Y 轴的最大距离。以同频率相位差为$\dfrac{\pi}{2}$图形为例，有 $x=x_0$，$\varphi=\arcsin 1=90^\circ$。

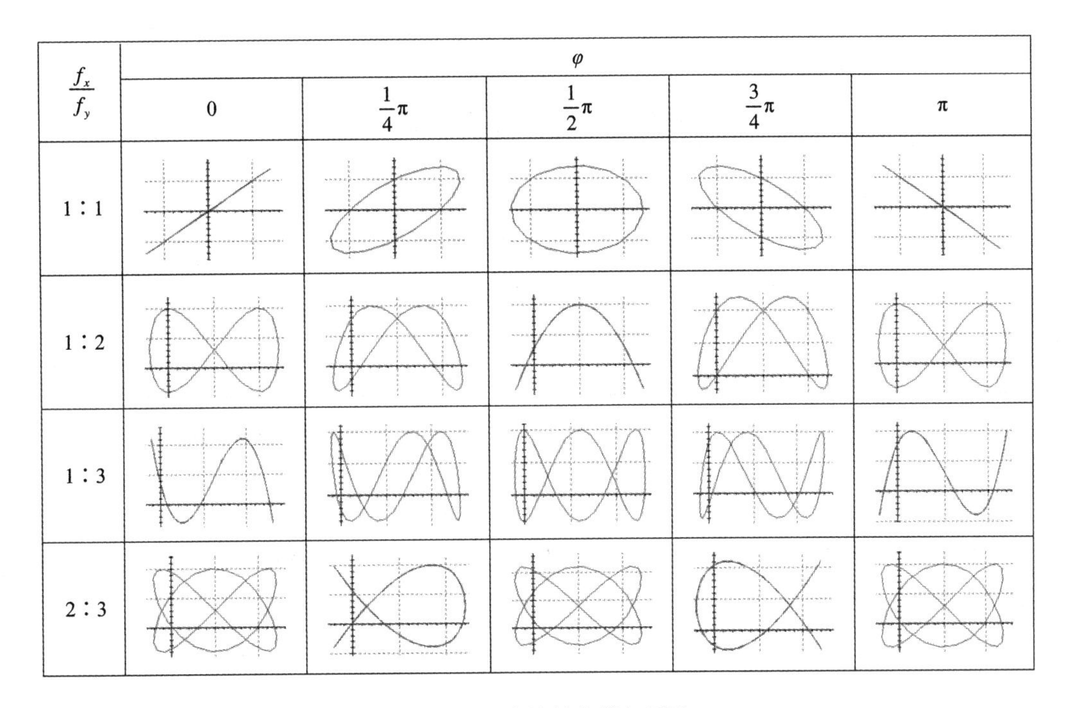

图 6.2.1　常见的李萨如图形

三、实验设备

本实验使用的实验设备见表 6.2.1。

表 6.2.1　实验设备名称、型号和数量

设备名称	设备型号	数量
函数信号发生器	DG1062Z/60 MHz	1 台
数字示波器	DS2102/100 MHz	1 台

四、实验内容

按图 6.2.2 所示连接电路，函数信号发生器两通道均输出正弦波 u_1、u_2，设置峰峰值均为 3 V，按照表 6.2.2 所示调节两信号的频率和初始相位。接通电源，按下数字示波器水平控制区的“MENU”键，将时基调整为“X－Y”模式，调节垂直控制区两个通道的“POSITION”旋钮，将图形调整到屏幕中间位置，便于观察。

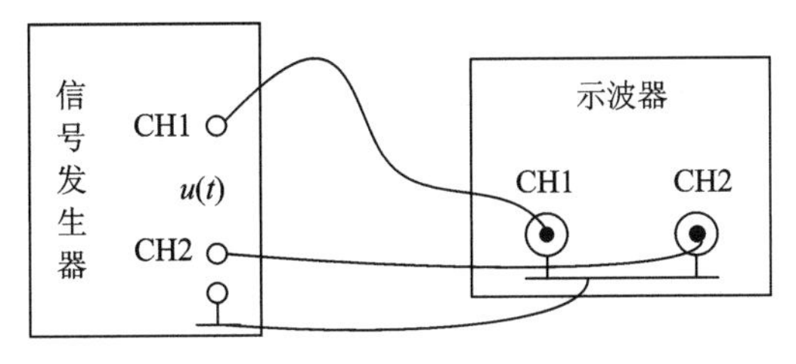

图 6.2.2　观测李萨如图形实验连接示意图

将观察到的李萨如图形任选其中 4 个，在坐标纸上按照 1∶1 比例绘制。要求标注频率比、相位差和垂直灵敏度。

表 6.2.2　观察李萨如图形

频率比	相位差				
	0°	45°	90°	135°	180°
1∶1					
1∶2					
1∶3					
2∶3					

五、预习思考题

在观测李萨如图形时，若已知其中一个信号的频率 $f_1=1$ kHz，示波器上观察到如下的李萨如图形(见图 6.2.3)，请问另一个信号的频率 f_2 是多少？

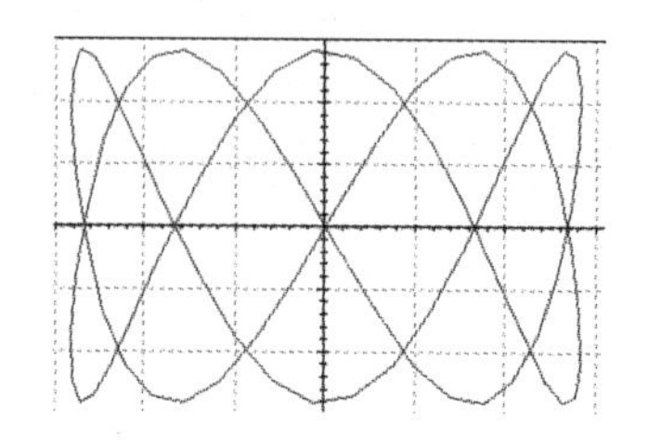

图 6.2.3　未知频率比的李萨如图形

六、数据处理及分析

在坐标纸上绘制实验内容中要求的波形，注意标注所需的参数。

6.3　示波器测量同频率信号相位差

一、实验目的

掌握使用示波器测量同频率信号相位差的方法。

二、实验原理

使用示波器测量同频率两信号的相位差通常有以下两种办法。

1. 直接测量法

将双踪示波器的输入端 CH1、CH2 接入被测信号，示波器的显示屏上出现同频率的两个信号波形后，先调节 Y 轴位移旋钮，让两个通道的扫描基线重合，再调节 X 轴位移旋钮以方便读数，若波形一个周期在水平方向的格数为 m，两个信号波形在水平方向对应点间的格数为 n，如图 6.3.1 所示，则两信号间的相位差为

$$\varphi = \frac{360^\circ}{m} n \tag{6.3.1}$$

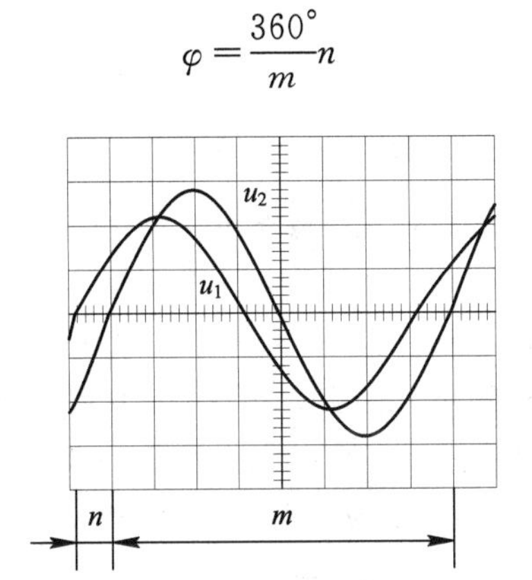

图 6.3.1　相位差的测量示意图

2. 李萨如图形法(椭圆法)

将被测信号 u_1、u_2 分别接入示波器的 CH1 和 CH2 通道，将示波器的显示方式设置为“X－Y”方式，屏幕上出现李萨如图形，如图 6.3.2 所示。测量图形与 X 轴两个交点之间的格数 a，以及图形的最大水平距离占有的格数 b，可得到两信号间的相位

$$\varphi = \arcsin \frac{a}{b} \tag{6.3.2}$$

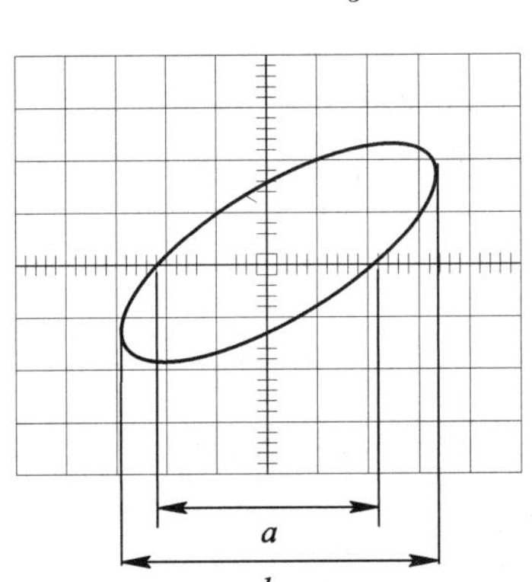

图 6.3.2　李萨如图形测量相位差

三、实验设备

本实验使用的实验设备见表 6.3.1。

表 6.3.1　实验设备名称、型号和数量

设备名称	设备型号规格	数量
函数信号发生器	DG1062Z/60 MHz	1 台
数字示波器	DS2102/100 MHz	1 台
实验元件	九孔电路实验板，插件式模块	1 套

四、实验内容

1. 直接法测量同频率两信号的相位差

关闭函数信号发生器输出通道开关，按图 6.3.3 所示连接电路，其中 $R=1\ \text{k}\Omega$，$C=0.1\ \mu\text{F}$，数字示波器通道 1 接入输入信号 u_i，通道 2 接入响应信号 u_C。调节函数信号发生器，波形选择正弦波，调整输出频率为 1 kHz、电压峰峰值 $U_{\text{P-P}}=3$ V(用示波器测量)。读出波形 1 个周期水平方向的格数 m，信号 u_i 与 u_C 两波形对应点间的水平方向的格数 n，将数据记入表 6.3.2 中，计算相位差 φ。在坐标纸上按 1∶1 比例绘制 1～2 个周期波形(标明 m 和 n 的值、TIME/Div、VOL/Div、波形名称)，并根据波形读出电容 C 的电压峰峰值。

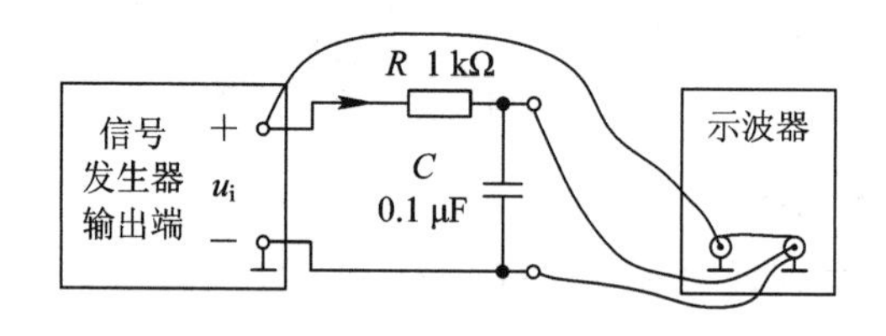

图 6.3.3　测量相位差的实验电路

注意：

① 实验中黑色线夹必须连接在一起，实现共地。

② 先连接电路，再调节电源，避免外接电路影响函数信号发生器的输出电压。

③ 将通道 1 与通道 2 的扫描基线重合。

表 6.3.2　直接法测量同频率两信号的相位差

1 个周期水平方向的格数 m	两波形对应点间的水平格数 n	相位差 φ	C 的峰峰值/V

2. 李萨如图形法测量同频率两信号的相位差

将数字示波器的显示方式设置为“X－Y”方式，测量图形在 X 轴两个交点之间的格数 a，以及图形的最大水平距离占有的格数 b，将数据填入表 6.3.3 中，并计算出相位差。在坐标纸上按 1∶1 比例绘制李萨如图形，标注 a 和 b 的位置及数值。

表 6.3.3　李萨如图形法测量同频率两信号的相位差

图形在 X 轴两个交点之间的格数 a	图形最大水平距离占有的格数 b	相位差 φ

五、预习思考题

测量相位差时为什么一定要求两个信号为同频率？

六、数据处理及分析

(1) 在坐标纸上完成实验内容中要求绘制的波形，注意标注所需的参数。

(2) 比较两种方法测量相位差的结果是否一致，如有不同，请分析原因。

(3) 如要用示波器同时观测输入端口电压 $u(t)$ 和电流 $i(t)$ 的波形，电路应作何改变？绘制实验电路图，并说明理由。

6.4　示波器虚拟实验

一、实验目的

(1) 掌握仿真软件中电子仪器的绘制和使用方法。

(2) 使用虚拟示波器观测李萨如图形。

(3) 学习使用仿真软件测量 R、L、C 元件中电压与电流相位关系的方法。

二、实验原理

1. 李萨如图形的观测

在实际操作中，由于信号源输出信号的稳定性等因素的影响，因此有时无法观测到稳定的李萨如图形，本实验使用仿真虚拟软件可以形成较为稳定的李萨如图形，更加便于观察。

2. 常见元件电压、电流相位差的测量

在 6.3 节对使用示波器测量同频率信号相位差的方法进行了说明，本实验将在此基础上使用示波器测量常见元器件在电路中电压与电流之间的相位关系。

以测量电容的电压、电流相位差为例，如图 6.4.1 所示，将双踪示波器的输入端 CH1、CH2 与被测信号相连，此时在示波器的屏幕上就可以显示出 u_i、u_r 两个波形。当电阻 r 的阻值远小于被测元件的阻抗值时，u_r 可被用来观测 i_C 相位，且由于 u_r 很小可被忽略，电容元件中电压 u_C、电流 i_C 的波形即可通过 u_i 和 u_r 观测，根据 6.3 节中介绍的直接测量法可知，读出 u_i 和 u_r 波形一个周期占有的格数 m 和两个波形的最大值(或零值)之间的水平格数 n，即可求得电容元件电压 u_C 和电流 i_C 的相位差，如图 6.4.2 所示，即

$$\varphi=\frac{360^\circ}{m}n \tag{6.4.1}$$

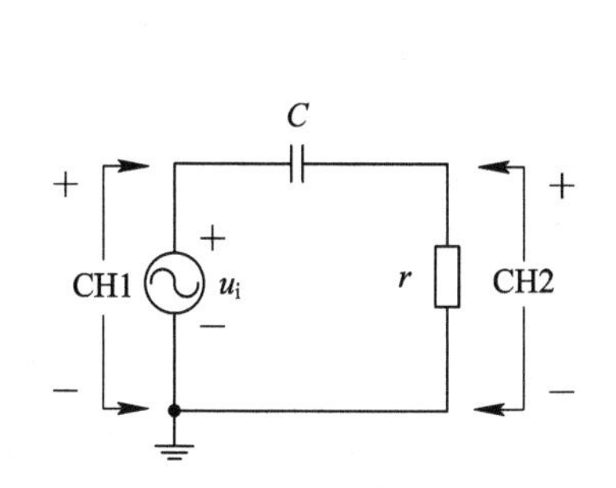

图 6.4.1　示波器测量元件的相位差实验电路

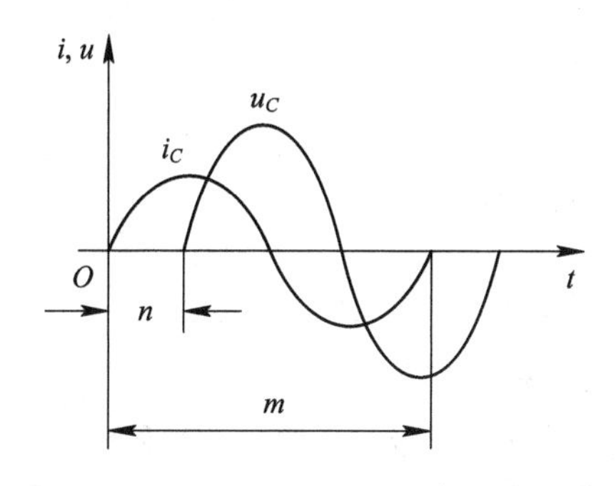

图 6.4.2　电容元件电压、电流波形示意图

同样可以用类似方法测量电阻和电感元件的电压、电流相位差，也可使用李萨如图形法。

三、Multisim14.0 仿真平台、元件和仪器的使用

本实验需要的元件有电阻、电容、电感、拨盘开关，需要的电子仪器有电压型信号源、函数发生器和示波器。

1. 电压型信号源

电压型信号源可以输出不同幅值、频率和相位的正弦电压信号，便于观测李萨如图形。如图 6.4.3 所示，选择“数据库”为“主数据库”，“组”为“Sources”，“系列”为“SINGAL_VOLTAGE_SOURCES”，“元器件”下选择“AC_VOLTAGE”并插入。

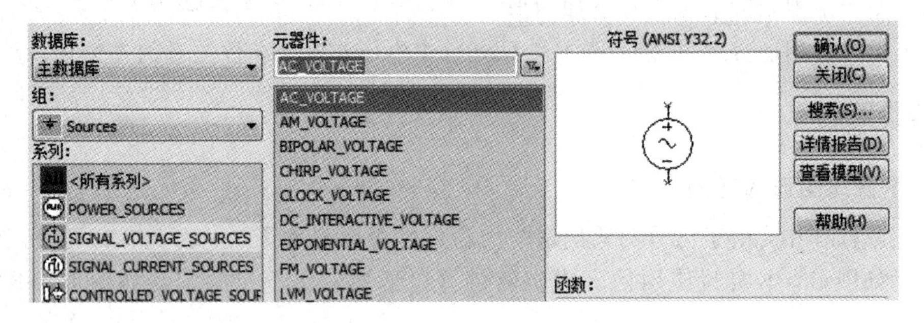

图 6.4.3　插入电压型信号源

2. 函数发生器和示波器

如图 6.4.4 所示，单击“仿真”→“仪器”，即可根据需要插入函数信号发生器和示波器。

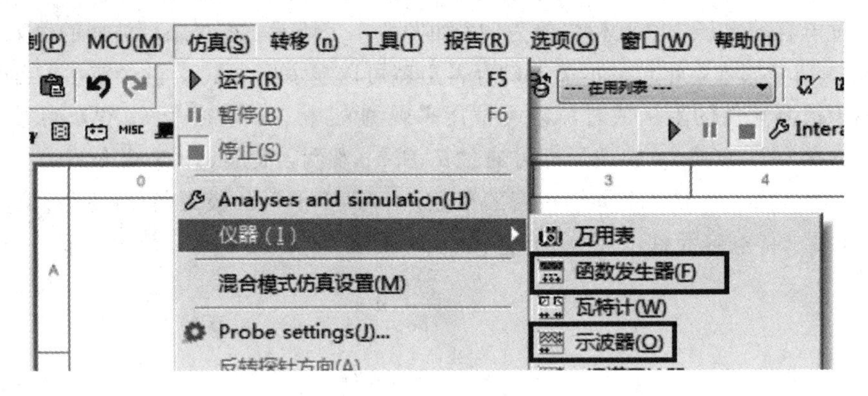

图 6.4.4　电子仪器的绘制

四、实验内容

1. 观测李萨如图形

按图 6.4.5(a)所示搭建仿真模型，其中 U_1、U_2 是两个电压型信号源，双击 U_1、U_2 图标即可设置电压信号的幅值、频率和相位，如图 6.4.5(b)所示。按照一定的比例和相位差设置信号源参数，用示波器观测不同条件下的李萨如图形，将数据记录在表 6.4.1 中。

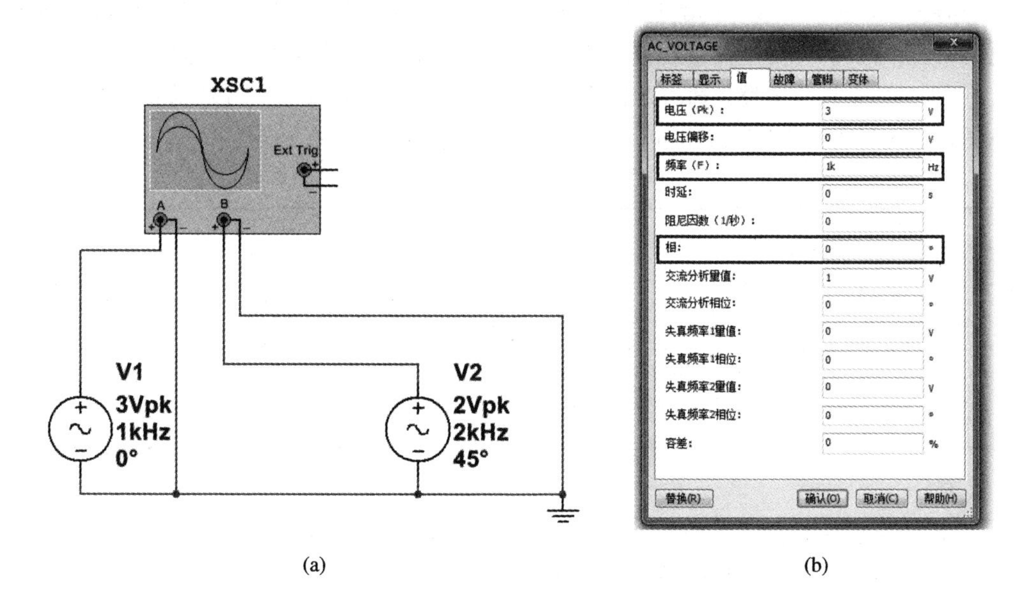

(a)　　　　(b)

图 6.4.5　观测李萨如图形仿真模型

表 6.4.1　观测李萨如图形

频率比	相位差				
	0°	45°	90°	135°	180°
1∶1					
1∶2					
1∶3					
2∶3					

2. *R*、*L*、*C* 元件中电压与电流的相位关系测量

(1) 直接测量法。如图 6.4.6 所示，用 Multisim14.0 搭建电路模型，为了便于区分两

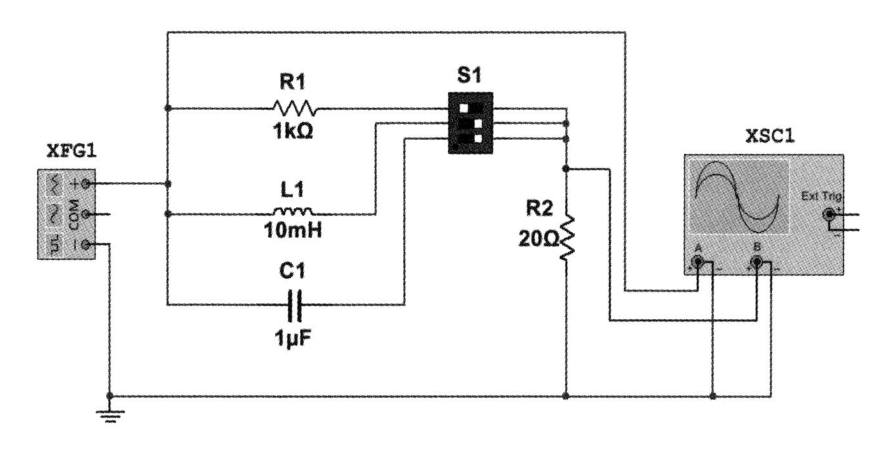

图 6.4.6　*R*、*L*、*C* 元件中电压与电流的相位关系测量模型

个通道的波形，其中示波器的通道 B 连接导线设置为蓝色（通道 B 观测到的波形曲线也是蓝色）。设置函数信号发生器输出正弦电压信号，幅值为 3 V，频率为 1 kHz，通过开关 S_1 依次将 R、L、C 接入电路，通过示波器观察每个元件两端的电压 u 和所通过电流 i 的波形并截图。记录 TIME/Div，读出 m 和 n 的值，填入表 6.4.2 中。

表 6.4.2　电压与电流的相位关系测量数据和波形记录

接入元件	测量值				
	TIME/Div	m	n	a	b
$R=1\ \mathrm{k\Omega}$					
$L=10\ \mathrm{mH}$					
$C=1\ \mu\mathrm{F}$					

注意：

① 要合理设置示波器两个通道的垂直灵敏度，使得波形便于观察。

② 将波形调节到便于观测后，可以按下暂停键，进行读数和记录。

（2）李萨如图形法。将示波器的显示方式设置为“X－Y”方式，使屏幕上出现李萨如图形，测量出图形与 X 轴两个交点之间的格数 a，以及图形的最大水平距离占有的格数 b，得到电压 u 和所通过电流 i 的波形相位差并截图。

五、预习思考题

（1）为什么要在电容后串联小电阻 r？

（2）理想的电阻、电感、电容的端电压和通过该元件电流的相位差分别是多少？

六、数据处理及分析

1. 完成按表 6.4.1 和表 6.4.2 要求绘制的波形。

2. 根据表 6.4.2 的数据，计算电阻 R、电感 L、电容 C 单个元件电压与电流的相位差，并讨论它们的相位关系。

第七章　RLC 电路暂态过程

暂态过程是电路从一个稳定状态到另一个稳定状态所经历的过程。电路稳定状态的改变一般通过接通或切断电路来实现。其暂态过程的性质由电路中的电阻、电容、电感等参数决定。本章主要研究 RC 一阶电路和 RLC 二阶电路的暂态过程。

7.1　RC 一阶电路的零状态、零输入响应

一、实验目的

(1) 测量 RC 一阶电路的零状态响应、零输入响应。

(2) 学会时间常数 τ 的测定方法。

(3) 加深对动态电路的理解和分析。

二、实验原理

1. 动态电路

动态电路是指含有动态元件(储能元件)的电路，当动态电路的状态发生改变时，需要经历一个变化过程才能达到新的稳态。这种变化往往需要一定过程，这个过程称为暂态过程。暂态过程的产生是由于电容、电感所具有的能量不能跃变造成的。

暂态过程可用慢扫描示波器观察，如用普通示波器观察，则需使这种变化的过程重复出现。为此，可使用矩形脉冲电压波 u_i 来代替按照一定规律定时接通和关断的直流电压源 U，如图 7.1.1 所示，若将此电压 u_i 加在 RC 串联电路上，如图 7.1.2 所示，则会产生一系列的电容连续充电和放电的动态过程，在 u_i 的上升沿为电容的充电过程，而在 u_i 的下降沿为电容的放电过程。充放电过程与矩形脉冲电压 u_i 的脉冲宽度 t_w 及 RC 串联电路的时间常数 τ 有十分密切的关系。

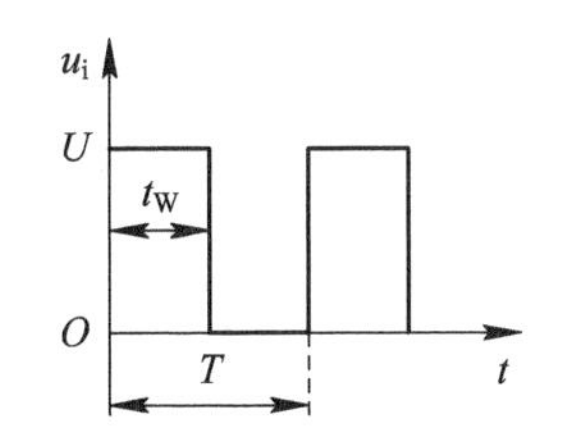

图 7.1.1　矩形脉冲电压波形图

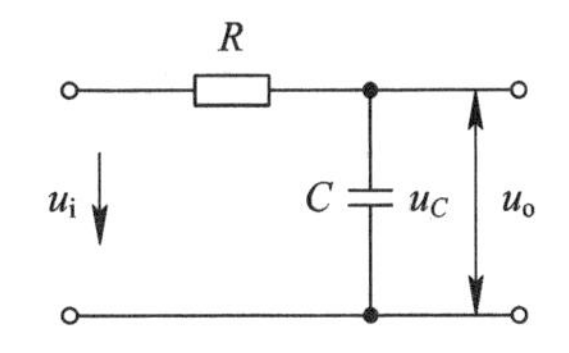

图 7.1.2　RC 串联电路

2. RC 一阶电路的零状态响应

零状态响应是电路的储能元器件(电容、电感类元件)无初始储能，仅由外部激励作用而产生的响应。

如图 7.1.3 所示，在 RC 一阶电路中，开关 S 在位置 1 时处于稳态，此时 $u_C(0\_)=0$；当 $t=0$ 时，将开关从位置 1 切换到位置 2，此时电路的响应即为零状态响应，也是电容的充电过程。此时有

$$u_C = U_m(1-e^{-t/RC}) = U(1-e^{-t/\tau}) \tag{7.1.1}$$

式中，$\tau=RC$ 为该电路的时间常数。$u_C(t)$随时间的变化曲线如图 7.1.4(a)所示。时间常数 τ 越大，暂态过程需要的时间就越长，u_C 的变化也就越缓慢；反之，时间常数 τ 越小，暂态过程需要的时间就越短，u_C 也就越快达到稳态。

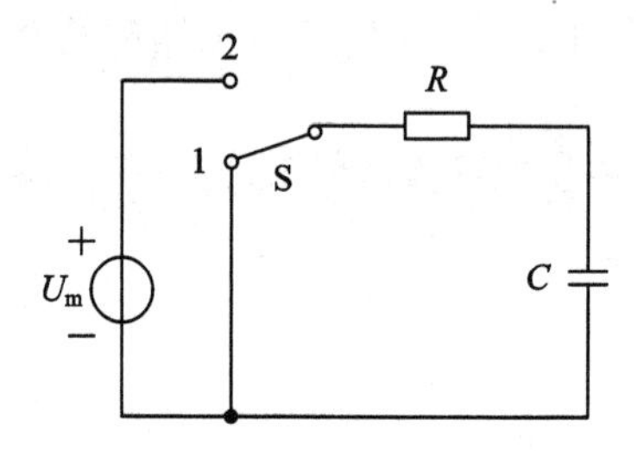

图 7.1.3　RC 一阶电路的暂态过程原理图

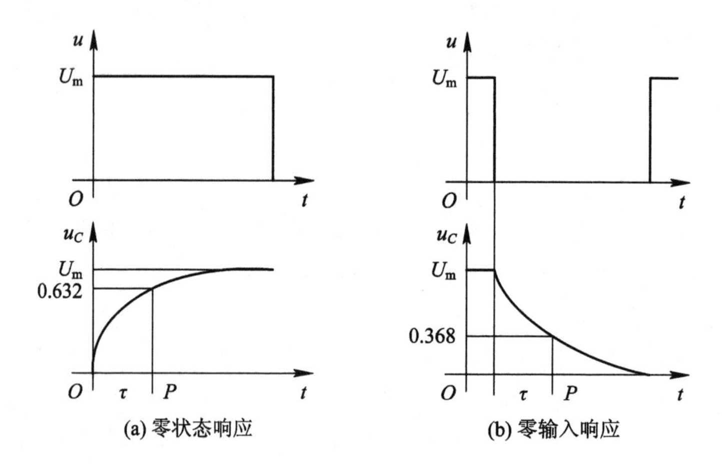

图 7.1.4　时间常数 τ 的测定

3. RC 一阶电路的零输入响应

零输入响应是电路在无外加激励时，由储能元件的初始状态引起的响应。图 7.1.3 中当开关 S 在位置 2 时处于稳定状态，当 $t=0$ 时，将开关从位置 2 切换到位置 1，电容器经 R 放电，此时的电路响应为零输入响应。电容两端电压随时间变化的规律为

$$u_C = U_m e^{-t/\tau} \tag{7.1.2}$$

$u_C(t)$随时间的变化曲线如图 7.1.4(b)所示。

4. 时间常数 τ 的测定

在已知电路参数的条件下，时间常数可以直接由公式计算得出，$\tau=RC$。

对充电曲线(零状态响应)，电容的端电压达到最大值的 $1-\frac{1}{e}$(约 0.632)倍时所需要的时间即是时间常数 τ。如图 7.1.4(a)所示，用示波器观测响应波形，取上升曲线中波形幅值的 0.632 倍处所对应的时间轴的刻度，计算出电路的时间常数：

$$\tau = 水平扫描速度 \times \overline{OP} 格数 \tag{7.1.3}$$

用示波器观测时，假设屏幕上把初值和终值之差在垂直方向调成 5.4 格，此时 3.4 格即近似为 63.2%，2 格近似为 36.8%。对应水平方向的数值，就可读出 τ 值。

三、实验设备

本实验使用的实验设备见表 7.1.1。

表 7.1.1　实验设备名称、型号和数量

设备名称	设备型号规格	数量
函数信号发生器	DG1062Z/60 MHz	1 台
数字示波器	DS2102/100 MHz	1 台
实验元件	九孔电路实验板，插件式模块	1 套

四、实验内容

将函数信号发生器输出关闭，按照图 7.1.5 所示连接电路，通过两根同轴电缆线将激励源 u_i 和响应 u_C 的信号分别连至示波器的两个通道 CH1 和 CH2，调节函数信号发生器输出信号为方波，频率 f=1 kHz、峰峰值 U_{P-P}=3 V，分别选取 R=15 kΩ，C=2200 pF 和 R=15 kΩ，C=5600 pF 两组参数，在数字示波器的屏幕上观察激励与响应的变化规律，并在坐标纸上按1∶1 的比例绘制输入和输出波形，将相关数据记入表 7.1.2 中，且需在输出波形上标明测量的时间常数 τ。

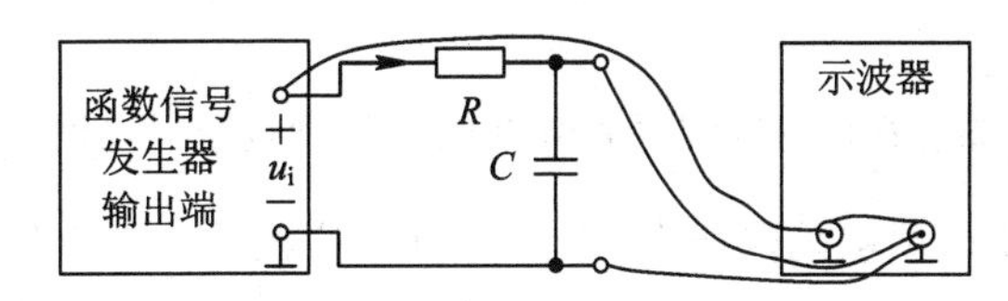

图 7.1.5　一阶电路零状态、零输入响应的测量实验电路

表 7.1.2　一阶电路零状态、零输入响应测量

电路参数						输出波形的参数(部分数据需带单位)						
频率 f/周期 T	峰峰值 U_{P-P}	R	C	τ/ms(计算值)	$\frac{T}{2}/\tau$	TIME/Div	周期格数	VOL/Div	峰峰值格数	周期 T	峰峰值	τ/ms(测量值)
1 kHz/1 ms	3 V	15 kΩ	2200 pF									
			5600 pF									

注意：

① 调节电子仪器各旋钮时，动作不要过快过猛。用数字示波器观察波形时，要特别注意相应开关、旋钮的操作与调节。

② 信号源的接地端与数字示波器的接地端要连在一起(称共地)，以防外界干扰而影响测量的准确性。

③ 使用数字示波器前应检查校准。

五、预习思考题

在动态电路中，电容电压 u_C 具有什么特点？为什么？

六、数据处理及分析

(1) 在坐标纸上绘制实验内容中要求的波形，注意应标明相关参数。

(2) 根据实验内容，比较两组数据的零状态与零输入响应波形，分析二者区别，得出结论。

(3) 如果要用示波器观察 RC 一阶电路中电阻电压的变化，应如何接线，请画出电路图进行说明。

7.2 微分电路和积分电路

一、实验目的

(1) 掌握有关微分电路和积分电路的概念。

(2) 进一步了解微分电路和积分电路的应用。

二、实验原理

1. 微分电路

一个简单的 RC 串联电路，在方波序列脉冲的重复激励下，当满足 $\tau=RC\ll\frac{T}{2}$时(T 为方波脉冲的重复周期)，将 R 两端的电压作为响应输出，这就是一个微分电路，如图 7.2.1(a)所示此时电容充放电极快，有 $u_C\approx u_i$。其输出电压为

$$u_o=u_R=Ri=RC\frac{\mathrm{d}u_C}{\mathrm{d}t}$$

其中 $i=C\frac{\mathrm{d}u_C}{\mathrm{d}t}$，此时电路的输出信号电压与输入信号电压的微分成正比。

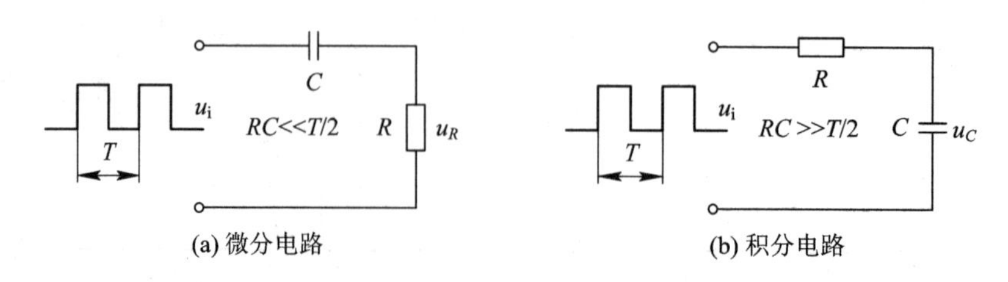

图 7.2.1　微分、积分电路示意图

当时间常数 $\tau=RC$ 很小时，输出电压 u_o 近似与输入电压 u_i 对时间的导数成正比，因此被称为“微分电路”。利用微分电路可以将方波转变成尖脉冲，如图 7.2.2(a)所示。

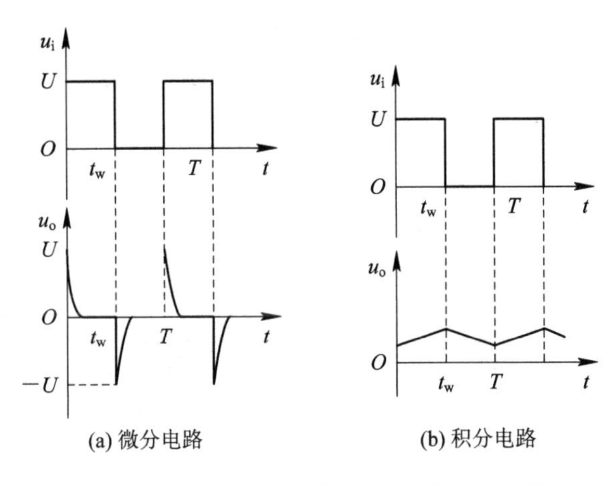

(a) 微分电路　(b) 积分电路

图 7.2.2　微积分电路激励、响应波形示意图

2. 积分电路

若将 C 两端的电压作为响应输出，如图 7.2.1(b)所示，则当电路的参数满足 $\tau=RC\gg\frac{T}{2}$时，这就是一个积分电路。此时电容充放电极慢，有 $u_R\approx u_i$。其输出电压为

$$u_o=u_C=\frac{1}{C}\int i\,\mathrm{d}t=\frac{1}{RC}\int u_R\,\mathrm{d}t$$

其中 $i=\frac{u_R}{R}$，此时电路的输出信号电压与输入信号电压的积分成正比。

当时间常数 $\tau=RC$ 很大时，输出电压 u_o 近似与输入电压 u_i 对时间的积分成正比。此时电路被称为“积分电路”。利用积分电路可以将方波转变成三角波，如图 7.2.2(b)所示。

三、实验设备

本实验所用设备见表 7.2.1。

表 7.2.1　实验设备名称、型号和数量

设备名称	设备型号规格	数量
函数信号发生器	DG1062Z/60 MHz	1 台
数字示波器	DS2102/100 MHz	1 台
实验元件	九孔电路实验板，插件式模块	1 套

四、实验内容

1. 微分电路实验

将函数信号发生器输出关闭，按照图 7.2.3 所示连接电路，R 为 1 kΩ 电阻，与 C 串联构成微分电路，信号发生器输出方波电压信号，频率 $f=1$ kHz，$U_{P-P}=3$ V。C 分别选取 0.1 μF 和 0.01 μF。用数字示波器观察输入波形和响应波形，记录观察到的波形。完成表 7.2.2，并在坐标纸上按 1∶1 比例分别绘制微分电路输入、响应波形。

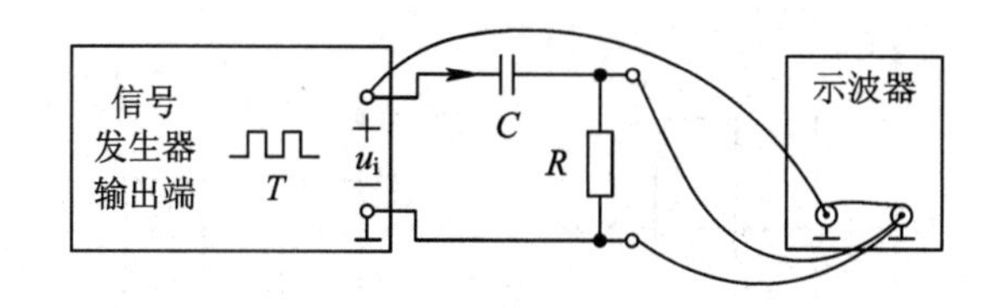

图 7.2.3　微分电路实验

表 7.2.2　微分电路实验

电路参数						输出波形的参数(部分数据需带单位)					
频率 f/周期 T	峰峰值 U_{P-P}	R	C	τ/ms (计算值)	$\frac{T}{2}/\tau$	TIME/Div	周期格数	VOL/Div	峰峰值格数	周期 T	峰峰值
1 kHz/1 ms	3 V	1 kΩ	0.1 μF								
			0.01 μF								

2. 积分电路实验(设计实验)

参考图 7.2.3，自行设定输入矩形脉冲信号的频率与幅度，设计两个积分电路，输出三角波信号，用数字示波器观察信号并分析。

可供选择的参数如下：

信号频率可调范围：1 μHz～60 MHz。

电阻：1 kΩ/2 W、2 kΩ/2 W、3 kΩ/2 W、4.7 kΩ/2W，10 kΩ/0.5 W、15 kΩ/0.5 W、30 kΩ/0.5 W、100 kΩ/0.5 W、1 MΩ/0.5 W。

电容：2200 pF、5600 pF、0.01 μF、0.022 μF、0.047 μF、0.1 μF(2 个)、1 μF、2.2 μF。

要求：

(1) 确定电容、电阻、输入信号参数，说明原因(实验由于观测仪器精度有限，需要根据实际情况适当调整)。

(2) 绘制实验电路图并标明相关参数。

(3) 参照表 7.2.2 设计表格并记录数据。

(4) 在坐标纸上按 1∶1 比例分别绘制积分电路输入、响应波形。

五、预习思考题

要将方波信号转换成尖脉冲信号，可用什么电路实现？对电路参数有什么要求？要将方波信号转换成三角波信号，可用什么电路实现？对电路参数有什么要求？

六、数据处理及分析

(1) 在坐标纸上完成实验内容中要求绘制的波形，注意应标明相关参数。

(2) 根据观测到的响应波形，分析微分电路和积分电路的特点(包括响应波形的特点、输入/输出波形的幅值关系、时间常数的大小对波形的影响等)。

7.3　RLC 二阶电路暂态过程

一、实验目的

(1) 了解 RLC 二阶串联电路元件参数与其暂态过程的关系。

(2) 掌握 RLC 二阶串联电路过阻尼、欠阻尼状态下响应波形的测量方法。

(3) 学习用示波器测量衰减振荡的角频率和阻尼系数。

(4) 掌握二阶电路状态轨迹的测量方法。

二、实验原理

1. 二阶电路及其暂态过程

二阶电路是含有两个独立储能元件的线性电路。RLC 串联电路和 RLC 并联电路是典型的二阶电路。

RLC 串联电路的响应包括零输入响应、零状态响应和全响应，每一种响应都有不同的响应形式。

零输入响应时，电路暂态过程特征方程为

$$LCP^2 + RCP + 1 = 0 \tag{7.3.1}$$

特征根为

$$P = -\frac{R}{2L} \pm \sqrt{\left(\frac{R}{2L}\right)^2 - \left(\frac{1}{\sqrt{LC}}\right)^2} = -\delta \pm \sqrt{\delta^2 - {\omega_0}^2} \tag{7.3.2}$$

式中：$\delta = \dfrac{R}{2L}$为阻尼系数，也称衰减系数；$\omega_0 = \dfrac{1}{\sqrt{LC}}$为谐振角频率。

从能量变化的角度来说，由于 RLC 电路中存在两种不同性质的储能元件，它的过渡过程就不仅是简单地积累能量和释放能量，还可能发生电容的电场能量和电感的磁场能量相互反复交换的过程，这一点取决于电路参数。当电阻(包括 L 本身线圈内阻和回路中其余电阻之和)比较小时，L 和 C 之间的能量交换占主导位置，电路中的电流表现为振荡过程；当电阻较大时，能量很快就被电阻消耗了，此时电路只发生单纯地积累或释放能量的过程，即非振荡过程。

在电路发生振荡过程时，其振荡的性质可以分为以下 3 种情况。

(1) 衰减振荡：电路中电压或电流的振荡幅度按指数规律减小，直至 0。

(2) 等幅振荡：电路中电压或电流的振荡幅度保持不变，相当于电路中电阻为 0，振荡过程不消耗能量。

(3) 增幅振荡：电路中电压或电流的振荡幅度按指数规律增加，相当于电路中存在负电阻，振荡过程中电路得到能量补充。

因此，对不同的电路参数，有不同的响应过程：

(1) 当 $\delta > \omega_0$，即 $R > 2\sqrt{\dfrac{L}{C}}$ 时，响应是非振荡过程，为过阻尼状态。

(2) 当 $\delta<\omega_0$，即 $R<2\sqrt{\dfrac{L}{C}}$ 时，响应是振荡过程，为欠阻尼状态。

(3) 当 $\delta=\omega_0$，即 $R=2\sqrt{\dfrac{L}{C}}$ 时，响应介于振荡和非振荡之间，为临界振荡(临界阻尼)过程。

(4) 当 $\delta=0$ 时，响应是等幅振荡过程，为无阻尼状态。

(5) 当 $\delta<0$ 时，响应是发散的，为负阻尼状态。

2. 欠阻尼状态下振荡角频率与衰减系数的测量

对于欠阻尼状态下的振荡角频率 ω 与衰减系数 δ，可以用示波器观测电容电压的波形来测量。峰峰值为 U_S 的正方波信号激励下的电容电压响应波形如图 7.3.1 所示。后半周期即为零输入响应。

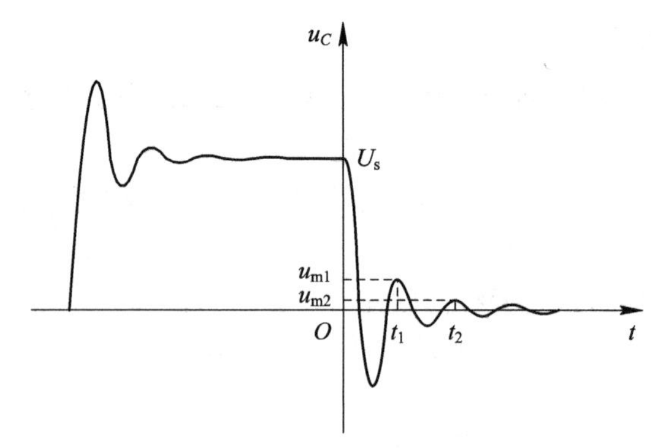

图 7.3.1　*RLC* 串联电路的衰减振荡过程

由于

$$u_C(t)=A\mathrm{e}^{-\delta t}\sin(\omega t+\beta) \tag{7.3.3}$$

$$A=\frac{U_S\omega_0}{\omega}$$

有

$$u_C(t_1)=A\mathrm{e}^{-\delta t_1}\sin(\omega t_1+\beta)=u_{cm1} \tag{7.3.4}$$

$$u_C(t_2)=A\mathrm{e}^{-\delta t_2}\sin(\omega t_1+2\pi+\beta)=u_{cm2} \tag{7.3.5}$$

解得

$$\omega=\frac{2\pi}{t_2-t_1} \tag{7.3.6}$$

$$\delta=\frac{1}{t_2-t_1}\ln\frac{u_{m1}}{u_{m2}} \tag{7.3.7}$$

可见，只要在示波器上测得 (t_2-t_1) 和 u_{m1}、u_{m2}，则可求得 ω 和 δ。

3. *RLC* 二阶电路状态轨迹的观测

对于 *RLC* 二阶串联电路，还可以通过状态变量 u_C、i_L 在相平面形成的轨迹来研究。状态变量的每一组确定值，均对应状态空间的一个点。在整个响应过程中，状态变量随时间连续变化，可用示波器观测到一条曲线，该曲线即为 *RLC* 二阶电路的状态轨迹。观测时，将 i_L 从示波器 CH1 端口输入，u_C 从 CH2 端口输入，设置示波器为“X－Y”方式，则屏幕上显示的就是 i_L、u_C 的状态轨迹。

图 7.3.2 所示为几种状态轨迹。

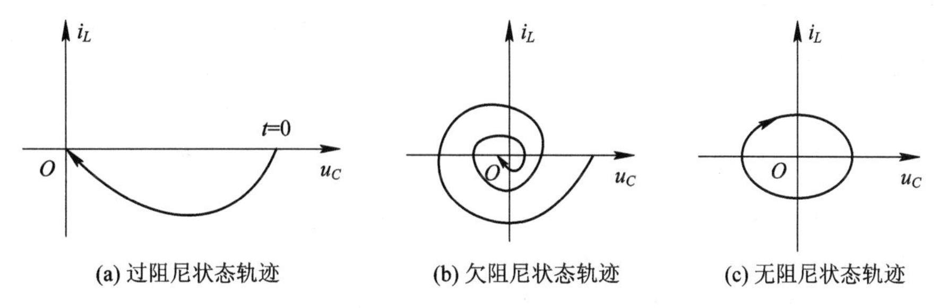

图 7.3.2　几种状态轨迹

三、实验设备

本实验所需设备见表 7.3.1。

表 7.3.1　实验设备名称、型号和数量

设备名称	设备型号规格	数量
函数信号发生器	DG1062Z/60 MHz	1 台
数字示波器	DS2102/100 MHz	1 台
实验元件	九孔电路实验板，插件式模块	1 套

四、实验内容

1. 观测并绘制过阻尼状态和欠阻尼状态 *RLC* 波形曲线

图 7.3.3 所示为实验电路图，信号源 u_S 输出方波信号，频率为 $f=500$ Hz，$U_{P-P}=5$ V。元件参数：$L=10$ mH，$C=0.1$ μF，R 取值根据实验原理 1 中的限定条件自行计算并确定，使其分别满足 $R>2\sqrt{\frac{L}{C}}$ 和 $R<2\sqrt{\frac{L}{C}}$，即过阻尼状态和欠阻尼状态。分别观测 u_S、u_C、i_L 的波形，按照 1∶1 比例在坐标纸上画出至少一个周期的波形，注意标清元件参数值和曲线名称。

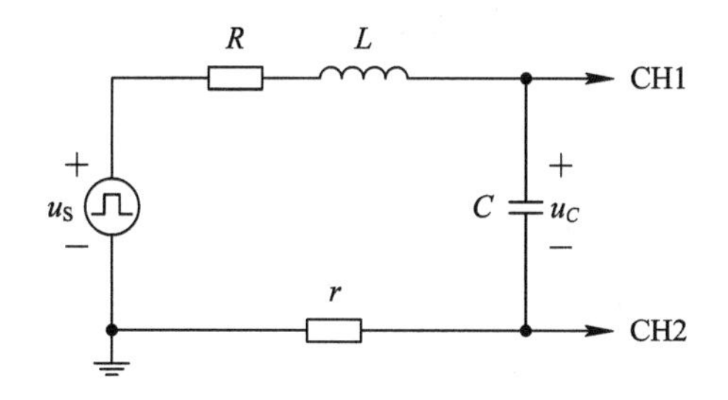

图 7.3.3　二阶电路实验电路

2. 测量并计算振荡角频率 ω 与衰减系数 δ

实验电路图和信号源输出参数同实验内容 1，元件参数：$L=10$ mH，$C=0.1$ μF，$R=$

100 Ω，在数字示波器上观测 u_C 的波形，手动调节至清晰稳定便于观测的图形，使用光标测量 $u_{m1}-u_{m2}$ 及 t_2-t_1 的值，完成表 7.3.2。

表 7.3.2　欠阻尼状态下振荡角频率和衰减系数的测量

R/Ω	L/mH	$C/\mu\text{F}$	$u_{m1}-u_{m2}$	t_2-t_1	测量值		计算值	
					ω	δ	ω	δ

3. 观测并绘制方波响应的状态轨迹

电路同实验内容 1，将 i_L 从数字示波器 CH1 端口输入，u_C 从 CH2 端口输入，将数字示波器设置为"X - Y"方式，选择不同电阻值使电路分别处于过阻尼和欠阻尼状态，按照 1∶1 比例在坐标纸上画出方波响应的状态轨迹。

五、预习思考题

已知 RLC 二阶串联电路中 $L=0.3\ \text{mH}$，$C=0.1\ \mu\text{F}$，计算过阻尼和欠阻尼状态时 R 的取值范围。

六、数据处理及分析

(1) 在坐标纸上完成实验内容中要求绘制的波形，注意应标明相关参数。

(2) 完成表 7.3.2，比较测量值和计算值的相对误差，并分析误差产生的原因。

(3) 若把图 7.3.3 中的电阻 R 和 r 都去掉，电路会不会发生等幅振荡？为什么？

7.4　微积分电路虚拟实验

一、实验目的

(1) 学习使用仿真平台研究微分电路和积分电路。

(2) 进一步了解微分电路和积分电路的应用。

(3) 观测电感元件的磁链变化与电压变化。

(4) 观测电容元件的电荷变化与电流变化。

二、实验原理

微分电路和积分电路的概念和特性已在 7.2 节中详细介绍，此处不再赘述。

对于电感 L，其端电压为 $u_L=L\dfrac{\mathrm{d}i_L}{\mathrm{d}t}$，对两边进行积分则有 $\int_0^t u_L(t)\mathrm{d}t=Li_L(t)-Li_L(0)=\Psi(t)-\Psi(0)$，可以看到磁链的变化。

对于电容 C，其电流为 $i_C=C\dfrac{\mathrm{d}u_C}{\mathrm{d}t}$，对两边进行积分则有 $\int_0^t i_C(t)\mathrm{d}t=Cu_C(t)-Cu_C(0)=Q(t)-Q(0)$，可以看到电荷量的变化。

因此，利用微积分电路和示波器，可观测电感元件的磁链变化与电压变化，观测电容元件的电荷变化与电流变化。

三、Multisim14.0 仿真平台、元件和仪器的使用

本实验需要的元件有电阻、电容、电感和地线，需要的电子仪器有函数发生器和示波器。

四、实验内容

1. 微分电路与积分电路

函数发生器产生频率为 1 kHz、振幅为 $5V_p$、占空比为 50%、偏置为 0 的正方波。自行选定电阻和电容，设计一个微分电路和一个积分电路。

2. 观测电感元件磁链变化与电压变化

(1) 观测磁链变化。按图 7.4.1 所示在 Multisim14.0 中搭建电路。

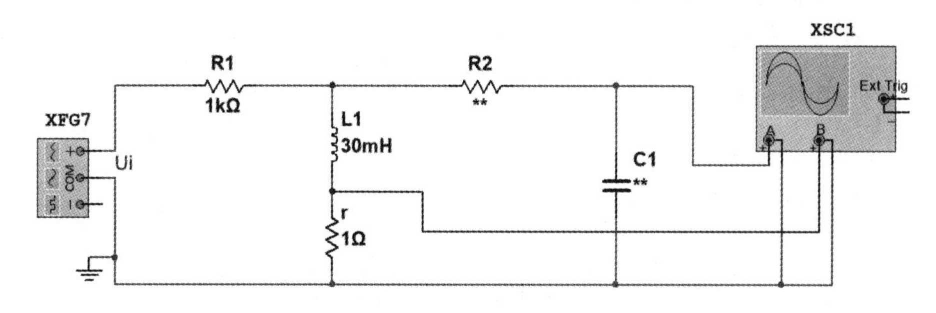

图 7.4.1　观测电感磁链实验电路

函数发生器输出电压同实验内容 1，在电感 L_1(30 mH)后接取样电阻 $r=1\ \Omega$，则 r 两端电压 u_r 与电路中电流相等，且 r 阻值相对电感感抗很小，故电感 L_1 与 r 两端电压近似于电感 L_1 两端电压，对电感 L_1(30 mH)两端电压进行积分得到磁链变化波形，用示波器观测流经电感 L_1 电流波形和磁链变化波形，对比两波形后截图。

注意：示波器双通道选择不同的区段颜色得到不同颜色的波形。

(2) 观测电压变化。按图 7.4.2 所示在 Multisim14.0 中搭建电路，函数发生器输出电压同实验内容 1，由于取样电阻 r 两端电压 u_r 与电路中电流相等，对 u_r 进行微分变换可得到电感电压变化波形，用示波器 CH1 观测 u_r 微分变换波形，CH2 直接观测电感 L_2 两端电压波形，对比两波形并截图。注意事项同(1)内容。

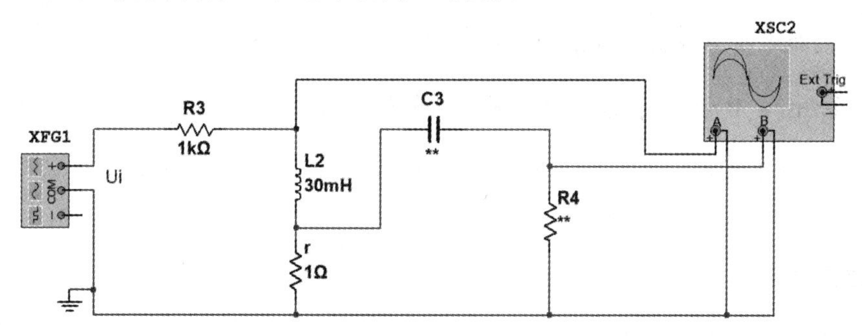

图 7.4.2　观测电感电压实验电路

3. 观测电容元件的电荷变化与电流变化

(1) 观测电荷变化。参照图 7.4.1 和图 7.4.2 所示自行设计电路后在 Multisim14.0 中搭建电路，函数发生器输出电压同实验内容 1，对电容 $C=0.1\ \mu F$ 中通过的电流取样后，通过积分电路得到电荷量变化，用示波器观测电容 C 两端电压变化波形和电荷量变化波形，对比两波形并截图。

(2) 观测电流变化。参照图 7.4.1 和图 7.4.2 所示自行设计电路后在 Multisim14.0 中搭建电路，函数发生器输出电压同实验内容 1，对电容 $C=0.1\ \mu F$ 的电压进行微分变化得到电流变化波形，用示波器 CH1 观测微分变换得到的电流波形，CH2 直接观测取样电阻得到的电流波形，对比两波形并截图。

五、预习思考题

(1) 设计实验内容 3 所需电路图。

(2) 微积分电路还有什么实际应用？试举例。

六、数据处理及分析

(1) 整理各实验内容波形。

(2) 对比各波形后得出结论。

7.5　*RLC* 二阶电路响应虚拟实验

一、实验目的

(1) 借助仿真平台研究 *RLC* 二阶电路的暂态过程。

(2) 进一步观察分析二阶电路响应的几种不同情况及其特点，加深对二阶电路响应的认识和理解。

(3) 借助虚拟仪器更好地观察 *RLC* 二阶电路的状态轨迹。

二、实验原理

关于 *RLC* 二阶电路的基本概念、电路暂态特点及其相关参数的测量方法在 7.3 节中已经进行了详细介绍，此处不再赘述。本节主要使用 Multisim14.0 中的虚拟仪器更加准确地对 *RLC* 二阶电路进行观测和分析，进而更好地理解和应用二阶电路。

三、Multisim14.0 仿真平台、元件和仪器的使用

本实验需要的元件有电阻、可调电阻、电感和电容，需要的电子仪器有函数发生器和示波器。

四、实验内容

1. 观测 *RLC* 二阶电路的暂态过程

如图 7.5.1 所示搭建电路模型，信号源输出频率为 500 Hz、幅值为 4 V 的方波。$L=$

10 mH，$C=0.1\ \mu\text{F}$。设置示波器为 Y/T 模式，调节电阻 R_1 从 0～1 kΩ 变化(增量选择 2%)，观察二阶电路的零输入响应和零状态响应从欠阻尼过渡到临界阻尼再到过阻尼状态时的响应曲线，分别记录响应的典型变化波形，并记录临界电阻值。

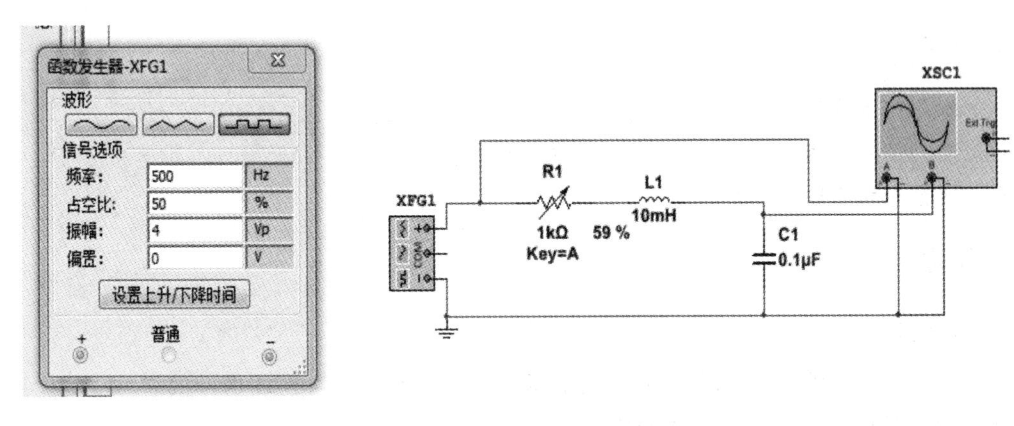

图 7.5.1 二阶 *RLC* 电路模型

2. 观测 *RLC* 二阶电路在 3 种不同状态下的状态轨迹

在电路中串入小电阻 $R_2=10\ \Omega$，如图 7.5.2 所示。将 i_L 从示波器 CH1 端口输入，u_C 从 CH2 端口输入，将示波器设置为 B/A 方式，调节通道 A、B 的垂直灵敏度，调节电阻 R_1 从 0～1 kΩ 变化(增量选择 2%)，观察二阶电路 3 种不同状态下(欠阻尼、临界阻尼和过阻尼)的状态轨迹，将典型轨迹曲线记录下来。

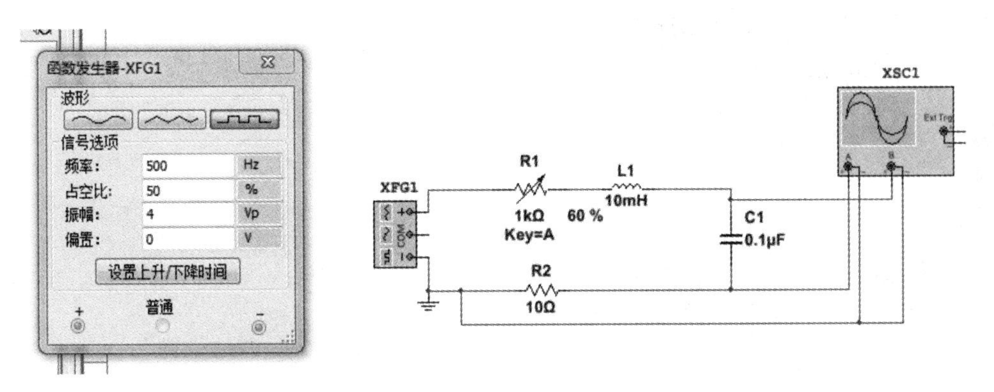

图 7.5.2 二阶 *RLC* 电路状态轨迹观察模型

五、预习思考题

根据实验内容中 *RLC* 二阶串联电路中的元件参数：$L=10\ \text{mH}$，$C=0.1\ \mu\text{F}$，计算处于临界阻尼状态的电阻值。

六、数据处理及分析

(1) 整理实验波形。

(2) 观测二阶电路在不同状态下的轨迹时，为什么要串入小电阻 R_2？

7.6 动态电路的冲激响应与正弦响应虚拟实验

一、实验目的

(1) 学习产生冲激函数的方法，加深对冲激函数的认识。

(2) 借助仿真软件观察一阶、二阶电路的冲激响应。

(3) 研究正弦激励下电路的响应。

二、实验原理

1. 冲激函数

冲激函数 $\delta(t)$为阶跃函数的导数，是个奇异函数，可用于对连续信号的线性表达，也可用于求解线性非时变系统的零状态响应。

冲激函数的定义为

$$\begin{cases}\delta(t)=\lim\limits_{\Delta\to 0}p_{\Delta}(t)=\begin{cases}\infty, & t=0\\ 0, & t\neq 0\end{cases}\\ \int_{-\infty}^{+\infty}\delta(t)\mathrm{d}t=1\end{cases} \tag{7.6.1}$$

其中：$p_{\Delta}(t)$为单位脉冲函数(见图 7.6.1)，Δ 减小，脉冲变窄，面积不变；$\delta(t)$为单位冲激函数(见图 7.6.2)，是 $p_{\Delta}(t)$的极限。

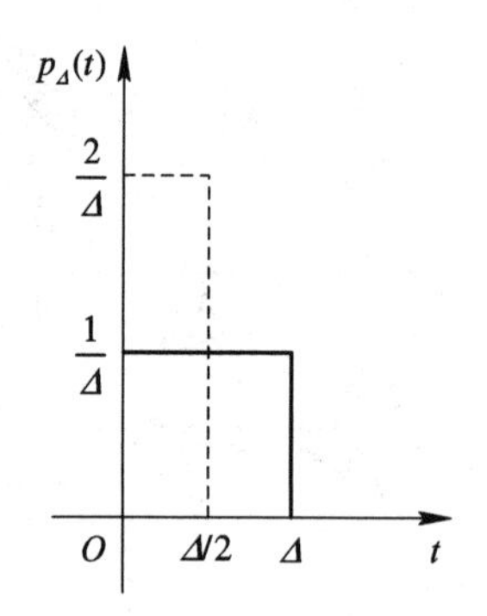

图 7.6.1 单位脉冲函数 $p_{\Delta}(t)$

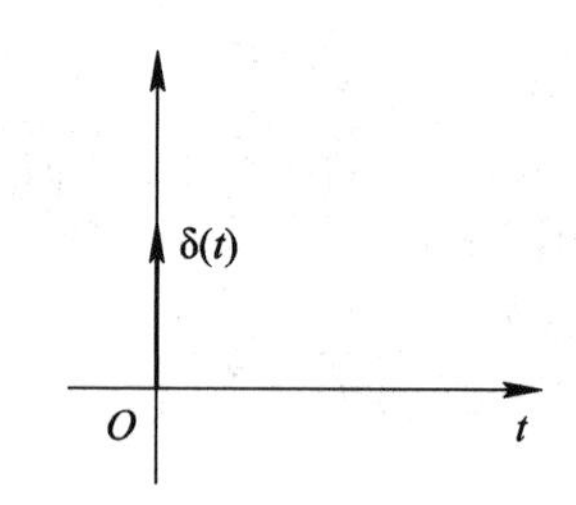

图 7.6.2 单位冲激函数 $\delta(t)$

在实验中为了便于用示波器观测冲激响应，可以用幅度充分大、脉宽很窄的脉冲近似代替冲激函数，也可以将脉冲函数求微分后得到的尖脉冲代替冲激函数。

2. 冲激响应

冲激电源作用于零状态电路所引起的响应称为冲激响应。冲激响应完全由系统本身的特性所决定，与系统的激励源无关，是用时间函数表示系统特性的一种常用方式。

在实际工程中，用一个持续时间很短但幅度很大的电压脉冲通过一个电阻给电容器充电，这时电路中的电流或电容器两端的电压变化就近似于这个系统的冲激响应。在这种情况下，电容器两端的电压在很短的时间内就达到了一定的数值，然后通过电阻放电，在此

过程中，电容电压和电路中的电流都按指数规律逐渐衰减为零。

冲激响应的过程可以分为两个阶段：一是在 $t=0$ 时，$\delta(t)$对处于零状态的电路作用以建立初始状态；二是由 $t=0_+$ 时电路的状态引起过渡过程。因此，$t>0_+$ 后冲激响应的规律与零输入响应的规律类似。

(1) *RC* 串联电路的冲激响应初始状态。

RC 串联电路如图 7.6.3 所示，对其施加冲激信号 $\delta(t)$后，可对其施加阶跃信号后的响应求导，根据式(7.1.1)求导有 $u_C(t)=\frac{1}{RC}\mathrm{e}^{-\frac{t}{RC}}(t\geqslant 0)$，$t=0_+$ 时 u_C 的值为

$$u_C(0_+)=\frac{1}{RC} \tag{7.6.2}$$

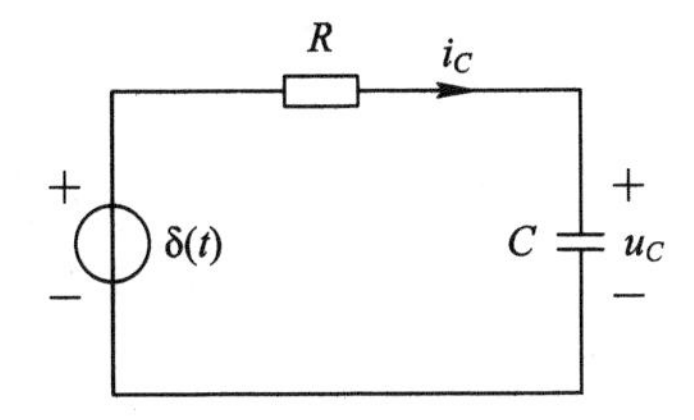

图 7.6.3 冲激电源作用于 *RC* 串联电路

(2) *RC* 并联电路的冲激响应初始状态。

RC 并联电路如图 7.6.4 所示，对其施加冲激信号 $\delta(t)$ 后，对该电路有 $C\frac{\mathrm{d}u_C}{\mathrm{d}t}+\frac{u_C}{R}=\delta(t)$，$u_C(0_-)=0$，对两边进行积分则有$\int_{0_-}^{0_+}C\frac{\mathrm{d}u_C}{\mathrm{d}t}\mathrm{d}t+\int_{0_-}^{0_+}\frac{u_C}{R}\mathrm{d}t=\int_{0_-}^{0_+}\delta(t)\mathrm{d}t=1$，若 u_C 为冲激函数，则 i_R 也为冲激函数，i_C 为冲激函数一阶导数，不符合 KCL，故 u_C 不为冲激函数，$\int_{0_-}^{0_+}\frac{u_C}{R}\mathrm{d}t=0$，因此可求出 $t=0_+$ 时 u_C 的值为

$$u_C(0_+)=\frac{1}{C} \tag{7.6.3}$$

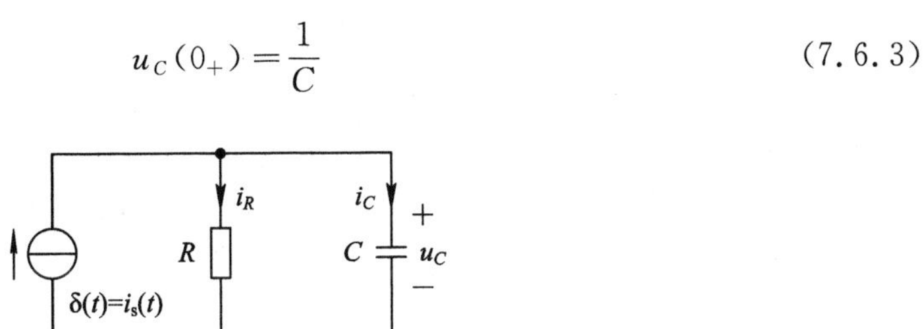

图 7.6.4 冲激电源作用于 *RC* 并联电路

(3) *RL* 串联电路的冲激响应初始状态。

RL 串联电路如图 7.6.5 所示，对其施加冲激信号 $\delta(t)$ 后，对该电路有 $L\frac{\mathrm{d}i_L}{\mathrm{d}t}+Ri_L=\delta(t)$，$i_L(0_-)=0$，对两边进行积分则有：$\int_{0_-}^{0_+}L\frac{\mathrm{d}i_L}{\mathrm{d}t}\mathrm{d}t+\int_{0_-}^{0_+}Ri_L\mathrm{d}t=\int_{0_-}^{0_+}\delta(t)\mathrm{d}t=1$，与(2) 中同理，$i_L$ 不为冲激函数，因此可求出 $t=0_+$ 时 i_L 的值为

$$i_L(0_+)=\frac{1}{L} \tag{7.6.4}$$

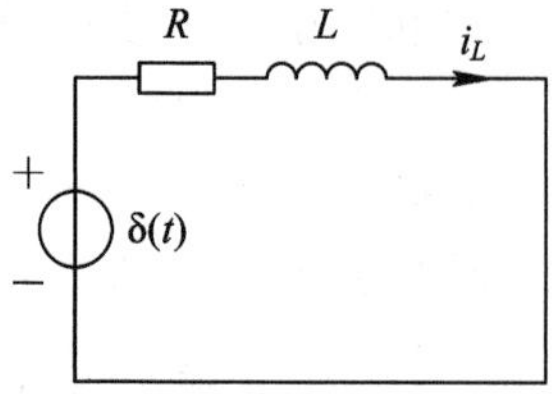

图 7.6.5　冲激电源作用于 RL 串联电路

3. *RC* 电路在正弦电源激励下的响应

按照正弦规律随时间变化的电压(或电流)被称为正弦电压(或电流)，它是一种广泛使用的交流电压(电流)。

电路如图 7.6.6 所示，正弦激励信号 $u_S=U_m\sin(\omega t+\varphi)$，其中，$U_m$ 为振幅，ω 为角频率，φ 为初相位。$t=0$ 时，合上开关 S，此时的零状态响应为

$$u_C(t)=\overbrace{-U_{Cm}\sin(\varphi-\theta)\cdot e^{-\frac{t}{RC}}}^{\text{暂态分量}}+\overbrace{U_{Cm}\sin(\omega t+\varphi-\theta)}^{\text{稳态分量}} \tag{7.6.5}$$

式中，$U_{Cm}=\dfrac{U_m}{\sqrt{(\omega RC)^2+1}}$，$\theta=\arctan(\omega RC)$。

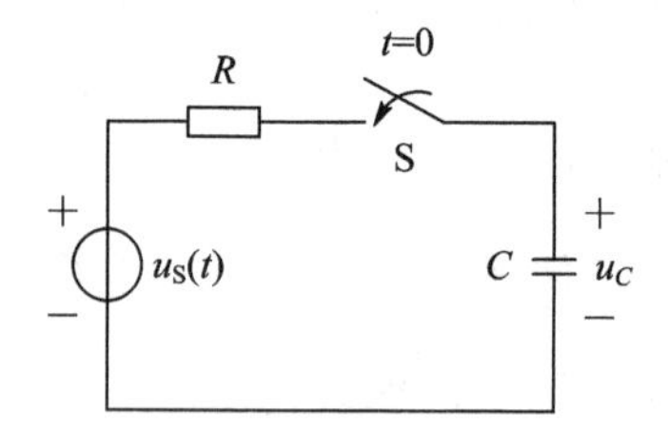

图 7.6.6　正弦电源作用在 RC 串联电路

图 7.6.6 所示电路具有以下特点：

(1) 响应 $u_C(t)$由暂态分量和稳态分量组成，当 $t>(3RC\sim5RC)$时，暂态过程结束。

(2) 暂态分量的形式与激励的形式无关，只与电路结构与元件参数有关。

(3) 暂态分量的大小与 $\varphi-\arctan(\omega RC)$有关，当 ω 和电路参数 R、C 给定时，$\varphi-\arctan(\omega RC)$的大小就取决于电源的初相角 φ。当 $\varphi-\arctan(\omega RC)=k\pi(k=0,1,2,\cdots)$时，接通电源，电路中没有暂态分量；当 $\varphi-\arctan(\omega RC)=\dfrac{\pi}{2}$时，接通电源，电路的暂态分量最大。

三、Multisim14.0 仿真平台、元件和仪器的使用

本实验需要的元件有电阻、电感、电容，需要的电子仪器有函数发生器、示波器和电压型信号源。

四、实验内容

1. 产生冲激信号

冲激信号为阶跃信号的导数，为了便于用示波器观测冲激响应波形，使用周期性正方波脉冲信号代替阶跃信号，在 Multisim14.0 中用函数信号发生器产生正方波信号，频率 $f=500$ Hz，幅值 $U_P=5$ V，占空比为 50%，偏置 0 V，设计一个微分电路并截图，使其输出信号为冲激信号，用示波器观测其输出波形并截图。

2. 观测 *RC* 一阶电路的冲激响应过程

在 Multisim14.0 仿真软件平台上搭建如图 7.6.7 所示电路模型。电路输入为实验内容 1 中产生的冲激信号，元件参数 $R_1=1$ kΩ，$C_1=0.1$ μF。在示波器上观测激励与响应的波形曲线并截图，注意输入/输出导线用不同的区段颜色，用光标测量时间常数 τ 并记录。

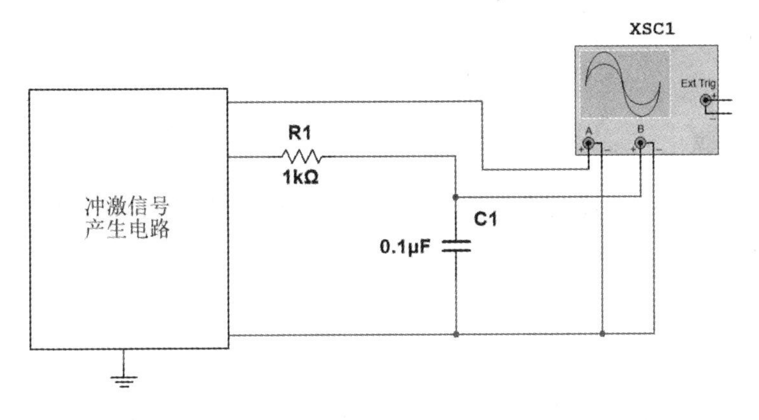

图 7.6.7 *RC* 一阶电路冲激响应实验电路模型

3. 观测二阶电路的冲激响应

如图 7.6.8 所示搭建模型，串联小电阻 R_2 来观测电感电流 i_L 的波形曲线。电路输入为实验内容 1 中产生的冲激信号，电路参数(R_1、L_1、C_1)的取值可以自行设定，图中参数仅为参考，使电路分别处于过阻尼和欠阻尼状态，用示波器观测 u_C、i_L 在两种情况下的波形及对应的状态轨迹，并记录下来。

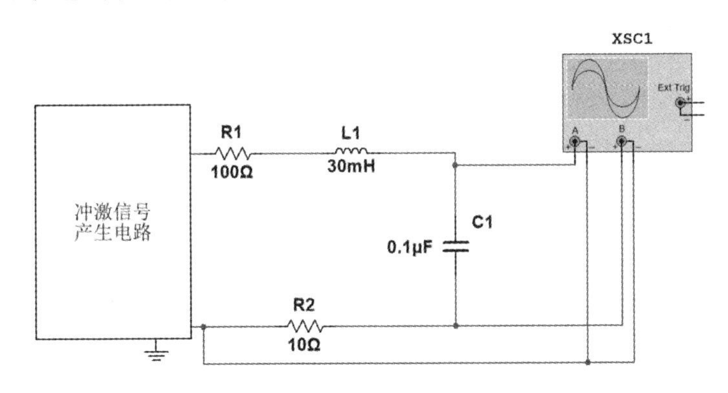

图 7.6.8 *RLC* 二阶电路冲激响应实验电路模型

4. 观察 *RC* 电路在正弦激励下的响应

如图 7.6.9 所示搭建电路，电压型信号源输出正弦电压信号，峰峰值和信号频率都可以自行设定。串联 R_2 小电阻以便观测 i_C。用示波器观测正向激励下的 *RC* 一阶电路响应波形曲线，并记录下来。

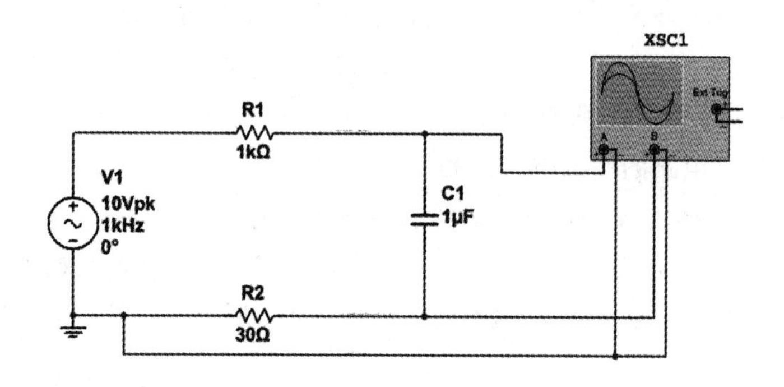

图 7.6.9　*RC* 电路的正弦激励响应实验电路模型

五、预习思考题

Multisim14.0 中没有冲激信号源，如何用函数发生器配合外电路产生一个冲激信号，电路参数需要满足什么条件?

六、数据处理及分析

(1) 整理实验波形。

(2) 对观察到的 *RC* 一阶电路的正弦激励响应波形曲线进行分析。

第八章　集成运算放大器电路研究

集成运算放大器电路是一种直接耦合的多级放大电路，它是半导体的集成工艺，实现电路、电路系统和元件三结合的产物。在集成运算放大器的输入、输出端之间加上不同的电路或网络，即可实现不同的功能。例如加上线性负反馈网络，可以实现加法、减法、微积分等数学运算；加上非线性负反馈网络，可以实现对数、指数、乘、除等数学运算及非线性变换功能。另外，利用运算放大器还可以构成各种有源滤波器等。本章主要针对运算放大器构成的各种功能电路的性能进行研究。

8.1　运算放大器及其应用

一、实验目的

(1) 掌握由集成运算放大器组成的基本运算电路的功能。

(2) 了解运算放大器在实际应用中应考虑的问题。

二、实验原理

1. 运算放大器

运算放大器(简称“运放”)是具有很高放大倍数的电路单元。其输出信号可以是输入信号通过加、减或微分、积分等数学运算得到的结果。

运算放大器是一个有源三端元件，如图 8.1.1 所示，它有两个输入端，一个输出端以及一个参考地线端。“＋”端为同相输入端，信号从同相输入端输入时，输出信号与输入信号对参考地线端来说极性相同；“－”端为反相输入端，信号从反相输入端输入时，输出信号与输入信号对参考地线端来说极性相反。

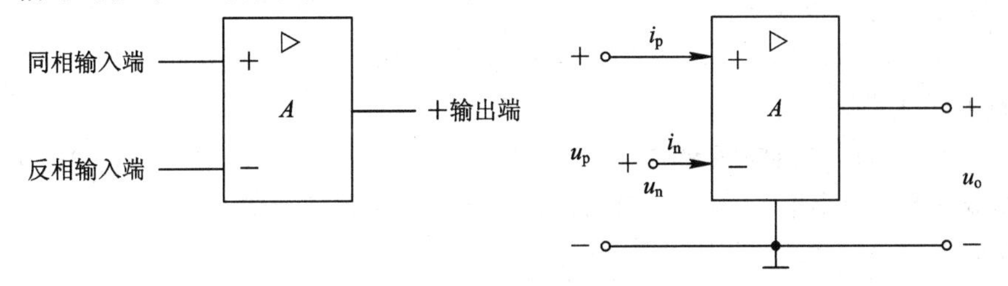

图 8.1.1　运算放大器电路符号及含运放的负反馈电路模型

图 8.1.1 中，A 为运算放大器的开环电压放大倍数。理想情况下，A 和输入电阻 R_{in} 为无穷大。在含有运算放大器的负反馈电路中($V_{\pm}$ 省略)，负反馈支路的存在使同相与反相输入端电压逐渐趋同，待电路稳定后，此时有

$$u_p = u_n \tag{8.1.1}$$

$$i_p = \frac{u_p}{R_{in}} = 0 \tag{8.1.2}$$

$$i_n = \frac{u_n}{R_{in}} = 0 \tag{8.1.3}$$

即理想运算放大器具有以下性质：

(1) 输入阻抗无穷大($R_{in}=\infty$)，输入端电流为0(虚断)。

(2) 运算放大器的"+"端与"－"端之间等电位(虚短)。

(3) 输出电阻为0。

2. 基本运算电路

(1) 比例放大器。

将输入端和输出端是同一极性的运算放大器称为同相放大器，而输入端和输出端极性相反的运算放大器则称为反相放大器。

① 反相放大器。

反相放大器电路具有放大输入信号并反相输出的功能。信号由反相输入端输入，构成并联电压负反馈。所谓负反馈，即将输出信号的一部分返回到输入，例如在图8.1.2所示电路中，输出 U_o 经由 R_F 连接(返回)到反相输入端(－)的连接方法就是负反馈。

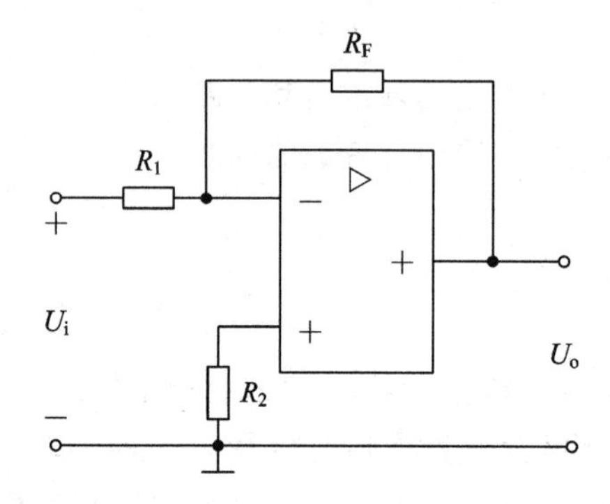

图 8.1.2 反相放大器电路

当开环增益为∞(>10^4 以上)时，其闭环增益 $A_u=-R_F/R_1$，即

$$U_o = -\frac{R_F}{R_1}U_i \tag{8.1.4}$$

当 $R_F=R_1$ 时，$U_o=-U_i$，它具有反相跟随的作用，被称为反相跟踪器。

② 同相放大器。

同相放大器的信号由同相端输入，电路如图8.1.3所示，信号电压通过电阻 R_1 加到运放的同相输入端，输出电压 U_o 通过电阻 R_2 和 R_F 反馈到运放的反相输入端，构成电压串联负反馈放大电路。

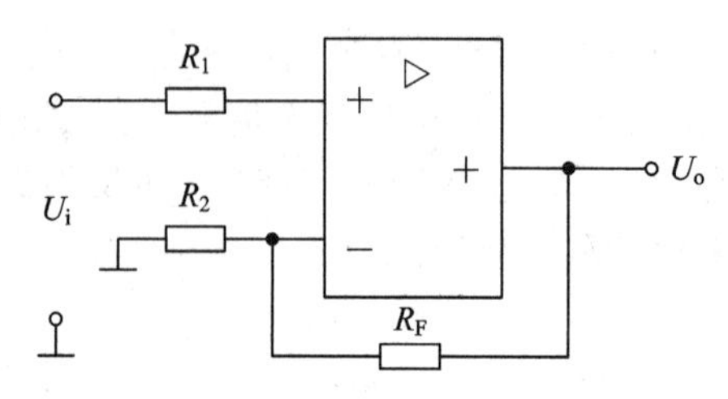

图 8.1.3 同相放大器电路

当开环增益足够大($>10^4$ 以上)时，其闭环增益 $A_u=1+R_F/R_2$，即

$$U_o=\left(1+\frac{R_F}{R_2}\right)U_i \tag{8.1.5}$$

当 $R_2\to\infty$(开路)、$R_F=0$(短路)时，$A_u=1$，此时 $U_o=U_i$，同相放大器具有同相跟随作用，被称为同相电压跟随器。由于其输入阻抗高而输出阻抗低，故在电路中常作为阻抗变换器或缓冲器。

(2) 加法器。

根据信号输入端的不同分为反相加法器(电路如图 8.1.4 所示)和同相加法器(电路如图 8.1.5 所示)。

反相加法器中的 R_3 为平衡电阻，$R_3=R_1/\!/R_2/\!/R_F$，输出电压为

$$U_o=-\left(\frac{R_F}{R_1}U_{i1}+\frac{R_F}{R_2}U_{i2}\right) \tag{8.1.6}$$

同相加法器的输出电压为

$$U_o=\frac{R_F+R_1}{R_1}\left(\frac{R_3U_{i1}}{R_2+R_3}+\frac{R_2U_{i2}}{R_2+R_3}\right) \tag{8.1.7}$$

反相加法器的输入阻抗小，输出阻抗大；同相加法器的输入阻抗大，输出阻抗小。反相加法器的应用更为广泛。

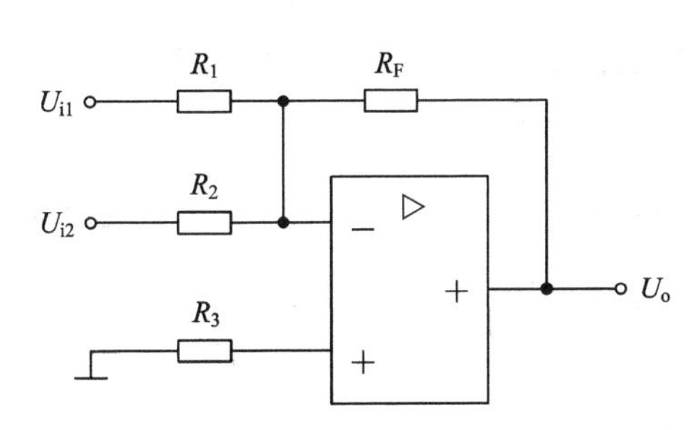

图 8.1.4　反相加法器电路

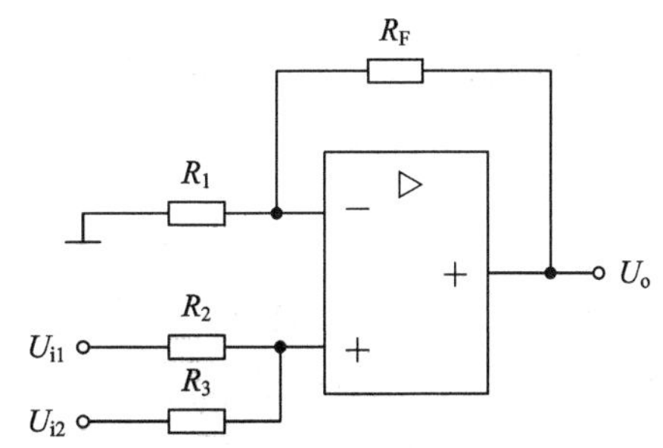

图 8.1.5　同相加法器电路

(3) 减法器(差分放大电路)。

如图 8.1.6 所示为减法器电路示意图，一般为输入多个信号并输出它们的差值，因此也称为差分放大电路，通常用来放大差模信号并抑制共模信号。

当运算放大器开环增益足够大时，若 $R_1=R_2$、$R_3=R_F$，则输出电压为

$$U_o=\frac{R_F}{R_1}(U_{i2}-U_{i1}) \tag{8.1.8}$$

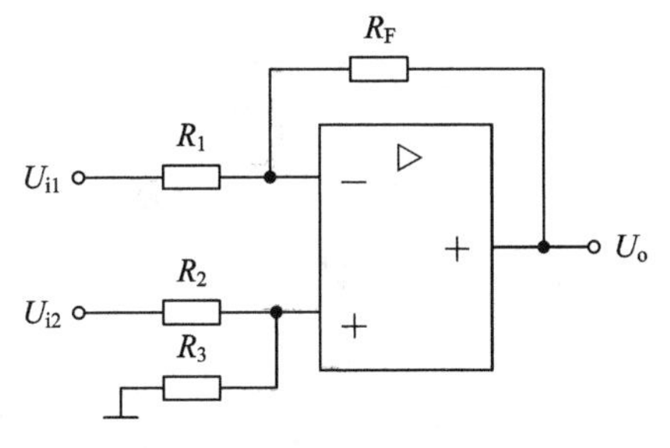

图 8.1.6　减法器电路

若 $R_1=R_2=R_3=R_F$，则 $U_o=U_{i2}-U_{i1}$。

（4）积分器。

积分器是实现对输入信号进行积分运算的电路，如图 8.1.7 所示，信号从反相端输入，当电容两端初始电压为 0 时，积分器的输出电压正比于输入电压对时间的积分，即

$$U_o=-\frac{1}{\tau}\int U_i \mathrm{d}t \qquad (8.1.9)$$

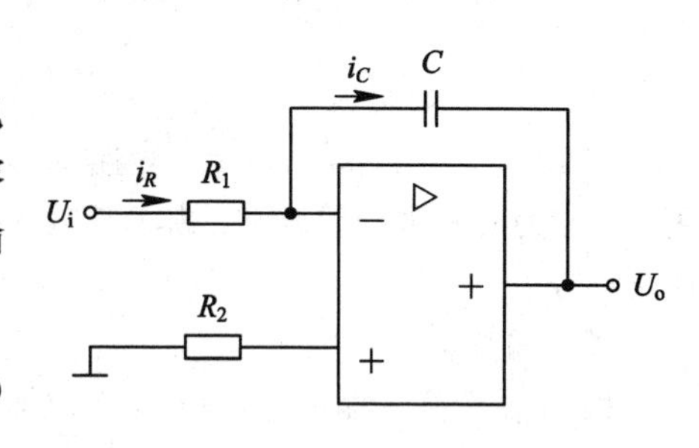

图 8.1.7　积分器电路

其中 $\tau=R_1C$ 为时间常数。时间常数 τ 越大，达到给定的输出值的时间越长。式中的负号表示输入电压与输出电压反相。

一般情况下，积分运算是在一定的时域上进行的，当初始条件不为 0 时，有

$$U_o=-\frac{1}{\tau}\int U_i \mathrm{d}t+U_C(0) \qquad (8.1.10)$$

如果输入电压是一个常数，即 U_i 为直流电压，则有

$$U_o=-\frac{U_i}{\tau}t \qquad (8.1.11)$$

此时，输出电压是随时间变化的线性函数，这种电路用于产生三角波或锯齿波。

如果输入为正弦电压：$U_i=U_m\sin\omega t$，根据式(8.1.10)，则有

$$U_o=\frac{U_m}{\omega\tau}\cos\omega t \qquad (8.1.12)$$

可见，输出仍为交流电压，其幅值与角频率 ω 成反比，相位超前输入电压 90°。

3. 运算放大器与电源的接法

运算放大器模块上可以看到电源接口，标注有 +15 V 和 −15 V 字样，如图 8.1.8 所示。直流稳压电源两路电源输出均为 15 V，按图 8.1.8 所示将电源连接到运算放大器对应端口。

注意： 电源上余下的两个正负端口必须共地。

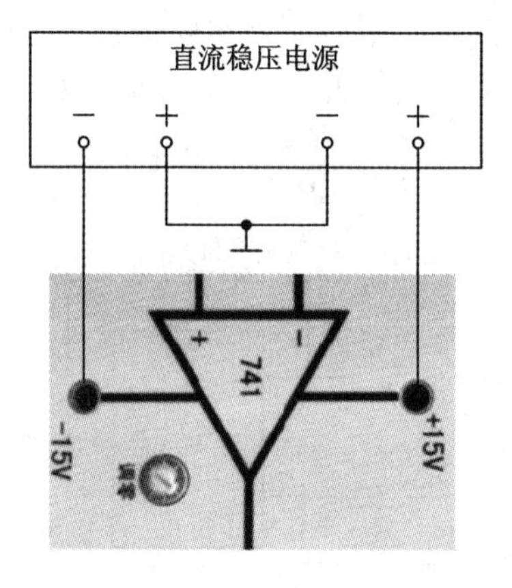

图 8.1.8　741 运放模块接电源

三、实验设备

本实验所用设备见表 8.1.1。

表 8.1.1　实验设备名称、型号和数量

设备名称	设备型号规格	数量
函数信号发生器	DG1062Z/60 MHz	1 台
数字示波器	DS2102/100 MHz	1 台
台式万用表	DM3058E/10 A	1 台
直流电源	DP832/30 V/3 A	1 台
实验元件	九孔电路实验板，插件式模块	1 套

四、实验内容

1. 比例放大器的测量

实验中使用 741 运算放大器，元件参数：$R_1=10\ \text{k}\Omega$，$R_F=100\ \text{k}\Omega$，$R_2=R_1/\!/R_F=9.1\ \text{k}\Omega$。

(1) 反相放大器的测量。

反相放大器电路如图 8.1.2 所示，接通±15 V 直流电源(如图 8.1.8 所示)。

① 在放大器输入端输入 $U_{iP\text{-}P}=1$ V、$f=1$ kHz 的正弦波信号，用数字示波器观测输入/输出电压波形 u_i、u_o 的相位关系，按照 1∶1 比例在坐标纸上画出输入/输出电压波形 u_i、u_o，注意标清 TIME/Div、VOL/Div 数值。用台式万用表测量输出信号的有效值，并计算输出电压波形的峰峰值以及放大倍数，填入表 8.1.2 中。

② 给放大器输入 0.5 V 的直流信号，用手持式万用表测量输出端电压，计算放大倍数，填入表 8.1.2 中。

表 8.1.2　反相放大器的测量

<table>
<tr><th rowspan="2">输入</th><th rowspan="2" colspan="2">u_i/V</th><th rowspan="2" colspan="2">u_o/V</th><th colspan="2">放大倍数 A_u</th></tr>
<tr><th>理论值</th><th>测量值</th></tr>
<tr><td rowspan="2">交流输入</td><td rowspan="2">峰峰值</td><td rowspan="2">1</td><td>有效值</td><td></td><td rowspan="2"></td><td rowspan="2"></td></tr>
<tr><td>峰峰值</td><td></td></tr>
<tr><td>直流输入</td><td colspan="2">0.5</td><td colspan="2"></td><td></td><td></td></tr>
</table>

(2) 同相放大器的测量。

同相放大器电路如图 8.1.3 所示，接通±15 V 直流电源。

① 在放大器输入端输入 $U_{iP\text{-}P}=1$ V、$f=1$ kHz 的正弦波信号，用数字示波器观测输入/输出电压波形 u_i、u_o 的相位关系，按照 1∶1 比例在坐标纸上画出输入/输出电压波形 u_i、u_o，注意标清 TIME/Div、VOL/Div 数值。用台式万用表测量输出电压信号的有效值，并计算输出电压波形的峰峰值以及放大倍数，填入表 8.1.3 中。

② 给放大器输入 0.5 V 的直流信号，用手持式万用表测量输出端电压，计算放大倍数，填入表 8.1.3 中。

表 8.1.3　同相放大器的测量

输入	u_i/V		u_o/V		放大倍数 A_u	
					理论值	测量值
交流输入	峰峰值	1	有效值			
			峰峰值			
直流输入	0.5					

2. 反相加法器的测量

反相加法器电路如图 8.1.4 所示。元件参数：$R_1=R_2=R_F=10\ \text{k}\Omega$，$R_3=R_1/\!/R_2/\!/R_F=3.3\ \text{k}\Omega$。加法器输入端 U_{i1} 和 U_{i2} 输入信号分别如下，用数字示波器观察并按照 1∶1 比例在坐标纸上画出输入/输出电压波形 u_i、u_o，注意标清 TIME/Div、VOL/Div 数值。完成表 8.1.4。

(1) $U_{i1P\text{-}P}=0.5$ V、$f=100$ Hz(正弦波)，$U_{i2P\text{-}P}=1$ V、$f=100$ Hz(正弦波)。

(2) $U_{i1}=1$ V(直流)，$U_{i2}=0.5$ V(直流)。

(3) $U_{i1P\text{-}P}=0.5$ V、$f=100$ Hz(正弦波)，$U_{i2}=0.5$ V(直流)。

表 8.1.4　反相加法器的测量

输入	U_{i1}/V		U_{i2}/V		输出 u_o/V			
					理论值		测量值	
(1)	峰峰值	0.5	峰峰值	1	峰峰值		峰峰值	
(2)	1		0.5					
(3)	峰峰值	0.5	0.5		峰峰值		峰峰值	

3. 减法器的测量

减法器电路如图 8.1.6 所示。减法器元件参数和输入端 U_{i1} 和 U_{i2} 输入信号分别如下，用数字示波器观察并按照 1∶1 比例在坐标纸上画出输入/输出电压波形 u_i、u_o，注意标清 TIME/Div、VOL/Div 数值。完成表 8.1.5。

(1) $U_{i1P\text{-}P}=1.5$ V、$f=100$ Hz(正弦波)，$U_{i2P\text{-}P}=1$ V、$f=100$ Hz(正弦波)，$R_1=R_2=10\ \Omega$，$R_3=R_F=30\ \Omega$。

(2) $U_{i1}=5$ V(直流)，$U_{i2}=2$ V(直流)，$R_1=R_2=R_3=R_F=10\ \text{k}\Omega$。

表 8.1.5　减法器的测量

输入	U_{i1}/V		U_{i2}/V		输出 u_o/V			
					理论值		测量值	
(1)	峰峰值	1.5	峰峰值	1	峰峰值		峰峰值	
(2)	5		2					

4. 积分器的测量

实际积分器电路如图 8.1.9 所示。此处在积分电容上并联一个电阻 R_F 是为了降低电路的低频电压增益，消除积分电路的饱和现象。电路元件：$R_1=100\ k\Omega$，$R_F=1\ M\Omega$，$R_2=100\ k\Omega$，$C=0.1\ \mu F$。积分器输入信号为方波，幅值 $U_i=3\ V$，$f=1\ kHz$。用数字示波器观察并按照 1∶1 比例在坐标纸上画出输入/ 输出电压波形 u_i、u_o，注意标清 TIME/Div、VOL/Div 数值，并测量出 u_o 的幅度，标注在波形曲线旁。

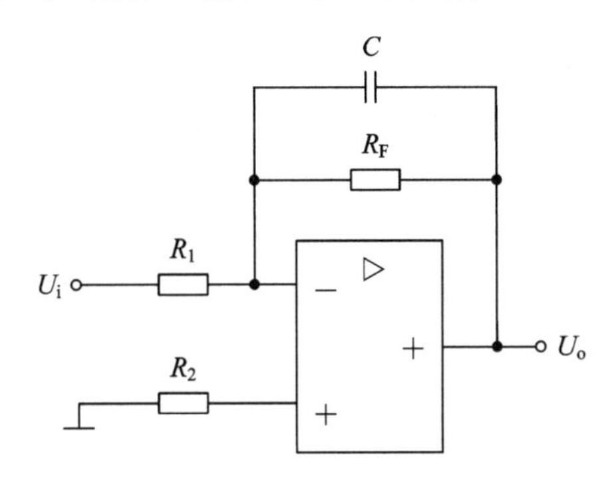

图 8.1.9　实际积分器电路

五、预习思考题

(1) 预习关于运算电路的基本知识，根据实验电路的参数，完成表 8.1.2～表 8.1.5 中理论值的计算。

(2) 在反相加法器中，若 U_{i1} 和 U_{i2} 均采用直流信号，并选定 $U_{i2}=-1\ V$，考虑到运算放大器的最大输出幅度(±12 V)时，$|U_{i1}|$ 的大小不应超过多少伏？

六、数据处理及分析

(1) 完成实验内容中要求绘制的波形，并标注必要的参数，注意波形间的相位关系。

(2) 对表 8.1.2 和表 8.1.3 中放大倍数 A_u 的测量值和理论值进行比较，得出结论。

(3) 对表 8.1.4 和表 8.1.5 中数据进行分析，并给出结论。

(4) 计算积分器输出电压的理论值，与测量值比较并计算相对误差，说明积分运算的误差与哪些因素有关。

8.2　运放电路及受控源特性的测量

一、实验目的

(1) 加深对运放电路及受控源的认识和了解。

(2) 掌握测量受控源的转移特性和外特性的方法。

(3) 提高学生设计实验的能力。

二、实验原理

1. 受控源特征及类型

受控源是一种“非独立”电源，用来反映电路中某处的电压或电流能控制另一处的电压或电流这一现象。它有 4 个端子(二端口元件)，一对端子为控制端口，另一对端子为受控端口，前者控制后者的电压或电流的大小。

在实验中将运算放大器看作理想运放，采用 741 运算放大器。由于运算放大器的输出电压或电流受输入电压或电流的控制，将其与不同电阻进行组合，可以构成 4 种受控源：电压控制电压源(VCVS)，电流控制电压源(CCVS)，电压控制电流源(VCCS)和电流控制电流源(CCCS)。

(1) 电压控制电压源(VCVS)。

图 8.2.1 所示是电压控制电压源(VCVS)电路。由于运算放大器的“+”和“−”端为虚短路，故有

$$u_p = u_n = u_1 \tag{8.2.1}$$

有

$$i_{R_2} = \frac{u_n}{R_2} = \frac{u_1}{R_2} \tag{8.2.2}$$

$$u_2 = i_{R_1} R_1 + i_{R_2} R_2 = \left(1 + \frac{R_1}{R_2}\right) u_1 \tag{8.2.3}$$

可见，运算放大器的输出电压 u_2 受输入电压 u_1 控制，电路模型如图 8.2.2 所示，电压比为

$$\mu = \frac{u_2}{u_1} = 1 + \frac{R_1}{R_2} \tag{8.2.4}$$

其中 μ 为电压放大系数。图 8.2.1 中输入/输出有公共接地点，这种连接方式被称为共地连接。

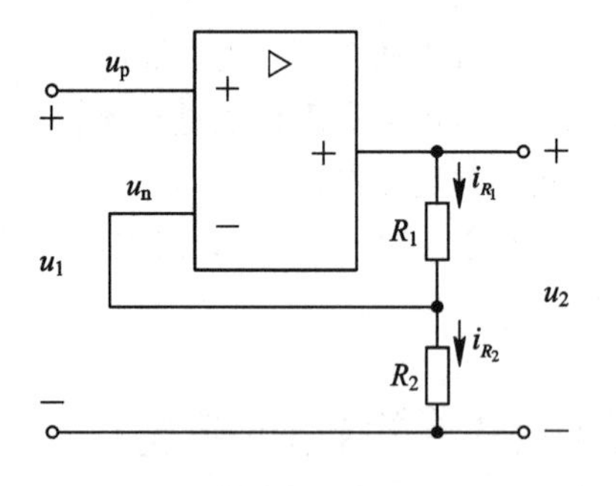

图 8.2.1　运算放大器实现 VCVS 电路

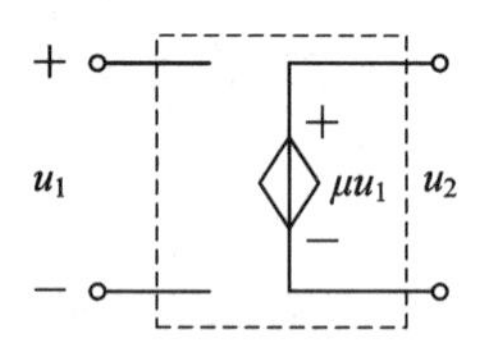

图 8.2.2　VCVS 电路模型

(2) 电流控制电压源(CCVS)。

图 8.2.3 所示为电流控制电压源(CCVS)电路。运算放大器的输出电压 $u_2 = -i_1 R$，它受电流 i_1 所控制。图 8.2.4 所示为它的电路模型，其比例系数为

$$\gamma = \frac{u_2}{i_1} = -R \tag{8.2.5}$$

其中 γ 为转移电阻，连接方式为共地连接。

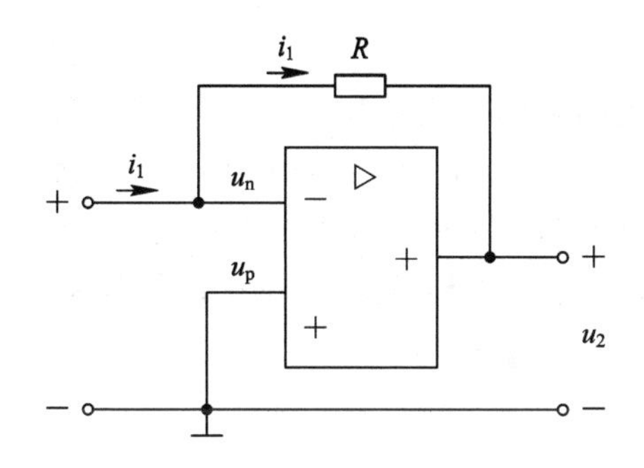

图 8.2.3　运算放大器实现 CCVS 电路

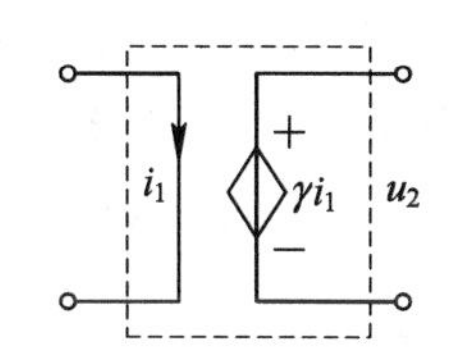

图 8.2.4　CCVS 电路模型

(3) 电压控制电流源(VCCS)。

图 8.2.5 所示为电压控制电流源(VCCS)电路。图8.2.6 所示是它的电路模型，输出电流 i_2 只受运算放大器输入电压 u_1 的控制，与负载电阻 R_L 无关，其比例系数为

$$g=\frac{i_2}{u_1}=\frac{1}{R} \tag{8.2.6}$$

其中 g 为转移电导。图 8.2.5 中输入/输出无公共接地点，这种连接方式被称为浮地连接。

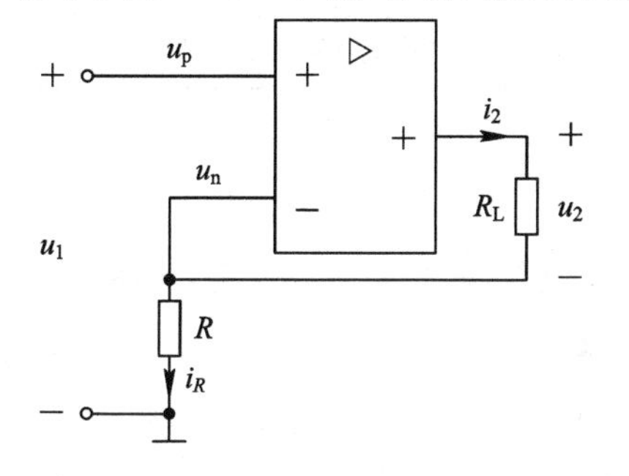

图 8.2.5　运算放大器实现 VCCS 电路

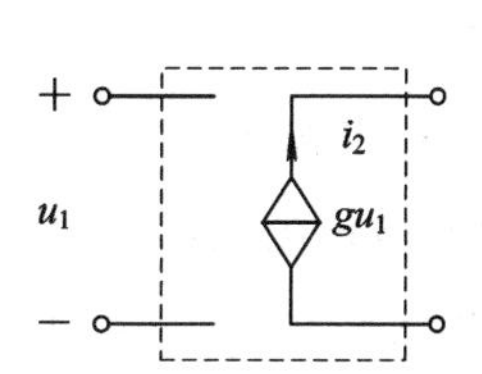

图 8.2.6　VCCS 电路模型

(4) 电流控制电流源(CCCS)。

图 8.2.7 所示为电流控制电流源(CCCS)电路。图 8.2.8 所示是它的电路模型，输出电流 i_2 受网络输入端口电流 i_1 控制，与负载 R_L 无关，其电流比为

$$\beta=\frac{i_2}{i_1}=1+\frac{R_1}{R_2} \tag{8.2.7}$$

其中 β 为电流放大系数。这个电路起着放大电流的作用，连接方式为浮地连接。

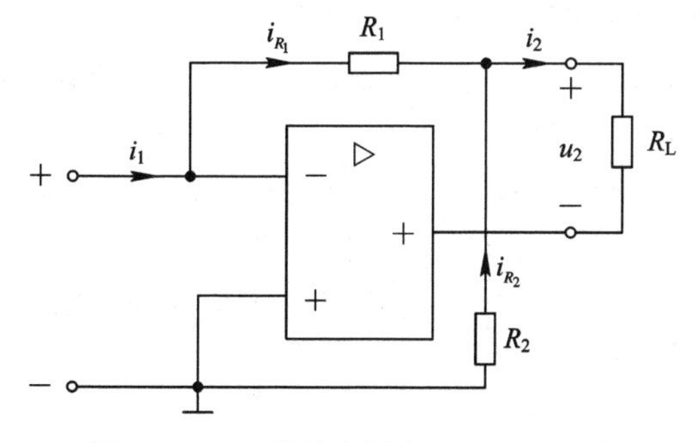

图 8.2.7　运算放大器实现 CCCS 电路

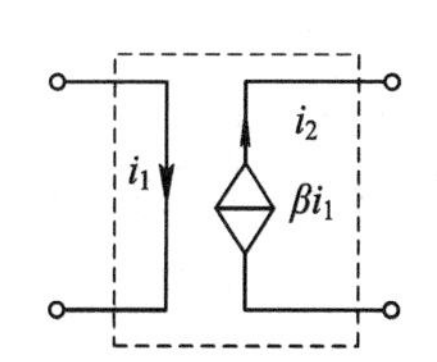

图 8.2.8　CCCS 电路模型

2. 受控源的转移特性

受控源的转移函数为控制端与受控端之间的函数关系。对 VCVS，$U_2=f(U_1)$；对 CCVS，$U_2=f(I_1)$；对 VCCS，$I_2=f(U_1)$；对 CCCS，$I_2=f(I_1)$。在坐标系中绘制转移特性曲线，其中比较接近直线的范围为线性区，在线性区内转移特性曲线的斜率是一个常数，对 VCVS，其转移电压比 $\mu=U_2/U_1$，对 CCVS，其转移电阻 $\gamma=U_2/I_1$，对 VCCS，其转移电导 $g=I_2/U_1$，对 CCCS，其转移电流比 $\beta=I_2/I_1$。

三、实验设备

本实验所用设备见表 8.2.1。

表 8.2.1　实验设备名称、型号和数量

设备名称	设备型号规格	数量
直流电源	DP832/30V/3A	1 台
手持式万用表(万用表 1)	UT39A/DC1000V	1 块
台式万用表(万用表 2)	DM3058E/10A	1 台
实验元件	九孔电路实验板，插件式模块	1 套

四、实验内容

本实验中受控电源全部采用直流电源激励，对于交流电源或其他激励，实验结果相同。

1. 电压控制电压源(VCVS)特性的测量

实验电路如图 8.2.9 所示，其中 $R_1=R_2=1\ \text{k}\Omega$，$R_L$ 为 4.7 kΩ 可变电阻。

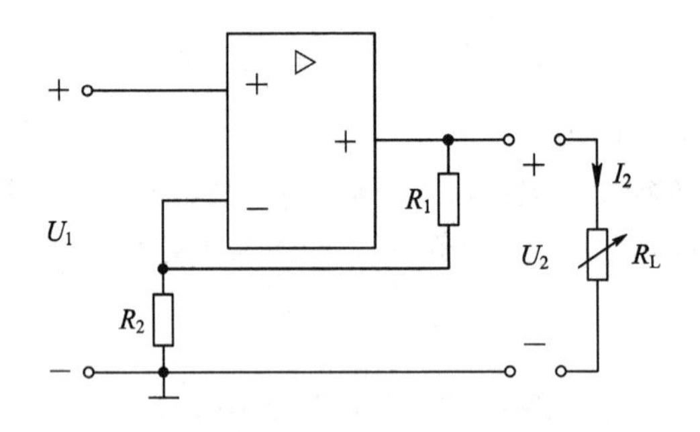

图 8.2.9　电压控制电压源特性的测量实验电路

(1) 电路接好后，不施加激励电源 U_1，将运算放大器的“+”端对地短路，接通运算放大器的供电电源，工作正常时，应有 $U_2=0$ 和 $I_2=0$。

(2) 接入激励电源 U_1，不接入 R_L，将 U_1 在 0～5 V 范围内调节，测量 U_1 和 U_2 的值，填写在表 8.2.2 中。

(3) 保持 $U_1=1.5$ V，在输出端接入可变电阻负载 R_L，调节 R_L 的值，分别测量对应的 U_2 和 I_2 的值，填入表 8.2.3 中。

表 8.2.2　VCVS 特性的测量 1

VCVS	测量值	U_1/V						
		U_2/V						
	μ	测量值$\left(=\dfrac{U_2}{U_1}\right)$						
		理论值$\left(=1+\dfrac{R_1}{R_2}\right)$						

表 8.2.3　VCVS 特性的测量 2

VCVS	测量值	U_2/V					
		I_2/mA					

2. 电压控制电流源(VCCS)特性的测量

实验电路如图 8.2.10 所示，其中 $R_1=1\ \text{k}\Omega$，R_L 为 4.7 kΩ 可变电阻，输出电流 $I_2=I_{R_1}=\dfrac{U_1}{R_1}$。

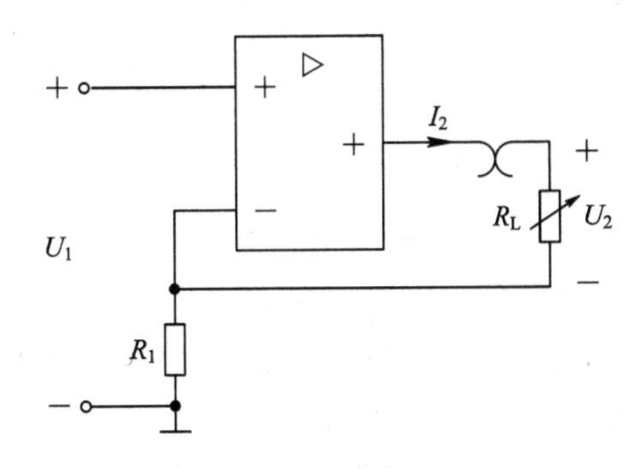

图 8.2.10　电压控制电流源特性测量实验电路

(1) 接入激励电源 U_1，R_L 选择任意位置(非零)，将 U_1 在 1～5 V 范围内调节，测量 U_1 和 I_2 的值，填写在表 8.2.4 中。

(2) 保持 $U_1=1.5$ V，调节 R_L 的值，分别测量对应的 U_2 和 I_2 的值，填入表 8.2.5 中。

表 8.2.4　VCCS 特性的测量 1

VCCS	测量值	U_1/V						
		I_2/mA						
	g	测量值$\left(=\dfrac{I_2}{U_1}\right)$						
		理论值$\left(=\dfrac{1}{R_2}\right)$						

表 8.2.5 VCCS 特性的测量 2

VCCS	测量值	U_2/V					
		I_2/mA					

3. 电流控制电压源(CCVS)特性的测量

实验电路如图 8.2.11 所示，输入电流 I_1 由电压源 U_S 串联 R_1 提供。其中 R_1 为 4.7 kΩ 可变电阻，R_L 为 1 kΩ 可变电阻，$U_S=1.5$ V，$R=500$ Ω。

(1) 不接入 R_L，改变 R_1 的值，测量 U_2 和 I_1 的值。测量时应注意 U_2 的实际方向。

(2) 保持 $U_S=1.5$ V，调节 $R_1=300$ Ω，接入 R_L，调节 R_L 的大小，分别测量对应的 U_2 和 I_2 的值。

(3) 实验记录表格参照实验内容 1 自拟。表格中应包含转移电阻 γ 的测量值和理论值。

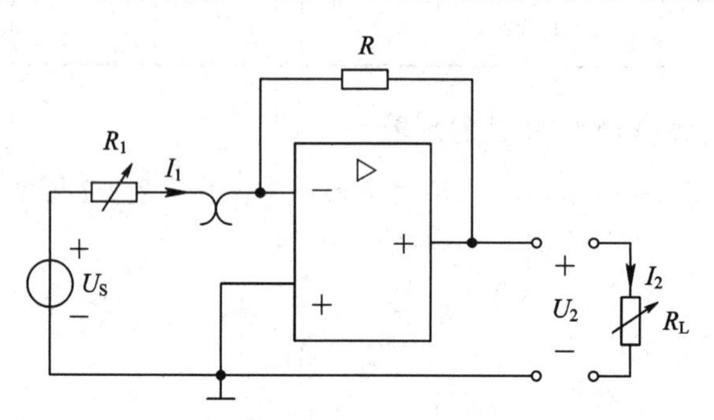

图 8.2.11 电流控制电压源(CCVS)特性测量电路

4. 测量电流控制电流源(CCCS)特性(设计内容)

此部分实验为设计内容。请同学们参照实验内容 1～3 进行设计。要求如下：

(1) 自行设计实验电路图，对电流控制电流源(CCCS)特性进行测量。

(2) 要求测量内容包括 CCCS 的转移特性和外特性。

(3) 实验记录表格参照实验内容 1 自拟。表格中应包含电流放大系数 β 的测量值和理论值。

可供选择的电阻：1 kΩ、2 kΩ、3 kΩ、4.7 kΩ，10 kΩ、15 kΩ、30 kΩ、100 kΩ，以及 1 kΩ、4.7 kΩ、10 kΩ 的可变电阻。

五、预习思考题

(1) 根据实验电路的参数，完成表 8.2.2、表 8.2.4 中理论值的计算。

(2) 受控源与独立电源的区别是什么？

六、数据处理及分析

(1) 完成实验内容 3 和 4 的设计部分。

(2) 绘制曲线：

① 根据表 8.2.2 和表 8.2.3 中的数据，绘制 VCVS 的转移特性曲线 $U_2=f(U_1)$ 和外

特性曲线 $U_2=f(I_2)$。

② 根据表 8.2.4 和表 8.2.5 中的数据，绘制 VCCS 的转移特性曲线 $I_2=f(U_1)$和外特性曲线 $I_2=f(U_2)$。

③ 根据实验内容 3 所测数据，绘制 CCVS 的转移特性曲线 $U_2=f(I_1)$和外特性曲线 $U_2=f(I_2)$。

④ 根据实验内容 4 所测数据，绘制 CCCS 的转移特性曲线 $I_2=f(I_1)$和外特性曲线 $I_2=f(U_2)$。

(3) 本次实验操作中有哪些注意事项？试着列出 3 项。

8.3　有源滤波器的研究虚拟实验

一、实验目的

(1) 熟悉由运算放大器构成的有源滤波器。

(2) 进一步学习幅频特性的测量方法。

(3) 掌握滤波器主要参数的调试方法。

二、实验原理

滤波器是一种选频装置，可以使信号中特定的频率成分通过，并极大地衰减其他频率成分。典型的滤波器电路是由电阻和电容(或电感)串并联构成的 *RC* 或 *RL* 选频电路，分为低通、高通、带通、带阻和全通等类型。不含晶体管等有源器件的无源滤波器，无需额外电源，适用于高频和大功率场合，但存在体积大、效率低、带载能力差等缺点。而有源滤波器(由集成运算放大器和 *RC* 网络构成)不使用电感，具有体积小、重量轻、易于实现阻抗匹配等优点。但因集成运放的带宽有限，故其最高工作频率不超过 1 MHz。

一般来说，滤波器的幅频特性越好，其相频特性越差，反之亦然。滤波器的阶数越高，幅频特性衰减的速度就越快，但 *RC* 网格的节数越多，元件参数计算就越繁琐，电路调试也就越困难。本实验选用 VCVS 型二阶滤波器。

1. 二阶 *RC* 有源低通滤波器

由两级 *RC* 低通电路和同相比例放大器可组成一个二阶有源低通滤波器，其电路如图 8.3.1 所示。由于同相放大器的输入阻抗高、输出阻抗低，因此其带负载能力很强。第一级

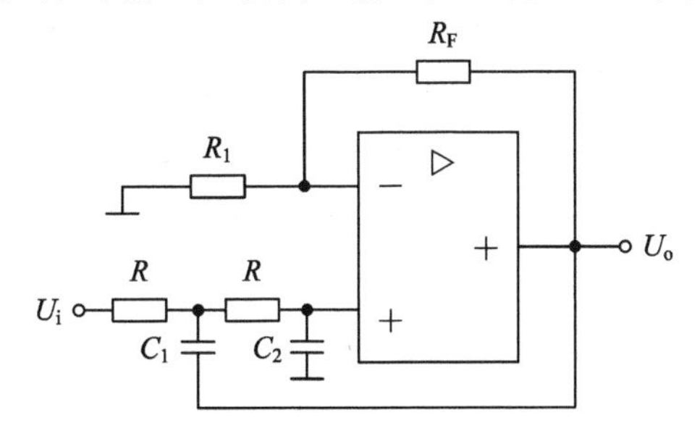

图 8.3.1　二阶有源低通滤波器电路

电容 C_1 接至输出端，引入适量的正反馈，以改善幅频特性。

图 8.3.1 所示电路性能参数如下：

（1）通带增益：

$$A_{uF}=1+\frac{R_F}{R_1} \tag{8.3.1}$$

（2）截止频率：

$$f_C=\frac{1}{2\pi RC}(C=C_1=C_2) \tag{8.3.2}$$

（3）品质因数

$$Q=\frac{1}{3-A_{uF}} \tag{8.3.2}$$

当 $A_{uF}<3$ 时，电路才能稳定工作，当 $A_{uF}\geqslant 3(R_F=2R_1$，则 $Q\to\infty)$时，电路将产生自激振荡。当 $Q=0.707$ 时，滤波器被称为巴特沃斯滤波器。

2. 二阶 *RC* 有源高通滤波器

将低通滤波电路中起滤波作用的电阻、电容互换，即可变成二阶有源高通滤波器，如图 8.3.2 所示。理论上，高通滤波器带宽为无穷大，但在实际电路中，由于有源器件和外接元件的影响，带宽受到限制，因此高通滤波器的带宽是有限的。其电路性能参数与二阶低通滤波器相同。

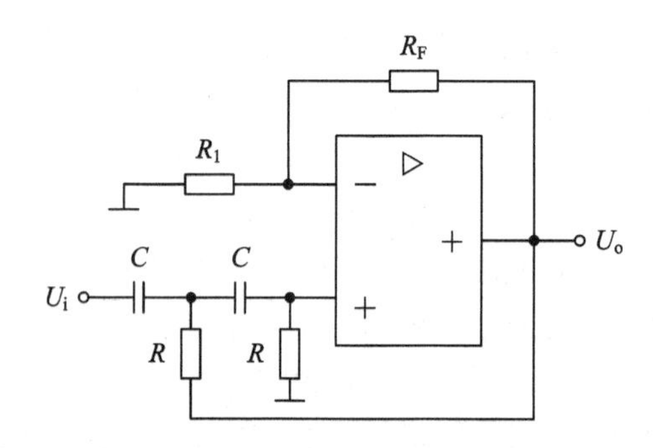

图 8.3.2　二阶有源高通滤波器电路

3. 二阶带通滤波器

将低通滤波器和高通滤波器串联且 $f_L>f_H$ 时，可以构成带通滤波器。一个理想的带通滤波器应该有一个完全平坦的通带，在通带内没有放大或者衰减，并且在通带之外所有频率都被完全衰减掉，另外，通带外的转换在极小的频率范围完成。

实际上，并不存在理想的带通滤波器。滤波器并不能够将期望频率范围外的所有频率完全衰减掉，尤其是在通带外还有一个被衰减但是没有被隔离的范围，这通常被称为滤波器的滚降现象。通常，滤波器的设计应尽量保证滚降范围越窄越好，这样滤波器的性能就与设计更加接近。

带通滤波器有两个阻带($0<f<f_H$、$f>f_L$)和一个通带($BW=f_L-f_H$)。理想带通滤波器的幅频特性如图 8.3.3 所示。

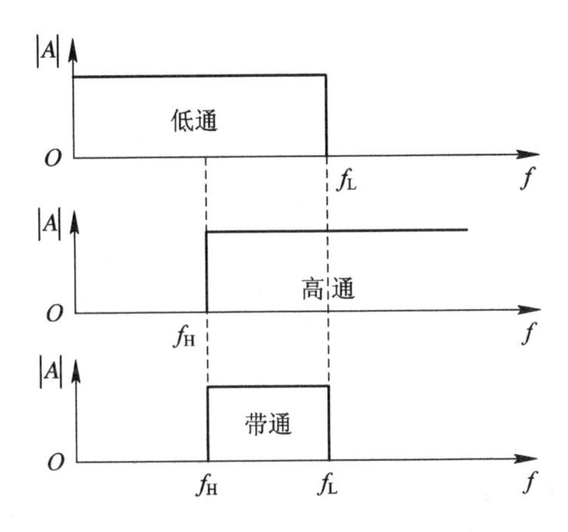

图 8.3.3　理想带通滤波器的幅频特性

4. 带阻滤波器

带阻滤波器是指能通过大多数频率分量但将某些范围的频率分量衰减到极低水平的滤波器，与带通滤波器的概念相对。带阻滤波器可以由低通与高通滤波器并联($f_L<f_H$)得到，也可以由带通滤波器和加法器构成，具有两个通带($0<f<f_L$、$f>f_H$)和一个阻带($f_L<f<f_H$)。理想带阻滤波器的幅频特性如图 8.3.4 所示。

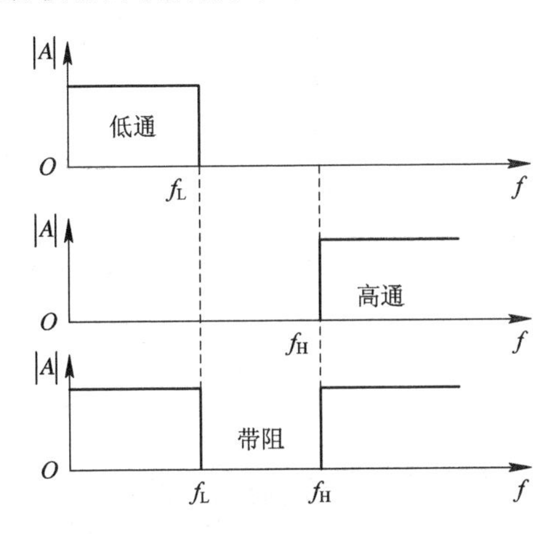

图 8.3.4　理想带阻滤波器的幅频特性

5. 全通滤波器

与前面所说的几种滤波器不同，全通滤波器具有平坦的频率响应，也就是说全通滤波器并不衰减任何频率的信号。由此可见，全通滤波器虽然也叫作滤波器，但它并不具有通常所说的滤波作用。

三、Multisim14.0 仿真平台、元件和仪器的使用

本实验需要的元件有运算放大器、电阻、电容，需要的电子仪器有函数发生器、示波器、波特测试仪。

1. 运算放大器

运算放大器有多种类型，OPAMP_3T_VIRTUAL 是 Multisim14.0 里面 3 个引脚的虚拟运放，是一种最理想且没有参数限制的运放。本实验着重测量理想滤波器的幅频特性，因此选用 OPAMP_3T_VIRTUAL 作为滤波器的放大器元件。在菜单栏单击"绘制"→"元器件"，选择"数据库"为"主数据库"，"组"为"Analog"，"系列"为"ANALOG_VIRTUAL"，"元器件"为"OPAMP_3T_VIRTUAL"，插入绘图区，如图 8.3.5 所示。

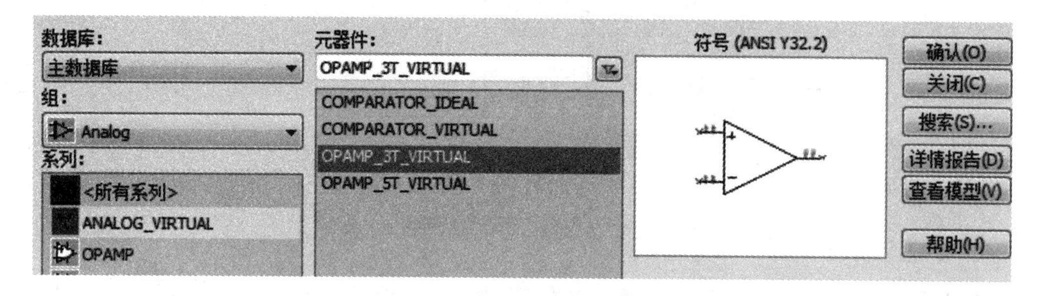

图 8.3.5　OPAMP_3T_VIRTUAL 运算放大器仿真器件

2. 波特测试仪

波特测试仪又称频率特性仪或扫频仪，可以测量和显示电路的幅频特性和相频特性。利用该仪器可以方便地测量和显示电路的频率响应，适合用于分析滤波电路或电路的频率特性，特别易于观察截止频率。它需要连接两路信号，一路是电路输入信号，另一路是电路输出信号，需要在电路的输入端接交流信号。

如图 8.3.6 所示，在菜单栏单击"仿真"→"仪器"，选择"波特测试仪"插入。

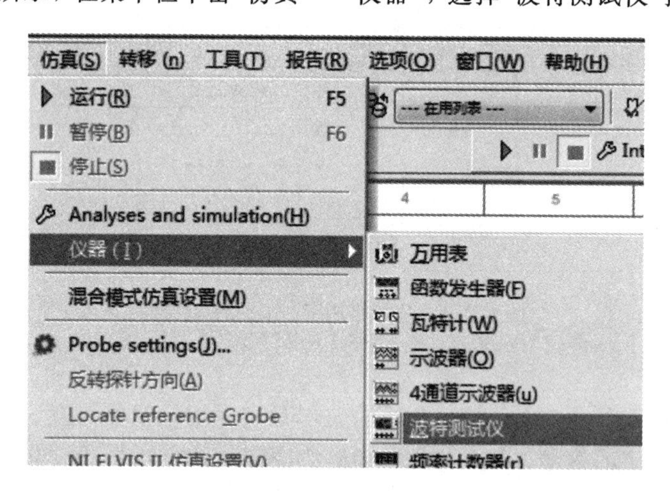

图 8.3.6　插入波特测试仪

测量幅频特性时，波特测试仪的测量界面如图 8.3.7 所示。选择模式为"幅值"，水平和垂直部分均选择"对数"，水平区域的"I"表示起始频率，"F"表示结束频率，垂直部分的"I"和"F"分别表示增益范围，负值表示缩小信号。

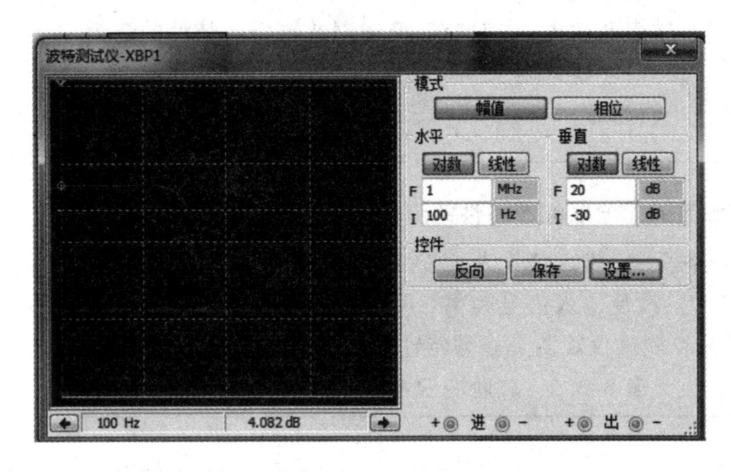

图 8.3.7　波特测试仪的测量界面

四、实验内容

1. 二阶有源低通滤波器幅频特性的测量

按照图 8.3.8 所示在 Multisim14.0 平台上搭建模型。

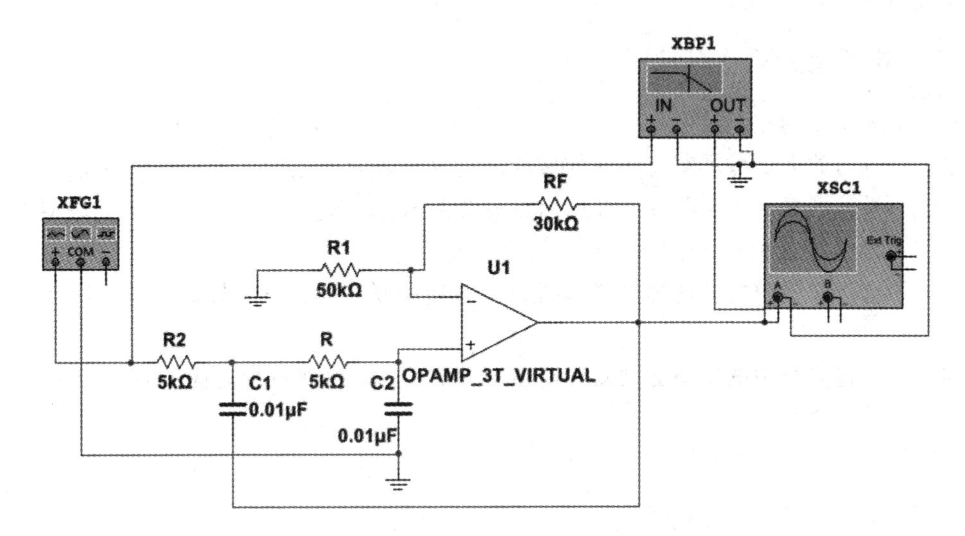

图 8.3.8　二阶有源低通滤波器幅频特性的测量实验电路模型

输入信号为正弦波，幅值 $U_P=2.5$ V，$f=500$ Hz。保持输入信号幅度不变，改变输入信号频率，用示波器测量输出信号的峰峰值，将结果填入表 8.3.1 中。使用波特测试仪观测其幅频特性并截图，用光标标清截止频率。

注意：

① 测量点自行设定，在转折频率点附近应增加测量点的个数。

② 测量点必须包含转折频率和截止频率。

③ 可根据实际需要增减表格中的测量点个数。

表 8.3.1　二阶有源低通滤波器幅频特性的测量

f/Hz	500							
$U_{oP\text{-}P}$/V								

2. 二阶有源高通滤波器幅频特性的测量

自行搭建电路模型，输入信号为正弦波，频率 f=50 kHz，自行确定输入电压值，保持输入信号幅度不变，改变输入信号频率，用示波器测量输出信号的峰峰值，将结果填入表 8.3.2 中。使用波特测试仪观测其幅频特性并截图，用光标标清截止频率。

表 8.3.2　二阶有源高通滤波器幅频特性的测量

f/kHz	500							
$U_{oP\text{-}P}$/V								

五、预习思考题

根据实验内容 1 和 2 的元器件参数，分别计算低通滤波器和高通滤波器的电压放大倍数与截止频率的理论值。

六、数据处理及分析

(1) 整理实验的相关波形。

(2) 将电压放大倍数和截止频率的实验测量值和理论值进行比较并得出结论。

(3) 如果将图 8.3.1 和图 8.3.2 所示滤波器的 R_1 和 R_F 同时加大一倍，滤波器的频率特性会发生什么变化？

(4) 如果将实验中的低通滤波器和高通滤波器并联，可获得怎样的结果？具有怎样的频率特性？

(5) 如果将实验中的低通滤波器和高通滤波器串联，可获得带通滤波器吗？为什么？

第九章　交流电路、元件参数的测量

常规的交流电路以单相正弦交流电作为电源，正弦交流电变化平滑，不易产生高次谐波，有利于保护电气设备和减少能量损耗，因此正弦交流电路被广泛应用于电气、电子和通信工程。本章主要介绍正弦交流电路中的元件参数测量、正弦电路阻抗性质判别、电路等效参数、基尔霍夫定律与功率因数提高等内容。通过本章的学习，会对单相正弦稳态电路的简化、计算、应用有更为全面的了解。

9.1　*R*、*L*、*C* 元件的电路阻抗特性的测量

一、实验目的

（1）验证电阻、感抗、容抗与频率的关系，测定 R、L、C 元件阻抗的频率特性曲线。

（2）测定 R、L、C 元件阻抗角的频率特性曲线，理解 R、L、C 元件端电压与通过元件电流的相位关系。

二、实验原理

1. 阻抗的频率特性

在第四章中介绍了对于直流元件，其特性一般使用电压与电流的关系，也就是伏安特性曲线来描述，将电压与电流的比值称为电阻。类似于直流电路中电阻对电流的阻碍作用，在交流电路中，储能元件电感与电容也对电流起到阻碍作用，当电路处于稳定状态时，其端电压与电流之比称为电抗，一般用 X 表示，其大小与电路频率有关，单位也为欧姆。在正弦交流信号作用下，电阻 R 的阻值与频率无关；电感 L 的感抗 $X_L=2\pi fL$，与频率成正比；电容 C 的容抗 $X_C=1/(2\pi fC)$，与频率成反比，如图 9.1.1 所示。对于一个 RLC 电路，其总阻抗为复数，当电路呈感性时，总阻抗可表示为 $Z=R+\mathrm{j}X_{L等}$，其中 $X_{L等}$ 为电路等效感抗；当电路呈容性时，总阻抗可表示为 $Z=R-\mathrm{j}X_{C等}$，其中 $X_{C等}$ 为电路等效容抗。

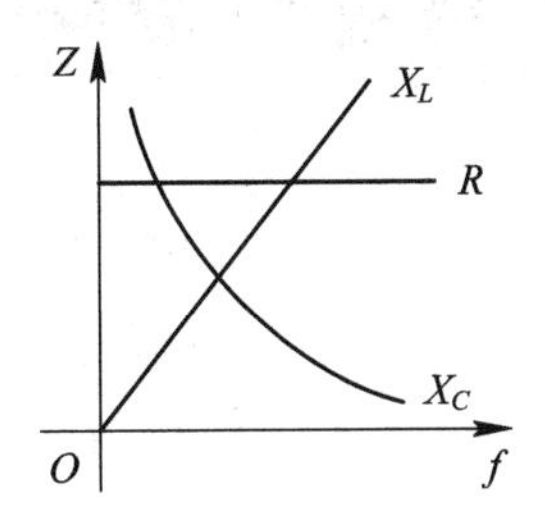

图 9.1.1　阻抗的频率特性曲线

2. 电流的测量

在信号的观察与测量实验中，曾采用串联小电阻提取电流信号的方法，如图 9.1.2 所示，图中的 r 是提供测量回路电流用的标准小电阻，由于 r 的阻值远小于被测元件的阻抗值，因此可以认为 AB 之间的电压即 u_i，就是被测元件两端的电压，流过被测元件的电流则可由 r 两端的电压 u_r 除以 r 所得。

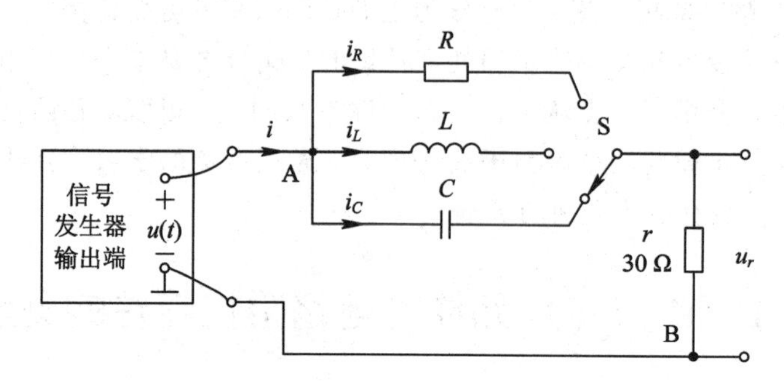

图 9.1.2　测量 R、L、C 元件的阻抗频率特性实验电路

3. 阻抗角与阻抗性质的关系及其频率特性曲线

电阻的端电压与电流方向一致，同相位，没有相位差，如图 9.1.3(a)所示；而电抗会引起其端电压和电流的相位变化，产生相位差，如图 9.1.3(b)所示，黄色波形信号超前于蓝色波形信号，一般将电压超前于电流的相位差值称为阻抗角 φ。

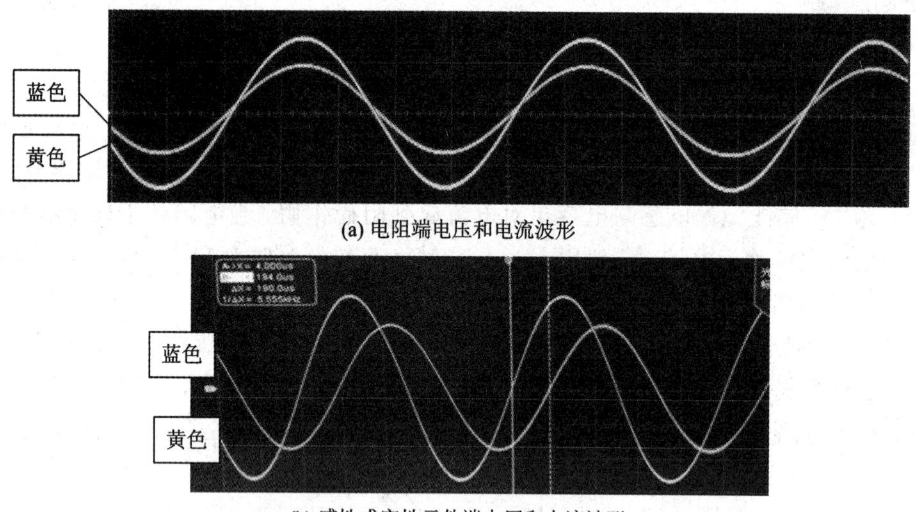

图 9.1.3　不同元件端电压和电流波形

对一个电路或元件来说，若阻抗角 $\varphi=0$，电流与电压同相，电路或元件阻抗呈阻性；若$\varphi>0$，电流滞后电压 φ，电路或元件阻抗呈感性；若 $\varphi<0$，电流超前电压$|\varphi|$，电路或元件阻抗呈容性。

除了电阻、纯电感与纯电容的阻抗角恒定(分别为 0°、90°、−90°)以外，元件的阻抗角与电抗一样，会随输入信号的频率变化而改变。将不同频率下的电压电流相位差画在以频

率 f 为横坐标、阻抗角 φ 为纵坐标的坐标纸上，并用光滑的曲线连接这些点，即得到阻抗角的频率特性曲线。

4. 阻抗角的测量

在图 9.1.2 所示电路中，用双踪示波器同时观察信号发生器输出电压 u_{AB}(近似等于被测元件两端的电压)与 u_r(与 i_r 同相位)，就能观测到被测元件两端的电压和流过该元件电流的波形，并在示波器上测出电压与电流的相位差，即阻抗角 φ。

如图 9.1.4 所示，从示波器上读得一个周期为 T，相位时间差为 Δx，则实际的电压电流相位差 φ(阻抗角)为

$$\varphi=\Delta x\times\frac{360^{\circ}}{T} \tag{9.1.1}$$

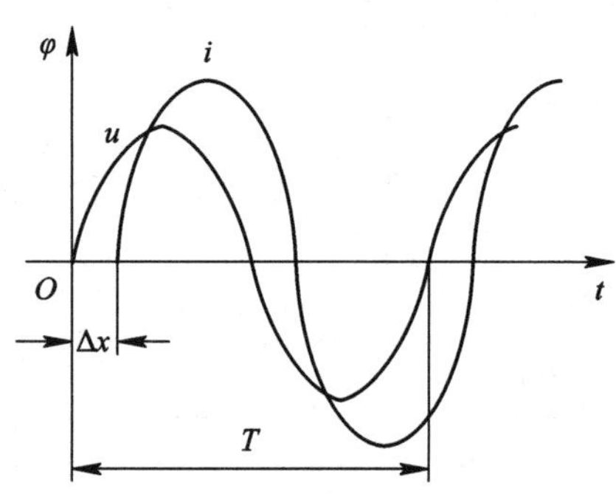

图 9.1.4　相位差的测量

三、实验设备

本实验所需设备见表 9.1.1。

表 9.1.1　实验设备名称、型号和数量

设备名称	设备型号规格	数量
函数信号发生器	DG1062Z/60 MHz	1 台
数字示波器	DS2102/100 MHz	1 台
台式万用表	DM3058E/10A	1 台
实验元件	九孔电路实验板，插件式模块	1 套

四、实验内容

1. *R*、*L*、*C* 元件阻抗频率特性的测量

按图 9.1.2 所示连接电路，函数信号发生器输出正弦信号作为激励源，按表 9.1.2 所示调节频率，设置激励电压的有效值为 $U=2$ V(用台式万用表测量)，并保持不变。

分别接通 $R=1\ \text{k}\Omega$、$L=30\ \text{mH}$、$C=0.1\ \mu\text{F}$ 3 个元件，用台式万用表测量各频率点时的 U_r，并计算各频率点时的电流和 R、X_L、X_C 之值，记入表 9.1.2 中。

注意： 电源有效值为 $U=2$ V，保持不变，由于函数信号发生器实际输出与外电路相关，实验中每换一个元件或者改变频率后，都应用台式万用表监测电源电压，如改变，则应调节信号源使实际输出电压 $U=2$ V。

表 9.1.2　R、L、C 元件阻抗频率特性的测量

被测元件	计算公式	参数	f/kHz					
			1.0	1.5	2.0	3.0	4.0	5.0
电阻 R	测量得到	U_r/mV						
	$I_R=U_r/30$	I_R/mA						
	$R=2/I_R$	R/kΩ						
电容 C	测量得到	U_r/mV						
	$I_C=U_r/30$	I_C/mA						
	$X_C=2/I_C$	X_C/kΩ						
电感 L	测量得到	U_r/mV						
	$I_L=U_r/30$	I_L/mA						
	$X_L=2/I_L$	X_L/kΩ						

2. R、L、C 元件阻抗角频率特性的测量

按图 9.1.5 所示连接电路，激励源为正弦信号，设定电压有效值 $U=2$ V。

按表 9.1.3 所示调节信号源的频率，用数字示波器的 CH1 和 CH2 通道同时观察电压与电流的波形，测量 R、L、C 3 个元件在不同频率时的阻抗角，记入表 9.1.3 中。

注意：

① 函数信号发生器与数字示波器的黑色线夹应连接在一起，实现共地。

② 用光标测量法测量 Δx，测量时两个波形应清晰易读，且两个波形基准线位移归零。

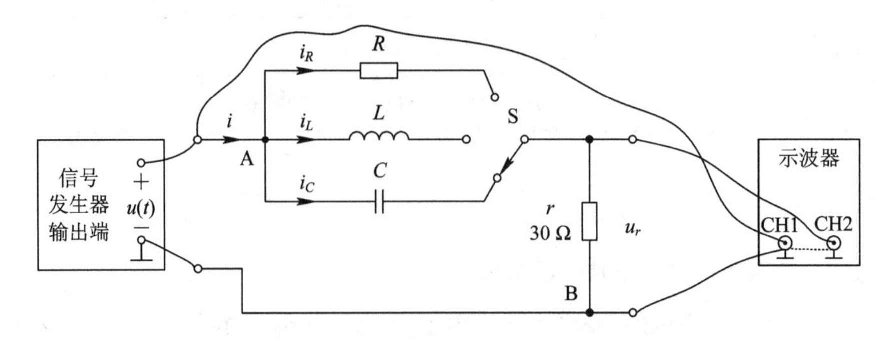

图 9.1.5　测量 R、L、C 元件阻抗角的频率特性测量实验电路

表 9.1.3　R、L、C 元件阻抗角频率特性的测量

被测元件	参数	f /kHz				
		3	5	7	9	11
电阻 R	Δx					
	T					
	φ					
电感 L	Δx					
	T					
	φ					
电容 C	Δx					
	T					
	φ					

3. R、L、C 元件阻抗角的测量

按图 9.1.5 所示连接电路，激励源为正弦信号，频率 $f=1$ kHz，设定电压有效值 $U=2$ V。

用数字示波器的 CH1 和 CH2 通道同时观察电压与电流的波形，同时测量 R、L、C 3 个元件在输入频率为 1 kHz 时的阻抗角，并判断电流相对电压的相位关系(超前或滞后)，将数据记入表 9.1.4 中，注意阻抗角有正负。在坐标纸上按 1∶1 比例分别绘制 3 个元件对应的相位差测量波形，1～2 个周期即可，并在波形上标明波形名称、光标位置、TIME/Div (水平扫描速度)、VOL/Div(垂直灵敏度)等参数。注意事项同实验内容 2。

表 9.1.4　R、L、C 元件阻抗角的测量

被测元件	Δx	T	$\varphi=\Delta x\times\dfrac{360^\circ}{T}$
电阻 R			
电感 L			
电容 C			

五、预习思考题

测量 R、L、C 各个元件的阻抗角时，为什么要串联一个小电阻 r？为何不用电感或电容代替？

六、数据处理及分析

(1) 完成表 9.1.2，根据实验数据绘制 R、L、C 3 个元件的阻抗频率特性曲线，注意绘

图规范，如坐标轴标注、描出数据点、线名标注等，分析曲线，得出阻抗与频率的关系。

(2) 完成表 9.1.3，根据实验数据绘制 R、L、C 3 个元件的阻抗角频率特性曲线，并分析曲线，得出阻抗角与频率的关系。

(3) 完成表 9.1.4 并按规范绘制相关波形。

9.2 交流电路阻抗性质判别

一、实验目的

(1) 学会利用电压和电流的相位关系判别阻抗性质。

(2) 学会利用串并联电容判别阻抗性质。

二、实验原理

1. 电压和电流的相位关系与电路阻抗性质

在 9.1 节中介绍过对一个电路或元件来说，若阻抗角 $\varphi=0$，则电流与电压同相，电路或元件阻抗呈阻性；若 $\varphi>0$，则电流滞后电压 φ，电路或元件阻抗呈感性；若 $\varphi<0$，则电流超前电压$|\varphi|$，电路或元件阻抗呈容性。因此可以通过示波器观察电压、电流的相位差正负来判别电路和元件的阻抗性质。

2. 串并联电容法判别阻抗性质

对于非阻性电路和元件，判别等效阻抗性质的常用方法是通过在被测量电路或元件两端串联或并联电容的方法，其原理简述如下：

(1) 给被测元件串联一个适当容量的测量电容 C，若被测元件的端电压下降，则可判定被测元件阻抗为容性，若被测元件端电压上升，则可判其阻抗为感性。判定条件为 $1/(\omega C)<|2X|$，其中 C 为串联的测量电容，X 为被测阻抗的电抗值。

(2) 在被测元件两端并联一只适当容量的测量电容 C，若电路中的总电流增大，则被测元件阻抗为容性，若总电流减小，则被测元件阻抗为感性。判定条件为 $C<|2B/\omega|$，其中 C 为并联的测量电容，B 为被测阻抗的电纳。

在被测元件或电路的电抗或电纳无法估计时，采用方法(1)更为合适。

三、实验设备

本实验所需设备见表 9.2.1。

表 9.2.1 实验设备名称、型号和数量

设备名称	设备型号规格	数量
函数信号发生器	DG1062Z/60 MHz	1 台
数字示波器	DS2102/100 MHz	1 台
台式万用表	DM3058E/10A	1 台
实验元件	九孔电路实验板，插件式模块	1 套

四、实验内容

1. 相位法判别 *RLC* 串并联电路阻抗性质

将 $R=1\ \text{k}\Omega$、$L=30\ \text{mH}$、$C=0.1\ \mu\text{F}$ 3 个元件组成串联和并联电路，激励源为信号源输出的正弦信号，自行设计实验电路，找出 3 个频率范围填入表 9.2.2 中，使电路分别呈感性、阻性、容性。

要求：绘制电路图，标明参数和示波器接线位置。

表 9.2.2　相位法判别 *RLC* 串并联电路阻抗性质

电路性质	感性	阻性	容性
串联电路频率范围			
并联电路频率范围			

2. 电容法判别 *RLC* 串并联电路阻抗性质

将 $R=1\ \text{k}\Omega$、$L=30\ \text{mH}$、$C=0.1\ \mu\text{F}$ 3 个元件组成串联电路，作为被测元件 Z，激励源为信号源输出的正弦信号，有效值 $U=2\ \text{V}$，频率分别取 1 kHz 和 5 kHz，按图 9.2.1 所示连接电路，其中串联测量电容 $C_1=0.1\ \mu\text{F}$，并联测量电容 $C_2=0.01\ \mu\text{F}$。按表 9.2.3 所示用台式万用表测量被测元件 Z 串联电容 C_1 前、后电压，并联电容 C_2 前、后电流，判别被测电路阻抗性质。

注意：电源有效值 $U=2\ \text{V}$，保持不变，由于函数信号发生器实际输出与外电路相关，实验中每换一个元件或者改变频率后，都应用台式万用表监测电源电压，如改变，则应调节信号源使实际输出电压 $U=2\ \text{V}$。

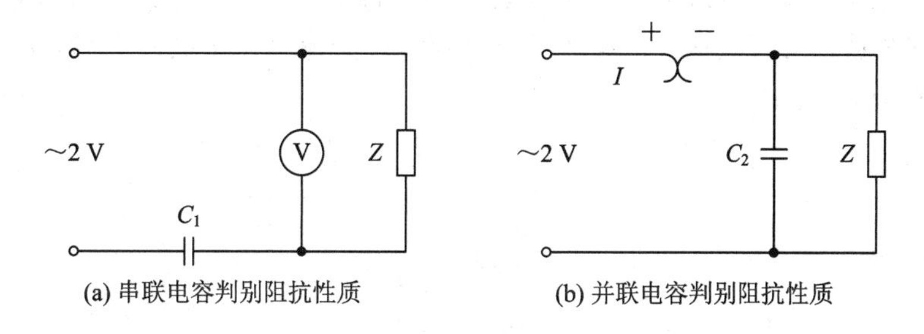

(a) 串联电容判别阻抗性质　　(b) 并联电容判别阻抗性质

图 9.2.1　阻抗性质判别实验电路

表 9.2.3　电容法判别 *RLC* 串并联电路阻抗性质

被测电路	串联电容 $C_1=0.1\ \mu\text{F}$		并联电容 $C_2=0.01\ \mu\text{F}$	
	串前端电压	串后端电压	并前电流	并后总电流
串联电路 $f=1$ kHz				
串联电路 $f=5$ kHz				

五、预习思考题

(1) 用串联电容的方法判断阻抗性质时，对电流 I 随串联电容的变化关系作定性分析，证明串联电容实验时，串联电容 C 满足 $1/(\omega C)<|2X|$。

(2) 设计实验内容 1 的实验电路。

(3) 对于实验内容 2，通过计算说明串联电容法中 C_1 大小满足判定条件。

六、数据处理及分析

(1) 完成表 9.2.3，判别两种频率下被测电路的性质。

(2) 对比表 9.2.3 与表 9.2.2，结果是否一致？

9.3 交流电路等效参数测定

一、实验目的

(1) 学会使用交流电压表、交流电流表、功率表测量元件的交流等效参数。

(2) 掌握应用阻抗性质判别方法。

(3) 掌握功率表的接法和使用。

二、实验原理

1. 三表法测交流电路等效参数

正弦交流信号激励下的电路元件参数，可以用交流电压表、交流电流表、功率表分别测量元件两端的电压 U、流过的电流 I 和它所消耗的有功功率 P，然后通过计算得到其阻抗值，这种方法被称为三表法，它是用于测量 50 Hz 交流电路参数的基本方法。

基本计算公式组如下：

阻抗的模：
$$|Z|=\frac{U}{I} \tag{9.3.1a}$$

电路的功率因数：
$$\cos\varphi=\frac{P}{UI} \tag{9.3.1b}$$

等效电阻：
$$R=\frac{P}{I^2}=|Z|\cos\varphi \tag{9.3.1c}$$

等效电抗：
$$X=|Z|\sin\varphi \tag{9.3.1d}$$

电感元件：
$$X_L=2\pi fL \tag{9.3.1e}$$

电容元件：
$$X_C=\frac{1}{2\pi fC} \tag{9.3.1f}$$

导纳的模：
$$|Y|=\frac{1}{|Z|}=\frac{I}{U} \tag{9.3.1g}$$

等效电纳：
$$B=\frac{-X}{R^2+X^2} \tag{9.3.1h}$$

等效电导：
$$G=\frac{R}{R^2+X^2} \tag{9.3.1i}$$

2. 阻抗性质判别的应用

在 9.2 节中已介绍过串并联电容法判断被测元件的阻抗性质，其判定条件分别为被测元件是非阻性；串联电容法应满足 $1/(\omega C)<|2X|$，X 为被测阻抗的电抗值；并联电容法应满足 $C<|2B/\omega|$，B 为被测阻抗的电纳值。

使用三表法测量电路等效电抗，必须优先判断被测元件或电路的阻抗性质，才能进行下一步计算。被测元件或电路阻抗如果呈感性，则仅计算等效电感，其阻抗可表示为
$$Z_{感}=R+\mathrm{j}X_L=|Z_{感}|\angle\theta_{感} \tag{9.3.2}$$
其中$\angle\theta_{感}=\arctan\dfrac{X_L}{R}$。

被测元件或电路阻抗如果呈容性，则仅计算等效电容，其阻抗可表示为
$$Z_{容}=R-\mathrm{j}X_C=|Z_{容}|\angle\theta_{容} \tag{9.3.3}$$
其中$\angle\theta_{容}=-\arctan\dfrac{X_C}{R}$。

同一个元件在固定频率下只会呈现一种阻抗性质，不可同时计算等效电感与等效电容。在判定阻抗性质时，需注意判定条件是否成立。

三、实验设备

本实验所需设备见表 9.3.1。

表 9.3.1　实验设备名称、型号和数量

设备名称	设备型号规格	数量
自耦调压器	输出电压调至相电压 30V	1 台
功率表	双路单相功率表	1 块
手持式万用表	UT39A/AC750V	1 块
台式万用表	DM3058E/10A	1 台
实验元件	交流元件实验箱	1 块

四、实验内容

1. 阻抗性质的判别

计算等效参数前必须优先判别被测电路或元件的阻抗性质。将自耦调压器调至零位，按图 9.3.1 所示连接电路，检查电路，确认正确后，调节自耦调压器，将电源相电压 U_{UN} 调为30 V，用万用表测量表 9.3.2 所示元件的电压和电流。测量完毕后，将自耦调压器手柄逆时针调至零位，关闭电源。

注意：串联电容前后(或并联电容前后)电源电压都为 30 V。

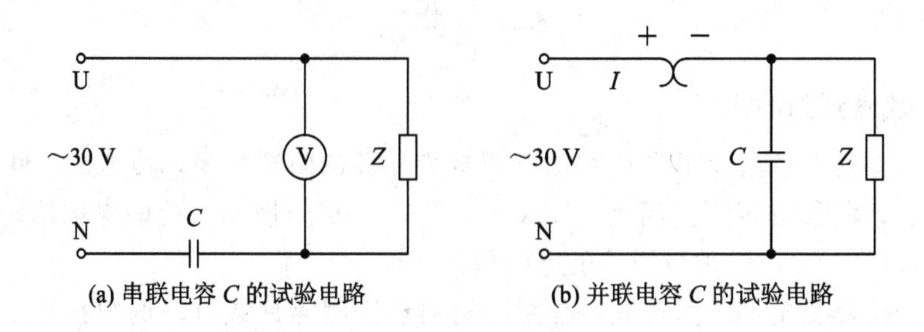

图 9.3.1 阻抗性质的判别实验电路

表 9.3.2 阻抗性质的判别

被测元件	串联 3.2 μF 电容		并联 3.2 μF 电容	
	串前被测元件电压/V	串后被测元件电压/V	并前电流/mA	并后总电流/mA
R=1 kΩ				
C=1 μF				
电感镇流器 L				
镇流器 L 串 C				
镇流器 L 并 C				

2. 三表法测定元件的阻抗参数

将自耦调压器的调节手柄逆时针旋转至零位，关闭电源。

按照图 9.3.2 所示连接电路，其中 W 为功率表，被测元件 Z 分别为 1 kΩ 电阻、1 μF 电容、电感镇流器 L（由于绕制电感的线圈较长，故线圈电阻不可忽略）、电感镇流器 L 串联 1 μF 电容、电感镇流器 L 并联 1 μF 电容，检查电路，确认正确后，将三相空气开关和单相开关扳至上方，打开功率表开关，调节自耦调压器手柄将电源相电压 U_{UN} 调为 30 V。

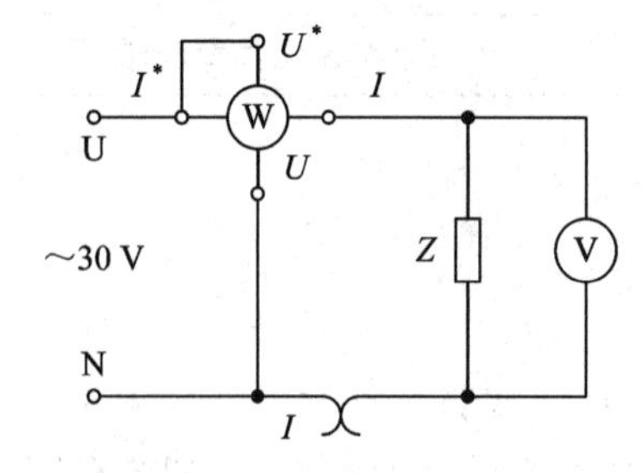

图 9.3.2 三表法测定元件的阻抗参数实验电路

用电压表、电流表、功率表分别测量被测元件两端的电压 U（手持万用表测电压）、电流 I（台式万用表测电流）和有功功率 P，分别测量 5 种被测元件，将测量数据填入表 9.3.3 中。测量完毕后，将自耦调压器手柄逆时针调至零位，关闭电源。

表 9.3.3　三表法测定元件的阻抗参数

被测元件	测量值			计算值(电路等效参数)				
	U/V	I/mA	P/W	Z/Ω	$\cos\varphi$	R/Ω	L/mH	C/μF
R=1 kΩ								
C=1 μF								
电感镇流器 L								
镇流器 L 串 C								
镇流器 L 并 C								

注意：

① 本次实验使用三相交流电，经自耦调压器降压为 30 V 后接入，实验时要注意人身安全，不可触及导电部件，换接线路时，必须关闭电源开关，严禁带电操作，防止发生意外事故。

② 相电压即为 U、V、W 三相火线与零线 N 之间的电压，图 9.3.2 中标示为 U 与 N 间的电压。

3. 用电压法测电感线圈参数

已知被测电感线圈为电感镇流器，电阻 R=1 kΩ，用手持式万用表测电压，电源相电压 U_{UN} 为 30 V，如图 9.3.3 所示，测量电压并将数据记入表 9.3.4 中，据测量数据及相关公式计算电感线圈参数 r(内阻值)和 L(电感值)。

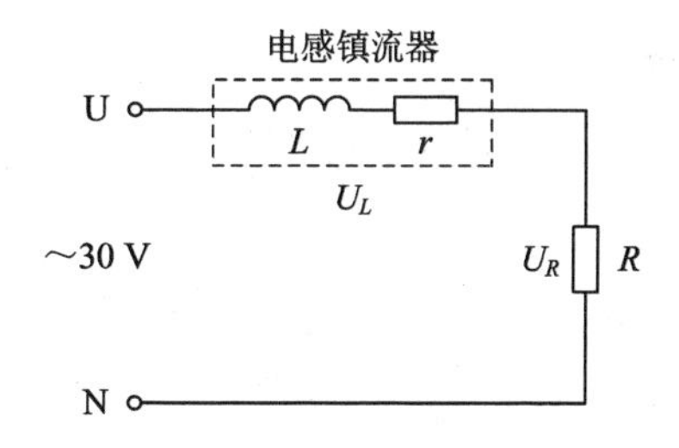

图 9.3.3　电压法测电感线圈参数实验电路

表 9.3.4　电压法测电感线圈参数

测量值			计算值	
U/V	U_R/V	U_L/V	r	L

五、预习思考题

实验内容 3 中采用电压法计算电感镇流器电感值 L 和内阻 r，请推导出相关计算公式。

六、数据处理及分析

(1) 完成表 9.3.2，依次判定五种被测元件阻抗性质，逐条用数据说明串联电容时判定条件是否成立。

(2) 根据公式(9.3.1)～公式(9.3.3)完成表 9.3.3 中的计算，不写过程，注意被测电路或元件的阻抗性质。

(3) 完成表 9.3.4 中的计算，得出 r 及 L 的值，并写出计算过程。

9.4 相量形式基尔霍夫定律验证

一、实验目的

验证相量形式的基尔霍夫电压、电流定律。

二、实验原理

1. 相量形式的基尔霍夫电压定律(KVL)

正弦交流电路各元件两端的电压值满足相量形式的基尔霍夫电压定律，即$\sum\dot{U}=0$。

图 9.4.1(a)所示的 RC 串联电路，在正弦稳态信号 U 的激励下，U_R 始终超前于 U_C 90°的相位差，即当 R 阻值改变时，U_R 的相量轨迹是一个半圆。如图 9.4.1(b)所示，U、U_C 与 U_L 三者形成一个电压的直角三角形。改变 R 值，可改变 φ 角的大小，从而达到移相的目的。

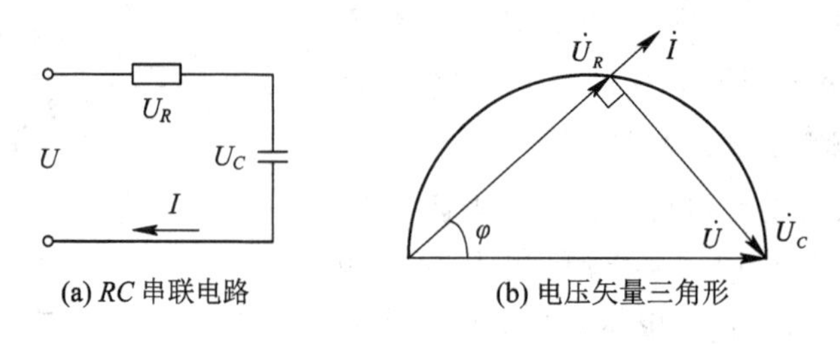

图 9.4.1　RC 串联电路及其相量图

2. 相量形式的基尔霍夫电流定律(KCL)

正弦交流电路中各支路的电流值满足相量形式的基尔霍夫电流定律，即 $\sum\dot{I}=0$。

图 9.4.2(a)所示的 RL 并联电路，在正弦稳态信号 U 的激励下，I_R 始终超前于 I_L 90°的相位差，I、I_R 与 I_L 三者形成一个电流的直角三角形，如图 9.4.2(b)所示。当 L 为含内阻的非纯电感时，I_R 超前于 I_L 一个锐角，如图 9.4.2(c)所示。

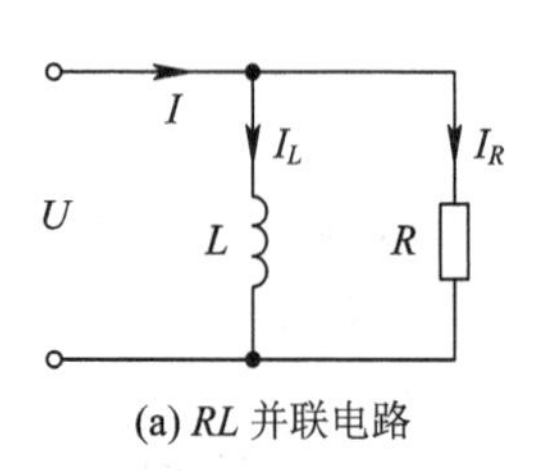

(a) RL 并联电路

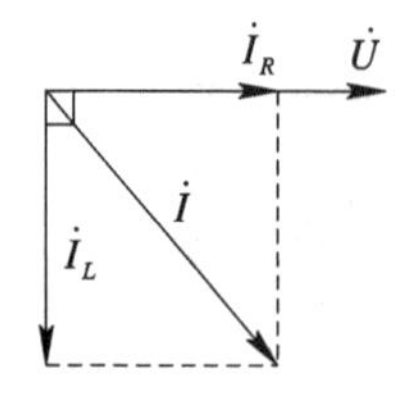

(b) L 纯电感时电流矢量三角形

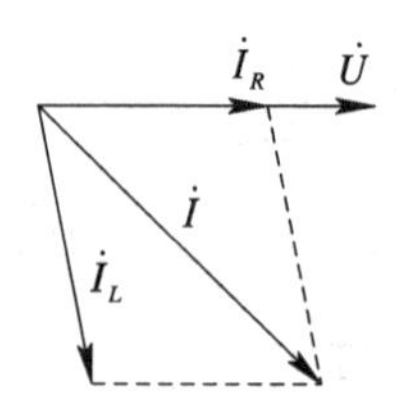

(c) L 含内阻时电流矢量三角形

图 9.4.2　RL 并联电路及其相量图

三、实验设备

本实验所需设备见表 9.4.1。

表 9.4.1　实验设备名称、型号和数量

设备名称	设备型号规格	数量
自耦调压器	输出电压调至要求值	1 台
手持式万用表	UT39A/AC750V	1 块
台式万用表	DM3058E/10A	1 台
实验元件	交流元件实验箱	1 块

四、实验内容

1. 相量形式基尔霍夫定律(KVL)的验证

将自耦调压器手柄逆时针旋转至零位，关闭电源。按图 9.4.1(a)连接线路，R 为 1 kΩ 电阻，电容器为 1 μF 电容。检查电路，确认正确后，打开电源，用手持式万用表监测电源相电压，调节自耦调压器输出相电压 U 为 30 V，测量 U_R、U_C 值，将数据填入表 9.4.2 中，验证电压三角形关系。测量完毕后，将自耦调压器手柄逆时针调至零位，关闭电源。

注意：电源为相电压，零线 N 必须接入电路，不要调大电压，易烧电阻。

表 9.4.2　相量形式 KVL 的验证

测量值			计算值		
U/V	U_R/V	U_C/V	U_R+U_C/V	$U'=\sqrt{U_R^2+U_C^2}$/V	$\Delta U=U'-U$/V
30					

2. 相量形式基尔霍夫定律(KCL)的验证

将自耦调压器手柄逆时针旋转至零位，关闭电源。按图 9.4.3 所示连接线路，R 为 1 kΩ 电阻，L 为电感镇流器(含内阻)。检查电路，确认正确后，打开电源，用手持式万用表监测电源相电压 U(调至 30 V)，用台式万用表测量 I、I_R、I_L 值，功率表测量电路总有功功率 P 值，将数据填入表 9.4.3 中，验证电流三角形关系。测量完毕后，将自耦调压器手柄逆时针调至零位，关闭电源。注意事项同内容 1。

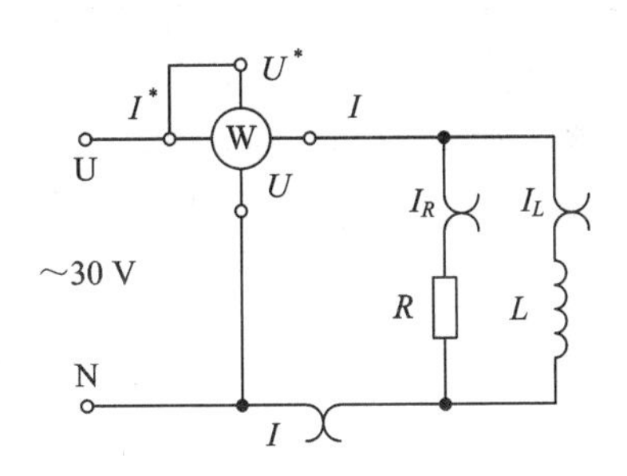

图 9.4.3　相量形式 KCL 的验证电路

表 9.4.3　相量形式 KCL 的测量

测量值					计算值		
U/V	I/mA	I_R/mA	I_L/mA	P/W	$\cos\varphi$	$I'=\sqrt{I_L^2+I_R^2}$/mA	$\Delta I=I'-I$/mA
30							

五、预习思考题

根据图 9.4.2(c)所示感性电路相量图可知 I_L 与 U 夹角不为 90°，不可使用勾股定理验

证相量形式的基尔霍夫电流定律，已知 I、I_R 与 I_L 大小和 I 与 U 夹角 φ，请问如何验证相量形式的基尔霍夫电流定律？

六、数据处理及分析

(1) 完成表 9.4.2 与 9.4.3 中的计算，分别画出相量形式基尔霍夫电压定律(KVL)与基尔霍夫电流定律(KCL)的相量图，标清各夹角大小，注意电压和电流之间超前滞后关系

(2) 根据表 9.4.3 中数据计算验证相量形式基尔霍夫电流定律(KCL)。

9.5 提升日光灯电路感性负载功率因数实验

一、实验目的

(1) 理解提高功率因数的方法及意义。

(2) 验证用补偿电容器提高感性负载功率因数实验。

二、实验原理

1. 日光灯的电路结构及原理

日光灯电路由灯管、镇流器、启辉器共 3 部分组成，电路结构如图 9.5.1 所示。当日光灯电路接通电源后，启辉器内发生辉光放电，双金属片受热弯曲，触点接通，灯丝通电后预热发射电子，同时启辉器接通后辉光放电停止，双金属片立刻冷却，触点断开，这时镇流器感应出高电压并加在灯管两端，使日光灯管放电，产生大量紫外线，被灯管内壁的荧光粉吸收后辐射出可见光，日光灯就开始正常工作。启辉器相当于一只自动开关，能自动接通电路(加热灯丝)和断开电路(使镇流器产生高压将灯管击穿放电)。镇流器的作用除了感应高压使灯管放电外，在日光灯正常工作时还起到限制电流的作用。

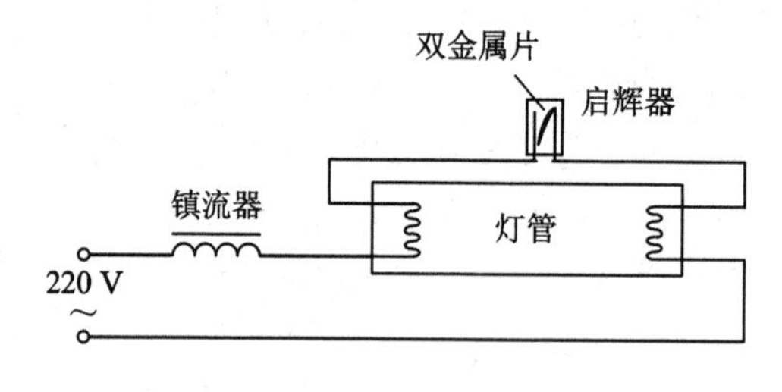

图 9.5.1 日光灯电路

2. 电感镇流器与电子镇流器

镇流器分为电感镇流器与电子镇流器。

电感镇流器是一个铁芯电感线圈，当电路中的电流发生变化时，线圈周围产生感应磁场，从而产生感应电动势，其方向与电流的变化方向相反，阻碍电流变化，故启辉器断开时电感镇流器可产生脉冲高电压。电感镇流器具有结构简单的优点，却存在功率因数低、低电压启动性能差、耗能多、频闪等缺点。

电子镇流器采用电子技术将工频交流电转换成高频交流电使灯管放电后保持发光状

态，并维持灯管工作所需电压和电流。电子镇流器具有不需启辉器、低耗能、宽电压适用范围、消除频闪等优点。传统电感镇流器正逐步被电子镇流器取代。

3. 提高功率因数的意义

在交流电路中，电压与电流之间的相位差(φ)的余弦被称为功率因数，用符号 $\cos\varphi$ 表示。在数值上，功率因数是有功功率和视在功率的比值，即 $\cos\varphi = P/S$。

(1) 提高功率因数可以提高设备的利用率。

由于有功功率 $P = UI\cos\varphi$，故当 U 和 I 为定值时，$P \propto \cos\varphi$，这就是说在电源提供同样的视在功率 UI 的情况下，有功功率 P 与功率因数 $\cos\varphi$ 的大小成正比，功率因数 $\cos\varphi$ 越高(即越接近 1)，电源的容量就可以越多地转化为有功功率，因此可以更充分地利用电源设备容量。

(2) 提高功率因数可以减少线路损耗，改善供电质量。

根据公式可推导出 $I = P/(U\cos\varphi)$，当 U 和 P 一定时，电流 I 与 $\cos\varphi$ 成反比(即 $I \propto 1/\cos\varphi$)，这就是说在电源输出相同的有功功率情况下，功率因数越低，线路上的电流就会越大。当需要考虑线路上的发热损耗时，由 $P_{R_r} = I^2 R_r$ 可以看到如电流变为 2 倍，损耗则会变为 4 倍。因此提高功率因数可以显著降低线路损耗；当需要考虑降低线路上的电压时，由 $U_{R_r} = IR_r$ 可以看到功率因数越低，线路上损失的电压就越大，用户端得到电压就会下降，供电质量也就越差。

(3) 提高功率因数可以减少企业电费支出。

为了促进用户提高功率因数，电力部门规定了按照月平均功率因数调整电费办法。比如标定功率因数为 0.9，若企业的功率因数高于 0.9，则予以奖励，减少企业电费支出，若低于 0.9，则增加电费，以示严惩。

4. 提高日光灯电路功率因数的方法及原理

在日常生活中，绝大部分电气设备都是感性负载，如电感镇流器式日光灯、电动机、电焊机等，要想提高这些用电设备的功率因数，通常方法就是在其两端并联补偿电容器，如图 9.5.2(a)所示，电容器将产生一个超前电压 90°的容性电流来补偿负载中的感性电流，使得补偿后的总电流$|\dot{I}|$小于补偿前的电流$|\dot{I}_L|$，相位角 $\varphi < \varphi_L$，故 $\cos\varphi > \cos\varphi_L$，相量图详见图 9.5.2(b)。

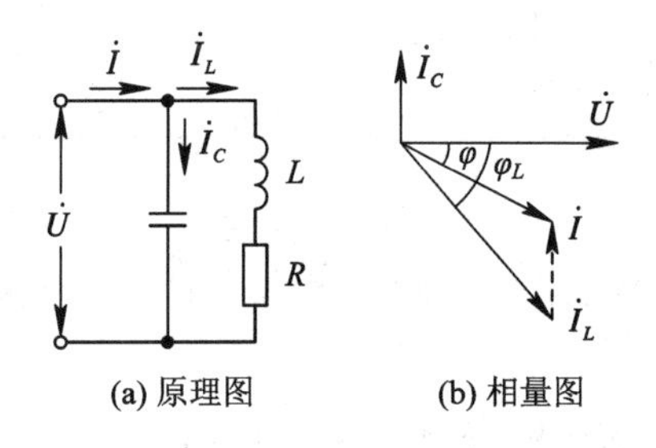

图 9.5.2　提高感性负载功率因数的方法

三、实验设备

本实验所需设备见表 9.5.1。

表 9.5.1 实验设备名称、型号和数量

设备名称	设备型号规格	数量
自耦调压器	输出电压调至要求值	1台
功率表	双路单相功率表	1块
手持式万用表	UT39A/AC750V	1块
台式万用表	DM3058E/10A	1台
实验元件	交流元件实验箱	1块

四、实验内容

1. 提高日光灯功率因数

按照图 9.5.3 所示电路接线，图中 R 是日光灯管，L 是电感镇流器，S 是启辉器，C 是补偿电容器，W 是功率表。接线完毕后，必须再次检查线路，确认正确后方可接通电源。

将自耦调压器的输出相电压由 0 V 缓慢调至 220 V，注意观察日光灯点亮时刻电源电压值。日光灯管在额定电压下正常发光以后，依次改变电容值，用功率表、电压表、电流表(用万用表测电压和电流)分别测量功率、电压和电流，将数据记入表 9.5.2 中，计算 P_L 和 $\cos\varphi$。其中：$\cos\varphi = P/UI$，$P_L = P - P_R$，P 为电路总有功功率，P_R 为灯管消耗的功率，P_L 为电感镇流器消耗的功率。测量完毕后，将自耦调压器手柄逆时针调至零位，关闭电源。

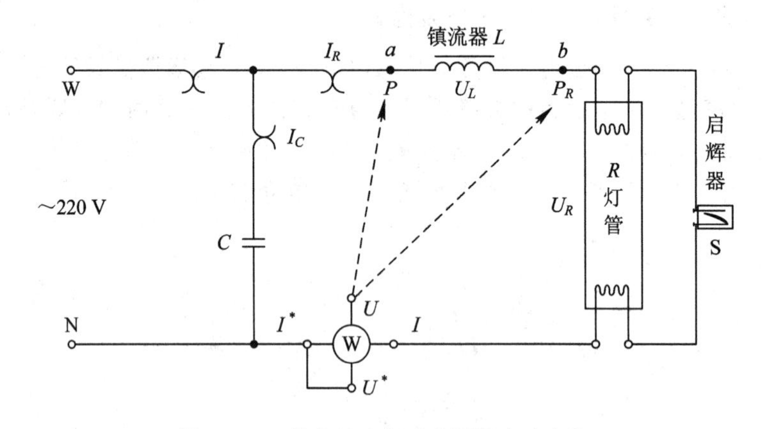

图 9.5.3 提高日光灯功率因数实验电路

注意：

① 本次实验使用交流电 220 V，务必注意用电和人身安全，严格遵守先断电、再接线、后通电及先断电、后拆线的实验操作原则。

② 在线路正确时，如电压调至 220 V 时，日光灯管没有点亮，则转动启辉器，使其接触良好。

表 9.5.2　提高日光灯功率因数的测量

电容值	测量值								计算值	
$C/\mu F$	U/V	U_R/V	U_L/V	I/A	I_R/A	I_C/A	P/W	P_R/W	P_L/W	$\cos\varphi$
0	220									
1										
2.2										
3.2										
4.7										
5.7										

灯亮时电压值：________V。

2. 日光灯电子镇流器功率因数的测量

按照图 9.5.4 所示电路接线，将电感镇流器和启辉器换为电子镇流器。

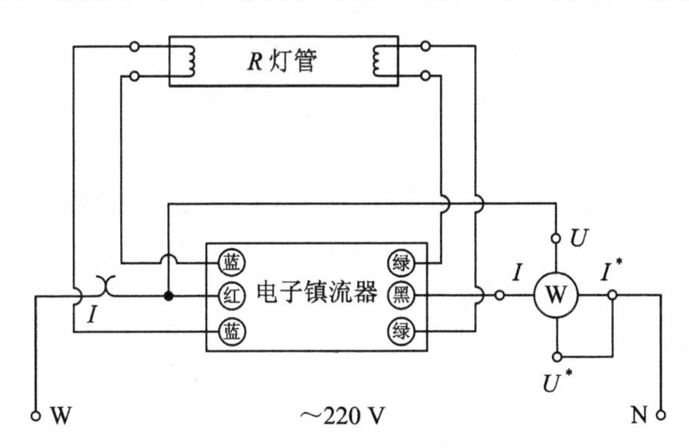

图 9.5.4　日光灯电子镇流器功率因素的测量实验电路

连接线路并检查，确认无误后，将自耦调压器的输出相电压由 0 V 缓慢调至 220 V，注意观察日光灯亮时刻电源电压值。日光灯管在额定电压下正常发光以后，测量方法同实验内容 1，将数据记录于表 9.5.3 中。

表 9.5.3　日光灯电子镇流器电路电压、电流和功率

测量值				计算值
U/V	I/A	灯亮时的电源电压值/V	P/W	$\cos\varphi$
220				

五、预习思考题

图 9.5.5 所示电路中有 $U=220$ V，$f=50$ Hz，感性负载为 $R=20$ Ω，$L=31.8$ mH，请完成下述计算的值。

(1) 该感性负载的功率因数 $\cos\varphi$ 和电源输出电流 I 的值。

(2) 如果要将该负载的功率因数提高到 1，应并联多大电容 C？补偿后的电源输出电流 I'为多少？

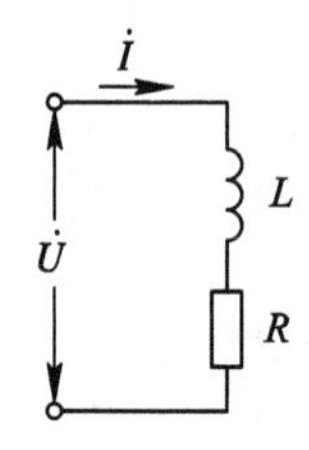

图 9.5.5　感性负载功率因数

六、数据处理及分析

(1) 完成表 9.5.2，其中 $P_L=P-P_R$，$\cos\varphi=P/(UI)$，在图 9.5.3 所示的感性负载无功补偿电路中，要将功率因数提高到 1，计算此时电容 C 和 I_C 应为多少？

(2) 根据公式与实验内容 1 的结果分析如下问题：

① 通过电容器补偿后，电路功率因数为何先增大后减小？

② 在功率因数补偿过程中，补偿电容电流随着补偿电容值增加而增加，为何感性负载上的电流始终不变？

③ 参考图 9.5.2(b)，根据表 9.5.2 中 6 种不同补偿电容对应的数据，在坐标纸上画出相应的 6 组 U、I、I_C 和 I_R 关系相量图，注意每组图上都需标清角 φ 的位置。

④ 根据 $C=5.7$ μF 的相量图，用数据计算验证相量形式的基尔霍夫定律(KCL)。

(3) 完成表 9.5.3，与表 9.5.2 中 $C=0$ μF 时的数据相比，有何发现？

9.6　*R*、*L*、*C* 元件阻抗角频率特性虚拟实验

一、实验目的

掌握通过 Multisim 14.0 测量 R、L、C 元件阻抗角的频率特性曲线的两种方法。

二、实验原理

通过 Multisim14.0 测量阻抗角频率特性曲线的两种方法如下：

(1) 描点法。在 9.1 中，已介绍过此方法，即用双踪示波器同时观察被测元件两端的电压(近似等于 u_i)与 u_r(与 i_r 同相位)，然后直接测量不同频率下的阻抗角 φ 后绘制曲线。

(2) 波特图法。在 Multisim14.0 中，还可以使用波特图法，波特图是线性非时变系统的传递函数与频率的关系曲线，利用波特图可以看出系统的频率响应，故波特图又称幅频

响应特性和相频响应特性曲线图。其中幅频响应特性曲线指的是输入信号幅值固定，输出信号幅值与频率的关系曲线；相频响应特性曲线指的是输出信号与输入信号的相位差与频率的关系曲线。因此，可将阻抗角的频率特性测量电路9.1.5视为一个线性非时变系统，将u_i(近似等于被测元件两端的电压)作为输入信号，u_r(与i_r同相位)作为输出信号，利用波特图观察该系统的相频响应特性曲线图，即可反映出输入信号滞后于输出信号的角度，即$-\varphi$的频率特性曲线。

三、Multisim14.0仿真平台、元件和仪器的使用

本次实验中，需要使用的元件有电阻、电容、电感、地线、单刀四掷开关，需要使用的仪器有函数发生器、波特测试仪。

1. 单刀四掷开关

由于Multisim14.0中没有单刀三掷开关，故图9.1.5中的单刀三掷开关需要用单刀四掷开关代替。绘制元器件，如图9.6.1所示，选择“组”为“Electro_Mechanical”，“系列”为“SUPPLEMENTARY_SWITCHES”，在“元器件”下选择“4POS_ROTARY”(单刀四掷开关)。使用时需短接其中两路避免空置点仿真失败，如图9.6.2所示。另外，组“Basic”的系列“SWITCH”里也有其他常用的单刀单掷及单刀双掷开关。

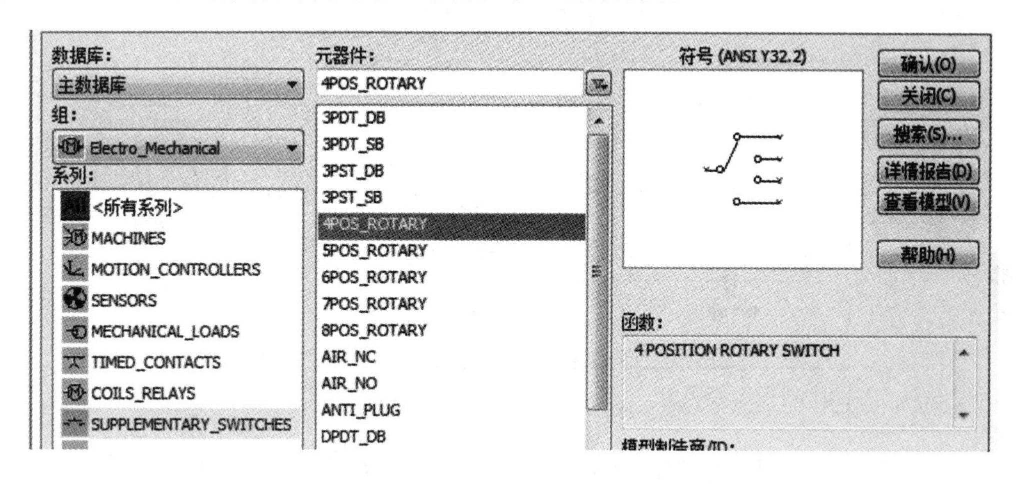

图9.6.1　插入单刀四掷开关

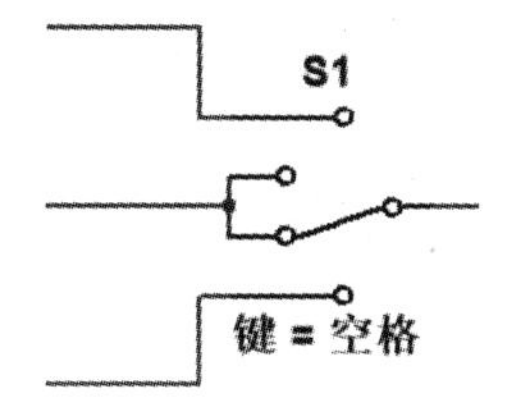

图9.6.2　短接其中两路避免仿真失败

2. 波特测试仪

单击菜单栏中的“仿真”(Simulate)→“仪器”(Instrument)→“波特测试仪”插入，也可以通过点击右侧快捷栏第六个图标插入，双击图标可修改其参数，如图9.6.3所示，本实

验需要得到相频特性曲线，选择“模式”为“相位”，“水平”和“垂直”均为“线性”，范围按需修改。

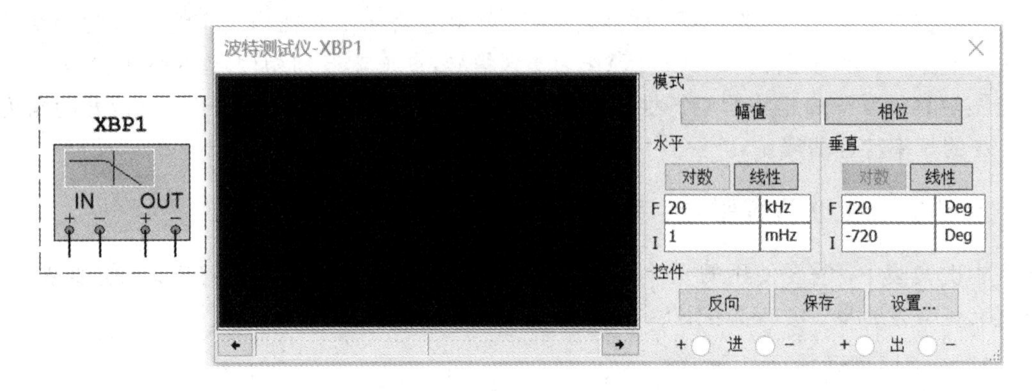

图 9.6.3 插入波特测试仪并修改参数

四、实验内容

1. 描点法绘制 *R*、*L*、*C* 元件阻抗角频率特性曲线

按图 9.6.4 所示在 Multisim14.0 中搭建仿真模型。

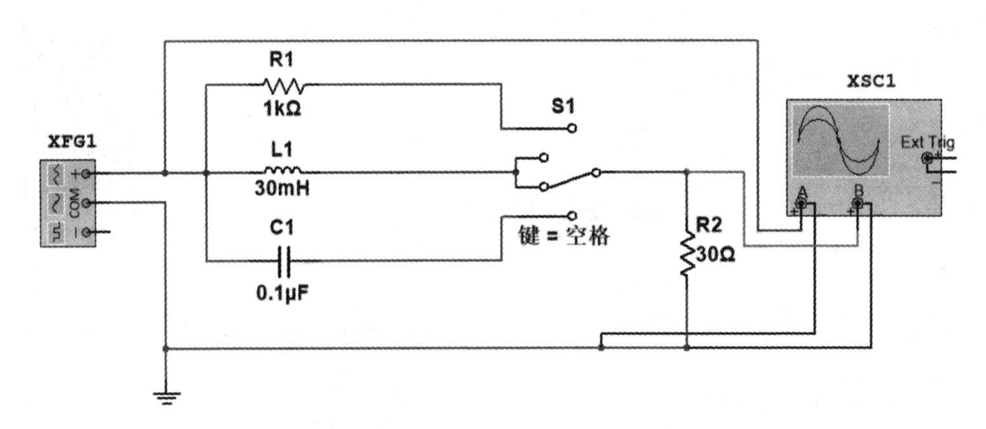

图 9.6.4 描点法绘制 *R*、*L*、*C* 元件阻抗角频率特性曲线的测量实验电路

仿真步骤如下：

（1）设置函数发生器输出信号为正弦波，频率 $f=1$ kHz，电压振幅 $U_P=2.828$ V，偏置为 0。

（2）设定示波器参数：直流耦合，正常触发或者待波形稳定后单次触发。其余刻度值自行设定，完整显示波形即可。

（3）连线并开始仿真：用光标测量 *R*、*L*、*C* 3 个元件端电压与电流波形间的相位时间差 Δx，将数据填入表 9.1.3 并截图，注意截图要包含示波器下方示波器设定值和光标测量值，且测量值应与表格内数据一致。

2. 波特图法绘制 *R*、*L*、*C* 元件阻抗角频率特性曲线

按图 9.6.5 所示在 Multisim14.0 中搭建仿真模型。放置波特测试仪并连线，R_2 为电流取样小电阻，将函数发生器输出电压 u_i 作为波特测试仪输入信号，u_{R_2} 作为输出信号。

开始仿真后调整波特测试仪参数，观察该系统的相频响应曲线图，即可看到 u_i 滞后于 u_{R_2} 的相位差与频率的关系曲线，即 $-\varphi$ 的频率特性曲线，将曲线截图并拖动光标观察 $-\varphi$ 数据变化范围。

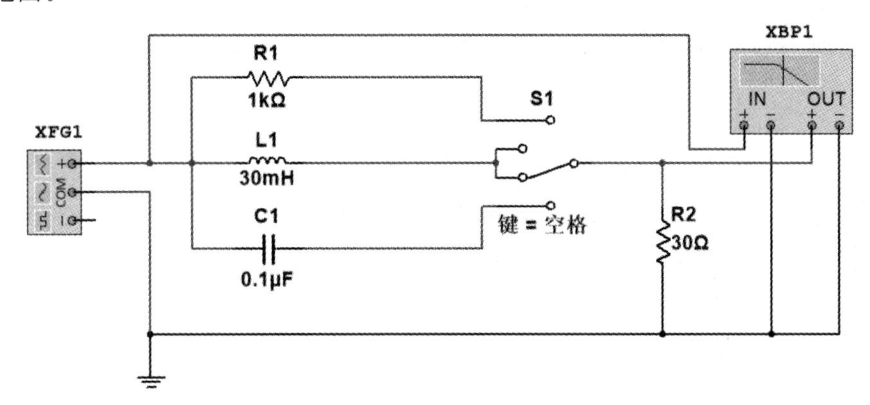

图 9.6.5　波特图法绘制 R、L、C 元件阻抗角频率特性曲线的测量实验电路

五、预习思考题

若要直接得到阻抗角 φ 的频率特性曲线，则应如何改接电路？

六、数据处理及分析

(1) 请在 Multisim14.0 中绘制电路图，仿真后直接得到阻抗角 φ 的频率特性曲线，将电路图与波特图截图。

(2) 参考 3.2 节的交流分析功能简介，尝试用 Multisim14.0 中的交流分析功能完成实验内容 2。

9.7　提升感性负载功率因数虚拟实验

一、实验目的

(1) 掌握 Multisim14.0 中瓦特计的使用方法。

(2) 了解提高功率因数对线路损耗的影响。

二、实验原理

在 9.5 节中，介绍了提高功率因数的意义，其中一点就是减少线路损耗，改善供电质量。即线路内阻 R_r 一定时：电流 $I\propto 1/\cos\varphi$，线路损耗功率 $P_{R_r}\propto(1/\cos\varphi)^2$，线路损失电压 $U_{R_r}\propto 1/\cos\varphi$。

三、Multisim14.0 仿真平台、元件和仪器的使用

本次实验中，需要使用的元件有电阻、电容、电感、可调电容，需要使用的仪器有万用表、交流电源、瓦特计。

1. 交流电源

单击菜单栏的“绘制”(Place)→“元器件”(Component)，选择“数据库”为“主数据库”，“组”为“Sources”，“系列”为“POWER_SOURCES”，在“元器件”下选择“AC_POWER”(交流电压源)，双击“AC_POWER”,插入交流电压源并更改电压(RMS)有效值、频率，如图 9.7.1 所示。

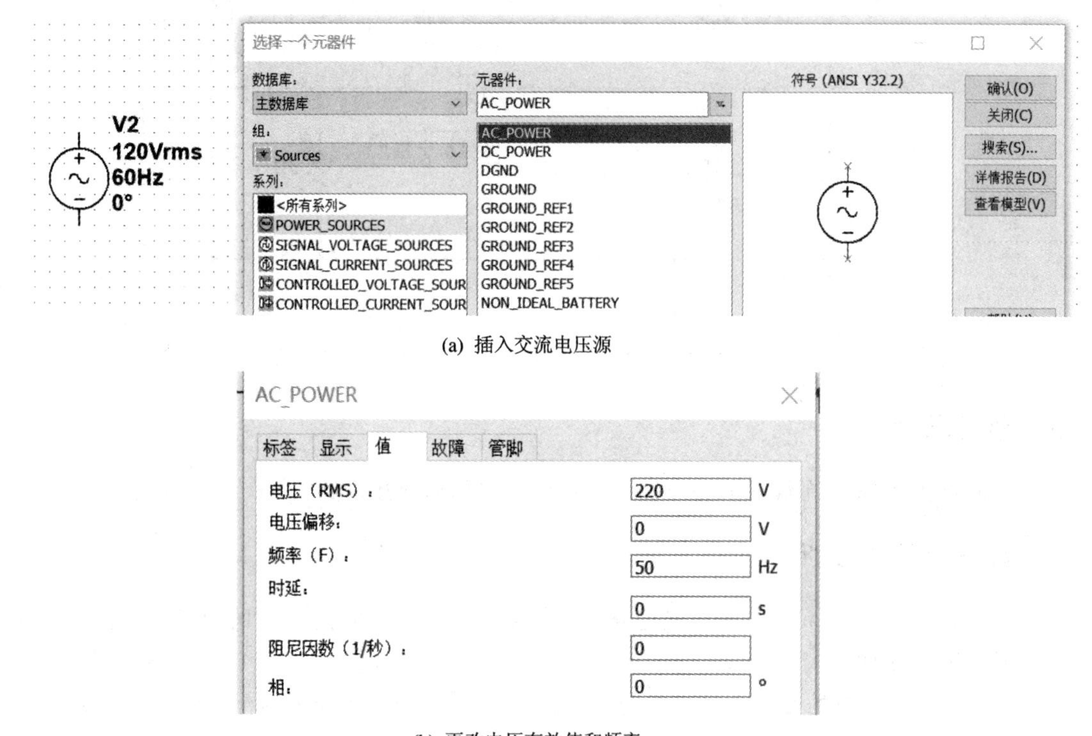

(a) 插入交流电压源

(b) 更改电压有效值和频率

图 9.7.1　插入交流电压源及更改参数

2. 瓦特计

单击菜单栏的“仿真”→“仪器”→“瓦特计”，插入瓦特计一台。瓦特计有电压端口和电流端口，其中电压端口并联于被测元件两端测电压，电流端口串联在被测支路测电流。交流电路中电流从正极流入和负极流入没有区别，但应注意电压、电流参考方向必须一致，如图 9.7.2(a)所示，电流方向为顺时针，测量电压时要上正下负，不可反接，反接会测出

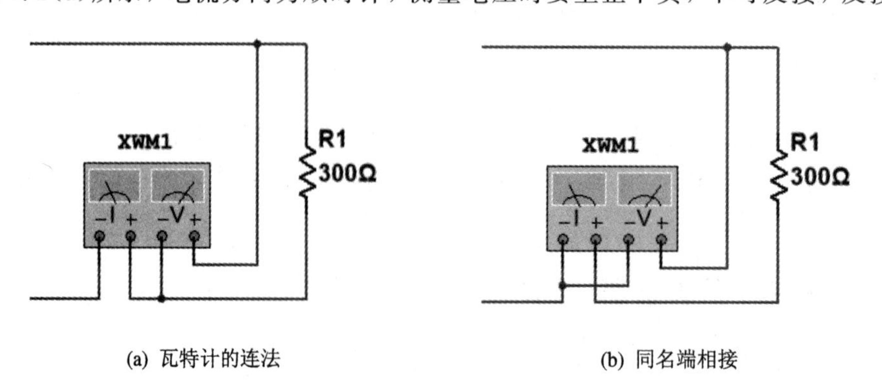

(a) 瓦特计的连法　　(b) 同名端相接

图 9.7.2　瓦特计的连接

负值。在使用实际的瓦特计时，存在同名端的概念，实际瓦特计两端口正极互为同名端，两端口负极也互为同名端，为保证电压、电流参考方向一致，常将瓦特计同名端相连，如图9.7.2(b)所示连接。两种连接方法都可以正常测量功率。

四、实验内容

1. 感性负载无功补偿验证电路

按照图9.7.3所示在Multisim14.0中搭建仿真模型。

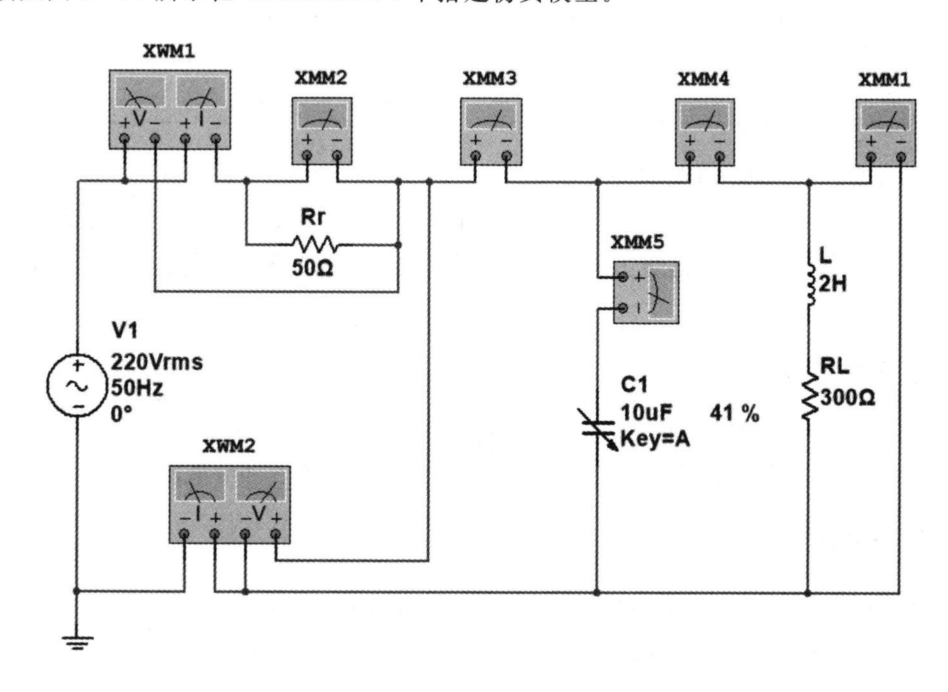

图9.7.3　感性负载无功补偿电路图

(1) 交流电源 U_1 参数为220 V、50 Hz，电源输出电流为 I_{U_1}。

(2) 器件 R_r 为模拟线路负载50 Ω，模拟感性负载由电阻 R 和 L 构成，分别为300Ω和2H。

(3) 将万用表XMM1、XMM2设置为交流电压表，万用表XMM3、XMM4、XMM5设置为交流电流表。

(4) 瓦特计XWM1测量线路损耗功率，XWM2测量感性负载补偿后的功率因数和有功功率。

(5) C_1 为可调电容器组，10 μF，增量10%。

(6) 调整可调电容器，模拟补偿感性负载无功功率，提高功率因数，将测量的相关数据填入表9.7.1中。

符号说明：XMM1测量感性负载电压 U_{R+L}，XMM2测量线路电压损耗 U_{R_r}，XMM3测量补偿后总电流 I，XMM4测量感性负载电流 I_{R+L}，XMM4测量补偿电流 I_C，XWM1测量线路损耗功率，XWM2测量补偿电路总功率 P 和功率因数 $\cos\varphi$。

表 9.7.1　提高功率因数实验数据

10 μF 比例	U_{R+L}/V	U_{R_r}/V	I/A	P_{R_r}/W	P/W	$\cos\varphi$
0						
20%						
40%						
60%						
80%						
100%						

2. 容性负载无功补偿验证电路

参照图 9.7.1 所示，假设存在一个容性负载(3142 Ω+1 μF)，设计一个感性补偿回路，并通过仿真和计算的方法得到功率因数为 1 时补偿电感的数值，在电路图中功率因数提升到约为 1 时截图。

五、预习思考题

(1) 连接功率表时，需要注意什么问题?

(2) 如何对容性负载功率因数进行补偿? 设计实验内容 2 相关电路。

六、数据处理及分析

(1) 完成表 9.7.1，根据数据说明 P_{R_r}、U_{R_r} 与功率因数的关系。

(2) 根据实验内容 2，说明为什么实际生活中容性负载较少。

第十章　耦合线圈的测量

电感元件是能进行电磁转化的元件，当线圈中通过变化的电流时，周围将产生感应磁场，如果两个或两个以上线圈所产生的感应磁场互相影响，则称这些线圈有磁耦合或者互感，这些具有磁耦合的线圈被称为耦合线圈，实际变压器即为耦合线圈的一种。若忽略线圈电阻与匝间电容且线圈静止，这些耦合线圈即为耦合电感。本章主要介绍耦合线圈同名端，互感系数的测量，电感线圈参数测量，电感线圈串联、并联的相关实验，以进一步了解耦合电感线圈的相关知识。

10.1　耦合线圈同名端的判定

一、实验目的

掌握 3 种耦合线圈同名端的判定方法。

二、实验原理

1. 互感现象

在图 10.1.1 中，当开关 S 闭合时，由于互感的作用，L_2 回路也会产生感应电动势，这种由一个回路电路的变化引起另一个回路产生感应电动势的现象称为互感。

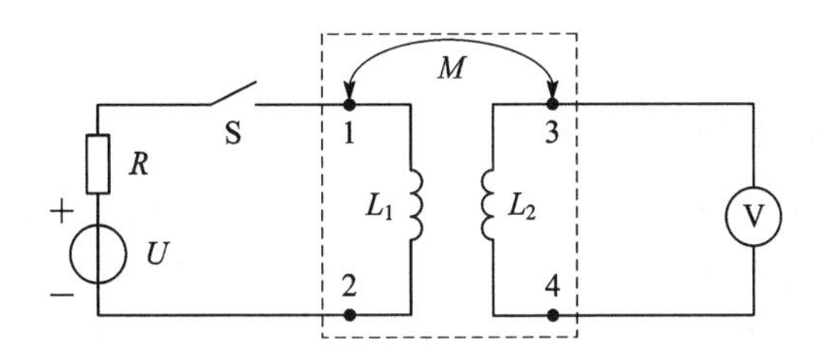

图 10.1.1　互感现象

2. 判断互感线圈的同名端

使用耦合线圈时，一般需知道它们的同名端。当初级线圈电流 i_1 与次级线圈电流 i_2 同时从同名端流进或流出各自的线圈时，互感起增强作用；当初级线圈电流 i_1 从同名端流入而次级线圈电流 i_2 从同名端流出时，互感起削弱作用。

同名端与线圈的绕向和相对位置有关，在线圈端钮上常用小圆点或“*”标出，如没有标明，则可根据同名端的定义用实验的方法判定，判定方法有以下 3 种：

(1) 交流法。如图 10.1.2 所示，将两个线圈 L_1 和 L_2 的任意两端(如 2、4 端)连接在一起，在其中的一个绕组(如 L_1)两端加一个交流低电压，另一个绕组(如 L_2)开路，用交流电压表分别测出端电压 U_{13}、U_{12} 和 U_{34}。若 U_{13} 是两个线圈端电压之差，则 1、3 是同名端，同时

2、4 也是同名端；若 U_{13} 是两线圈端电压之和，则 1、4 是同名端，同时 2、3 也是同名端。

（2）直流法。如图 10.1.1 所示，在线圈 L_1 两端加直流电压 U，参考方向上正下负，用指针式电压表测量电压 U_{34}，参考方向也为上正下负。在开关 S 闭合瞬间，若电压表指针正向偏转，则 1、3 是同名端，反之则 1、4 是同名端。

（3）波形法。直接用示波器观测线圈 L_1 和 L_2 端电压 U_{12} 和 U_{34} 波形。若二者同相，则 1、3 是同名端；若二者反相，则 1、4 是同名端。

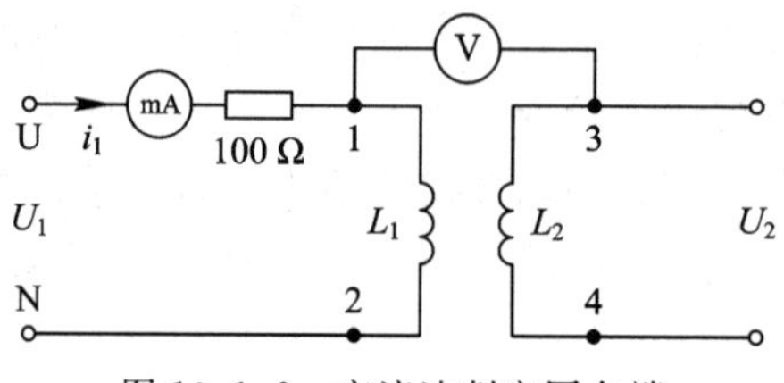

图 10.1.2 交流法判定同名端

三、实验设备

本实验所需设备见表 10.1.1。

表 10.1.1 实验设备名称、型号和数量

设备名称	设备型号规格	数量
函数信号发生器	DG1062Z/60 MHz	1 台
数字示波器	DS2102/100 MHz	1 台
手持式万用表	UT39A/AC750V	1 块
实验元件	九孔电路实验板，插件式模块，线圈 L_1(500Wdg)，线圈 L_2(1000Wdg)	1 套

四、实验内容

1. 交流法判断互感线圈的同名端

将线圈 L_1 和线圈 L_2 插入 U 形铁芯，按图 10.1.2 所示连接线路，其中两线圈的 2、4 端子连接在一起，函数信号发生器作为输入信号源。检查电路，确认正确后，调节函数信号发生器输出信号电压峰峰值为 20 V(即 DG1062Z 函数信号发生器可输出的最大值)、频率为 50 Hz，打开函数信号发生器输出，用手持万用表测量 U_{13}、U_{12}、U_{34} 的值，根据数据判断同名端，将数据填入表 10.1.2 中。再将线圈 1、3 短接，重复上述操作。

注意： 两线圈摆放时绕向应该一致，两者均按顺时针绕向摆放或均按逆时针绕向摆放。

表 10.1.2 交流法判断互感线圈的同名端

U_{12}/V	U_{34}/V	U_{13}/V	同名端

2. 波形法判断互感线圈的同名端

按图 10.1.2 连接电路并接入信号源，将 1、2 端子依次接入示波器 CH1 通道的红、黑色夹，3、4 端子依次接入示波器 CH2 通道的红、黑色夹，观测双通道波形，在坐标纸上同一坐标系内按 1∶1 比例绘制双通道波形图，根据波形图判断同名端。

五、预习思考题

实验中摆放线圈时有何要求？如果没有按要求摆放，会有什么影响？

六、数据处理及分析

完成表 10.1.2，整理实验波形，根据数据和波形结果判定互感线圈同名端。

10.2　耦合线圈互感系数与电感参数的测量

一、实验目的

（1）掌握耦合线圈互感系数的测定方法。

（2）了解耦合线圈的位置、介质材料等对其耦合强弱的影响。

二、实验原理

1. 两线圈互感系数 *M* 的测定

如图 10.2.1 所示，互感的两个线圈 L_1、L_2 相互耦合，当在 L_1 两端施加正弦电压 U_1，在 L_2 两端即可产生互感电压 U_2，测出 I_1 及 U_2，根据互感电势 $U_2=\omega MI_1$，可计算得互感系数 $M=\dfrac{U_2}{\omega I_1}$。互感系数的大小与线圈的结构、相对位置、匝数及介质材料有关。

2. 耦合因数 *k* 的测定

工程上为了定量地描述两个耦合线圈的耦合紧疏程度，把两线圈的互感磁通链比值的几何平均值定义为耦合系数，记为 k，其大小与两线圈的结构、相互位置及周围磁介质有关，$k=\dfrac{M}{\sqrt{L_1L_2}}\leqslant 1$。

理想变压器为极限理想情况下的耦合线圈，忽略线圈电阻与匝间电容且线圈静止，电感、互感值均无限大，耦合系数 k 为 1，且能保持 $\sqrt{L_1/L_2}=n$ 不变，n 为匝数比。理想变压器不是动态元件，不储能，不耗能，两端电压、电流大小仅与变比有关。

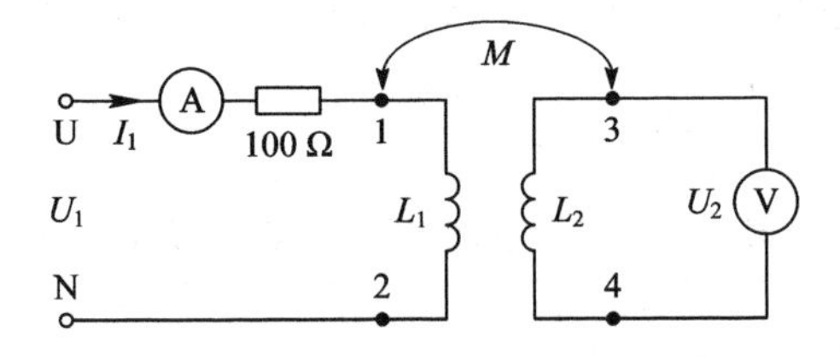

图 10.2.1　耦合线圈互感系数的测量实验电路

三、实验设备

本实验所需设备见表 10.2.1。

表 10.2.1　实验设备名称、型号和数量

设备名称	设备型号规格	数量
函数信号发生器	DG1062Z/60 MHz	1台
手持式万用表	UT39A/AC750V	1块
台式万用表	DM3058E/10A	1台
实验元件	九孔电路实验板，插件式模块，线圈 L_1(500Wdg)，线圈 L_2(1000Wdg)	1套

四、实验内容

1. 耦合线圈互感系数的测量

将U形铁芯插入线圈 L_1 和线圈 L_2，按图10.2.1所示连接线路，其中函数信号发生器输出信号电压 $U_{1P\text{-}P}=20$ V(峰峰值)，$f=50$ Hz，测量 I_1 和 U_2，计算相应的互感系数 M 值，记入表10.2.2中。

将U形铁芯改为环形铁芯，操作方法及测量参数同上，将数据记入表10.2.2中。

将U形铁芯只插入线圈 L_1 中，单铁芯插入线圈 L_2 中，按图10.2.1所示连接线路，操作方法及测量参数同上，将数据记入表10.2.2中。

将U形铁芯只插入线圈 L_1 中，单铁芯插入线圈 L_2 中，让线圈 L_1 和线圈 L_2 间隔1个孔，按图10.2.1所示连接线路，操作方法及测量参数同上，将数据记入表10.2.2中。

表 10.2.2　耦合线圈互感系数的测量

介质变化		U形铁芯	环形铁芯	L_1、L_2 均为铁芯线圈 无间隔	L_1、L_2 均为铁芯线圈 两线圈间隔1个孔
测量值	I_1/mA				
	U_2/V				
计算值	M/mH				

2. 电感线圈的电阻、电感与耦合因数的测量

将U形铁芯插入线圈 L_1 和线圈 L_2，按图10.2.1所示连接线路，线圈 L_2 侧开路。函数信号发生器输出信号电压 $U_{1P\text{-}P}=20$ V(峰峰值)，$f=50$ Hz，测量 I_1 和 U_{12}，将数据记入表10.2.3中。

表 10.2.3　电感线圈的电阻、电感和 k 值的测量

	测量值						计算值		
铁芯种类	U_{12}/V	I_1/mA	U_{34}/V	I_2/mA	R_{L_1}/Ω	R_{L_2}/Ω	L_1	L_2	k
U形铁芯									
环形铁芯									

在图 10.2.1 中，将线圈 L_1 和线圈 L_2 位置互换，即将电源、电阻、电流表加在线圈 L_2 侧，线圈 L_1 侧开路，测量线圈 L_2 端的电流 I_2 和端电压 U_{34}，将数据记入表 10.2.3 中。

断开电源电路，用万用表欧姆挡分别测量线圈 L_1 和线圈 L_2 的电阻值，将数据记入表 10.2.3 中。

将环形铁芯插入线圈 L_1 和线圈 L_2，重复上述操作。

五、预习思考题

说明哪些因素对互感线圈的互感系数有影响。

六、数据处理及分析

(1) 完成各表中的计算，写出表 10.2.3 中的计算过程。

(2) 根据表 10.2.3 中的数据比较两种情况下 k 值的区别，得出结论。

10.3　耦合线圈的串联与并联

一、实验目的

(1) 了解耦合线圈的 4 种连接方式。

(2) 掌握耦合线圈进行 4 种连接时等效电感值的计算方法。

二、实验原理

1. 耦合线圈串联的等效电感

互感元件串联后，其等效电感值与两线圈的连接方式有关。互感有两种串联方式：第一种为顺接串联，如图 10.3.1(a)所示，简称顺串；第二种为反接串联，如图 10.3.1(b)所示，简称反串。

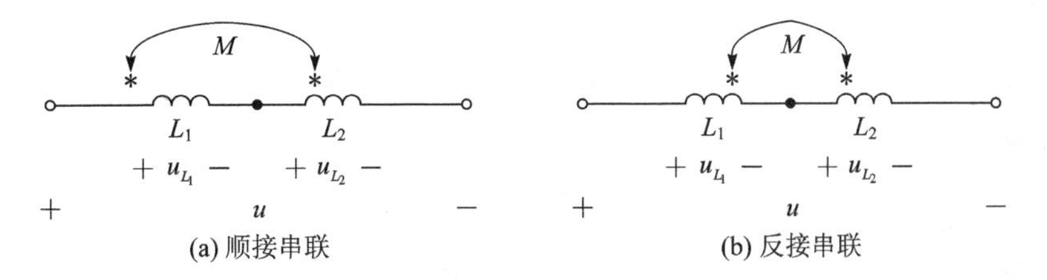

图 10.3.1　耦合线圈的顺接、反接串联

顺串与反串时，其两端总电压 u 如下：

$$\begin{cases} u_{\text{顺串}} = u_{L_1} + u_{L_2} = L_1 \dfrac{\mathrm{d}i}{\mathrm{d}t} + M \dfrac{\mathrm{d}i}{\mathrm{d}t} + L_2 \dfrac{\mathrm{d}i}{\mathrm{d}t} + M \dfrac{\mathrm{d}i}{\mathrm{d}t} = (L_1 + L_2 + 2M) \dfrac{\mathrm{d}i}{\mathrm{d}t} = L_{\text{顺串}} \dfrac{\mathrm{d}i}{\mathrm{d}t} \\ u_{\text{反串}} = u'_{L_1} + u'_{L_2} = L_1 \dfrac{\mathrm{d}i}{\mathrm{d}t} - M \dfrac{\mathrm{d}i}{\mathrm{d}t} + L_2 \dfrac{\mathrm{d}i}{\mathrm{d}t} - M \dfrac{\mathrm{d}i}{\mathrm{d}t} = (L_1 + L_2 - 2M) \dfrac{\mathrm{d}i}{\mathrm{d}t} = L_{\text{反串}} \dfrac{\mathrm{d}i}{\mathrm{d}t} \end{cases} \tag{10.3.1}$$

由上述两式可知其等效电感分别为

$$\begin{cases} L_{顺串}=L_1+L_2+2M \\ L_{反串}=L_1+L_2-2M \end{cases} \tag{10.3.2}$$

2. 耦合线圈并联的等效电感

互感元件并联后，其等效电感值与两线圈的连接方式有关。互感有两种并联方式：第一种为同侧并联，如图 10.3.2(a)所示，简称同并；第二种为异侧并联，如图 10.3.2(b)所示，简称异并。

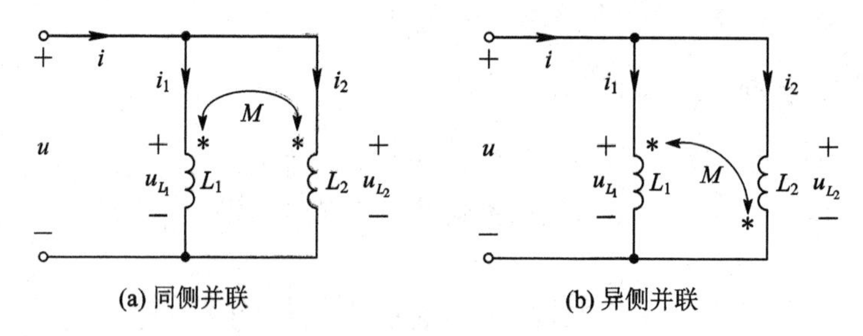

图 10.3.2　耦合线圈的同侧、异侧并联

同并与异并时，其并联后端电压 u 如下：

$$\begin{cases} u_{同并}=u_{L_1}=u_{L_2}=L_1\dfrac{\mathrm{d}i_1}{\mathrm{d}t}+M\dfrac{\mathrm{d}i_2}{\mathrm{d}t}=L_2\dfrac{\mathrm{d}i_2}{\mathrm{d}t}+M\dfrac{\mathrm{d}i_1}{\mathrm{d}t}=L_{同并}\dfrac{\mathrm{d}(i_1+i_2)}{\mathrm{d}t} \\ u_{异并}=u'_{L_1}=u'_{L_2}=L_1\dfrac{\mathrm{d}i_1}{\mathrm{d}t}-M\dfrac{\mathrm{d}i_2}{\mathrm{d}t}=L_2\dfrac{\mathrm{d}i_2}{\mathrm{d}t}-M\dfrac{\mathrm{d}i_1}{\mathrm{d}t}=L_{异并}\dfrac{\mathrm{d}(i_1+i_2)}{\mathrm{d}t} \end{cases} \tag{10.3.3}$$

由上述两式可知其等效电感分别为

$$\begin{cases} L_{同并}=\dfrac{L_1L_2-M^2}{L_1+L_2-2M} \\ L_{异并}=\dfrac{L_1L_2-M^2}{L_1+L_2+2M} \end{cases} \tag{10.3.4}$$

三、实验设备

本实验所需设备见表 10.3.1。

表 10.3.1　实验设备名称、型号和数量

设备名称	设备型号规格	数量
函数信号发生器	DG1062Z/60 MHz	1台
手持式万用表	UT39A/AC750V	1块
台式万用表	DM3058E/10A	1台
实验元件	九孔电路实验板，插件式模块，线圈 L_1(500Wdg)，线圈 L_2(1000Wdg)	1套

四、实验内容

1. 互感元件串联等效电感的测量

将 U 形铁芯插入线圈 L_1 和线圈 L_2，按图 10.3.3 所示连接电路，此时耦合线圈为顺接串联，函数信号发生器输出信号电压 $U_{1P\text{-}P}=20$ V(峰峰值)，$f=50$ Hz，测量电压 U 和电流 I，将数据记入表 10.3.2 中。再将耦合线圈改为反接串联，测量电压 U 和电流 I，将数据记入表 10.3.2 中。其中 U 形铁芯的线圈互感系数 M、线圈内阻均由 10.2 节所述方法测得。

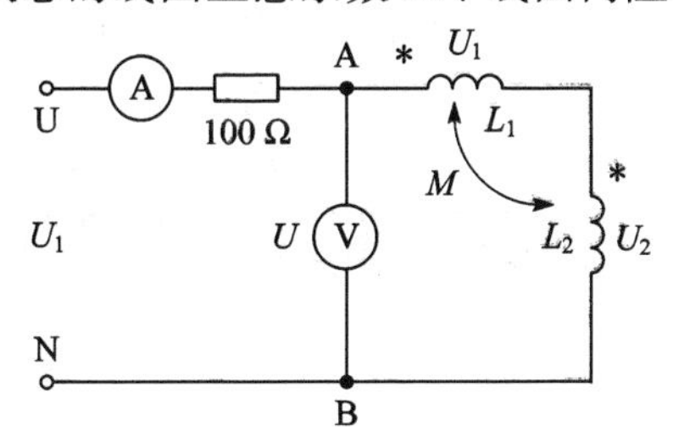

图 10.3.3　互感元件串联等效电感的测量实验电路

表 10.3.2　互感元件串联等效电感的测量

串接方式	测量值		计算值
	U/V	I/mA	L(等效电感)
顺串			
反串			

2. 互感元件并联等效电感的测量

将 U 形铁芯插入线圈 L_1 和线圈 L_2，按图 10.3.4 所示连接电路，此时耦合线圈为同侧并联，函数信号发生器输出信号电压 $U_{1P\text{-}P}=20$ V(峰峰值)，$f=50$ Hz，测量电压 U 和电流 I，将数据记入表 10.3.3 中。再将耦合线圈改为异侧并联，测量电压 U 和电流 I，将数据记入表 10.3.3 中。

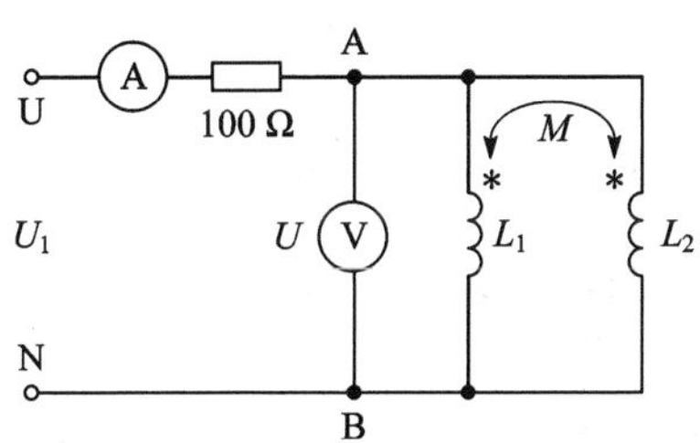

图 10.3.4　互感元件并联等效电感的测量实验电路

表 10.3.3　互感元件并联等效电感的测量

串接方式	测量值		计算值
	U/V	I/mA	L(等效电感)
同并			
异并			

五、预习思考题

计算 4 种连接方式等效电感值时，在选取互感系数 M 的数据上需要注意什么？

六、数据处理及分析

用 10.2 节的表 10.2.2 中两线圈使用 U 形铁芯线圈时的互感系数 M 以及表 10.2.3 中算出的 L_1 和 L_2 值，计算两互感线圈顺接串联、反接串联、同侧并联、异侧并联 4 种连接方式下的等效电感：$L_{顺串}$、$L_{反串}$、$L_{同并}$、$L_{异并}$，与本节表 10.3.2 和 10.3.3 中计算的 4 种连接方式下的等效电感值比较并计算相对误差，有何结论？

10.4　耦合线圈的测量虚拟实验

一、实验目的

（1）掌握 Multisim14.0 中耦合线圈的测定方法。

（2）了解耦合线圈中次级回路对初级回路电压、电流的影响。

二、实验原理

在耦合线圈中选择一侧作为输入加上交流电源构成回路，另一侧线圈作为输出接入负载后构成回路。将输入线圈称为初级线圈，所在回路称为初级回路；将输出线圈称为次级线圈，所在回路称为次级回路。

初级线圈两端加上交流电后，周围会产生感应磁场，互感现象会使次级线圈产生感应电动势，从而产生感应磁场，同样因为互感现象，当次级线圈构成回路后有电流通过时，其感应磁场也会对初级线圈磁场产生影响。次级线圈空载时，初级线圈中的电流被称为“空载电流”。

在正弦稳态情况下，电路模型如图 10.4.1 所示，R_{L_1}、R_{L_2} 为初、次级线圈内阻，Z_L 为负载，对该模型有

$$\begin{cases} (R_{L_1}+j\omega L_1)\dot{I}_1+j\omega M\dot{I}_2=\dot{U}_1 \\ j\omega M\dot{I}_1+(R_{L_2}+j\omega L_2+Z_L)\dot{I}_2=0 \end{cases} \tag{10.4.1}$$

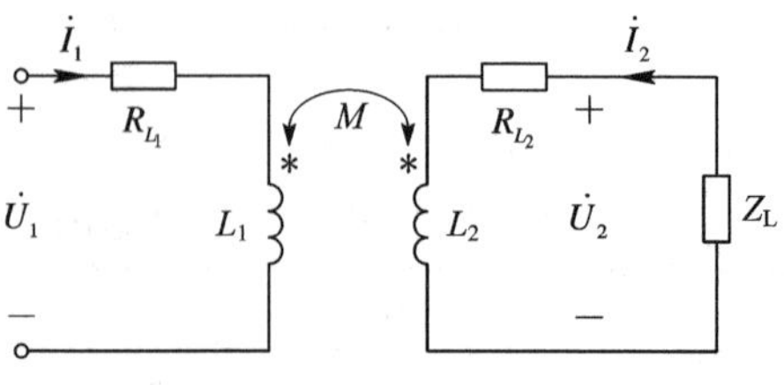

图 10.4.1　耦合线圈电路模型

令 $Z_{11}=R_{L_1}+j\omega L_1$，$Z_{22}=R_{L_2}+j\omega L_2+Z_L$，则由上述方程组可得初级回路电流如下：

$$\dot{I}_1 = \frac{\dot{U}_1}{Z_{11} + (\omega M)^2 Y_{22}}，其中 Y_{22} = \frac{1}{Z_{22}} \tag{10.4.2}$$

由上式可知，初级回路的输入阻抗 $Z_{1in} = Z_{11} + (\omega M)^2 Y_{22}$，其中$(\omega M)^2 Y_{22}$ 为引入阻抗，它是次级回路阻抗通过互感反映到初级回路的等效阻抗，其性质与 Z_{22} 相反，即感性变为容性，或容性变为感性。

因此，当次级回路空载时，若 $\dot{I}_2 = 0$，则有 $Z_{1in} = Z_{11}$。相较于空载时，当 Z_L 为阻性负载时，Z_{22} 呈感性，Y_{22} 呈容性，一定范围内 Z_{1in} 模值减小，初级线圈电流增加；当 Z_L 为感性负载时，Z_{22} 呈感性，Y_{22} 呈容性，一定范围内 Z_{1in} 模值减小，初级线圈电流增加；当 Z_L 为容性负载时，根据电容大小分为两种情况：若 Z_{22} 为感性，则 Y_{22} 呈容性，一定范围内 Z_{1in} 模值减小，初级线圈电流增加；若 Z_{22} 为容性，则 Y_{22} 为感性，Z_{1in} 模值增大，初级线圈电流减小。

三、Multisim14.0 仿真平台、元件和仪器的使用

本次实验中，需要使用的元件有电阻、电容、电感、地线、单刀五掷开关、耦合电感，需要使用的仪器有函数发生器、示波器，万用表。

选择菜单栏中的“绘制”→“元器件”，选择“数据库”为“主数据库”，“组”为“Basic”，“系列”为“TRANSFORMER”，在“元器件”下选择“COUPLED_INDUCTORS”，如图 10.4.2 所示。插入电感并双击电感图标可设置初级线圈的电感、次级线圈的电感、耦合系数。

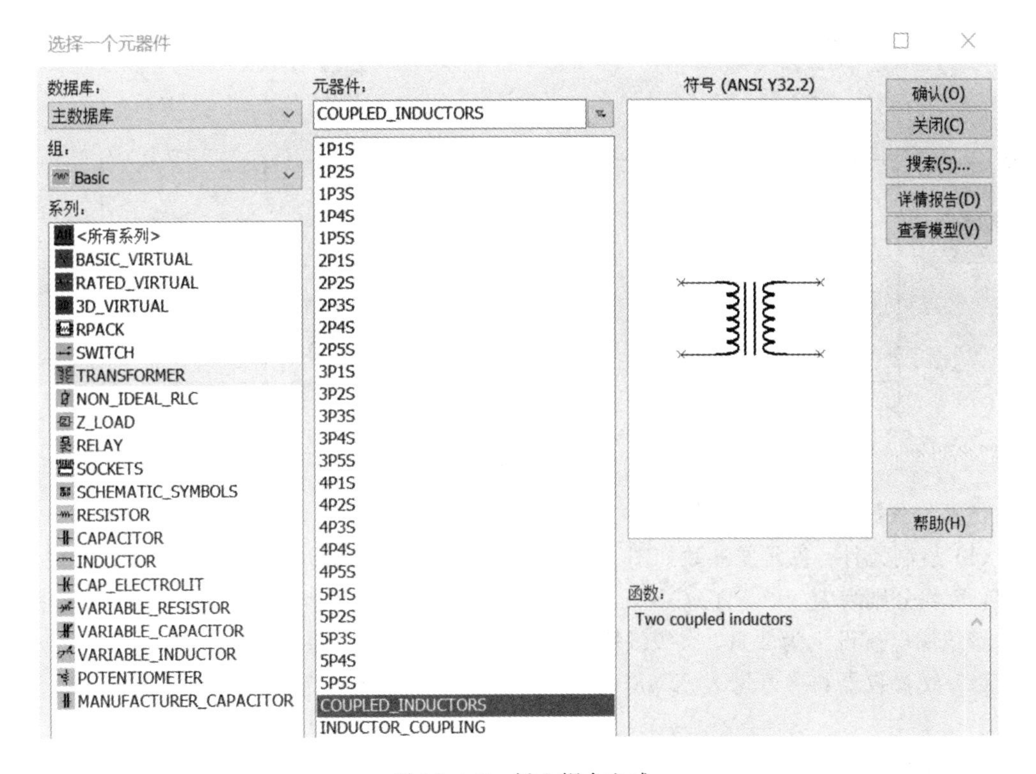

图 10.4.2　插入耦合电感

四、实验内容

1. 判断耦合线圈的同名端

按图 10.4.3 所示搭建电路，接线完毕后运行，根据初级线圈和次级线圈的波形相位判断同名端。

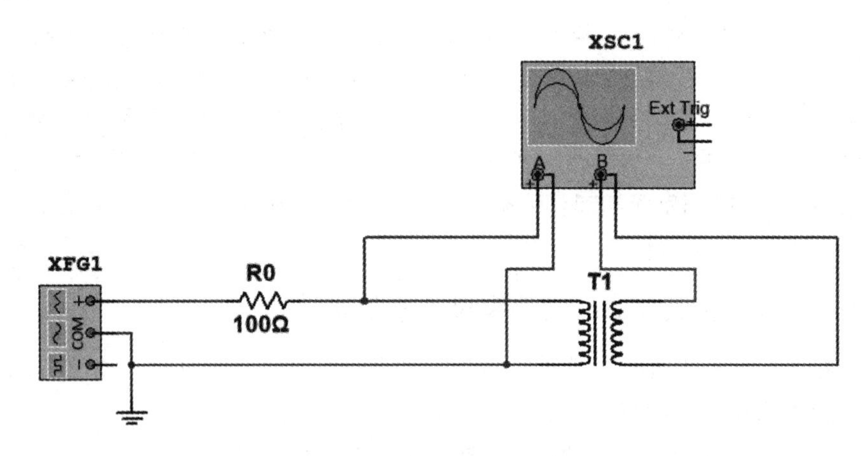

图 10.4.3　波形法判断耦合线圈的同名端

2. 次级线圈负载对初级线圈电路电压、电流的影响

按图 10.4.4 所示搭建电路，信号源输出幅值为 U_P=50 V、频率为 50 Hz 的正弦波。

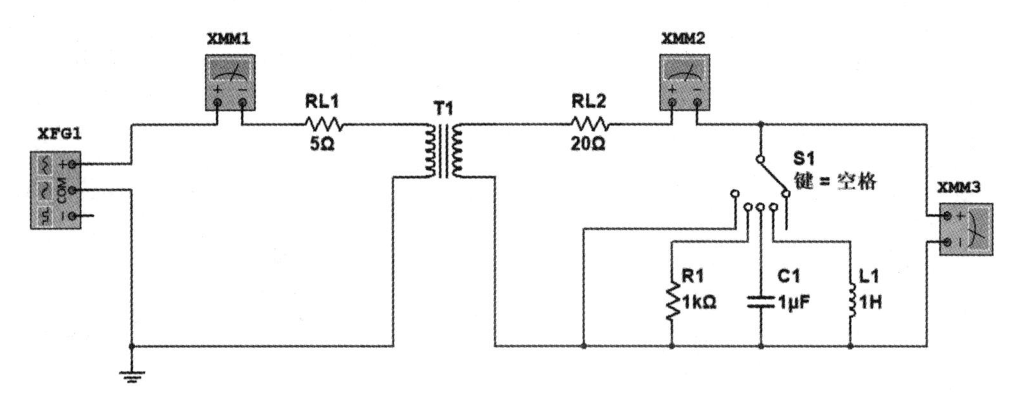

图 10.4.4　次级线圈负载对初级线圈电路的影响测量试验电路

仿真步骤如下：

(1) 绘制元件：各元件参数如图 10.4.4 所示，其中 R_{L_1}=5 Ω、R_{L_2}=20 Ω 为两级线圈内阻，负载分别为 R_1=1 kΩ、C_1=1 μF、L_1=1 H，短路和开路状态。双击耦合线圈图标，将初级线圈电感设定为 2 H，次级线圈电感设定为 4 H，耦合系数设定为 0.8。

(2) 放置仪器：将万用表 XMM1、XMM2 设置为交流电流表，XMM3 设置为交流电压表。

(3) 连线并仿真：开始仿真后按空格键可切换单刀五掷开关位置，观察示波器波形并截图，记录万用表示数填入表 10.4.1 中。

表 10.4.1　次级线圈负载对初级线圈电路电压、电流的影响实验数据

次级线圈端负载		$R_1=1\ \text{k}\Omega$	$C_1=($　　$)$ I_{L1} 增大	$C_1=($　　$)$ I_{L1} 不变	$C_1=($　　$)$ I_{L1} 减小	$L_1=1\ \text{H}$	短路	开路
测量值	I_{L_1}/mA							
	I_{L_2}/mA							
	U_{L_2}/V							
输入阻抗性质								

五、预习思考题

次级回路负载阻抗的大小是否有范围限制？如果超出限制，会产生什么影响？

六、数据处理及分析

根据实验内容 2 的结果，分析次级线圈端电路负载对初级线圈端电压、电流的影响。

第十一章　三相电路的测量

三相电路是由同频、同振幅、等相位差的三相正弦交流电源通过三相输电线路向三相负载输送电能的电路，广泛应用于电力系统的发电、输电、变电与配电设备以及工业与民用电气设备，在生活中极为常见。电力系统中三相电路的额定工作频率、额定工作电压、相位差是全国范围内统一的，例如国内三相电力系统工频为 50 Hz，额定电压为 220V，相位差为 120°，部分其他国家也会采用其他工频与电压值。本章主要介绍三相电路的几种主要连接方式、三相电源的相序、电路中电压电流的测量以及功率的测量，以加深对三相电路的理解。

11.1　三相电源的相序判定

一、实验目的

（1）了解三相电源相序的判定方法的原理。

（2）使用判定方法判定相序。

二、实验原理

1. 三相电源的相序

在生产实践中，确定三相电源的相序非常重要，例如，当电动机接上电源时，相序决定了电动机的转动方向。相序是相对的，不是绝对的。

判定三相电源相序可以使用指示灯相序器，它由一个电容器和两个功率相同的白炽灯构成星形不对称三相负载电路，如图 11.1.1 所示，根据两个白炽灯亮度差异可确定对称的三相电源的相序。当三相电源电压为正相序 UVW 时（即 U 相超前于 V 相 120°、W 相 240°），B 相白炽灯泡比 C 相亮。当三相电源电压为负相序 UWV 时，C 相灯泡更亮。

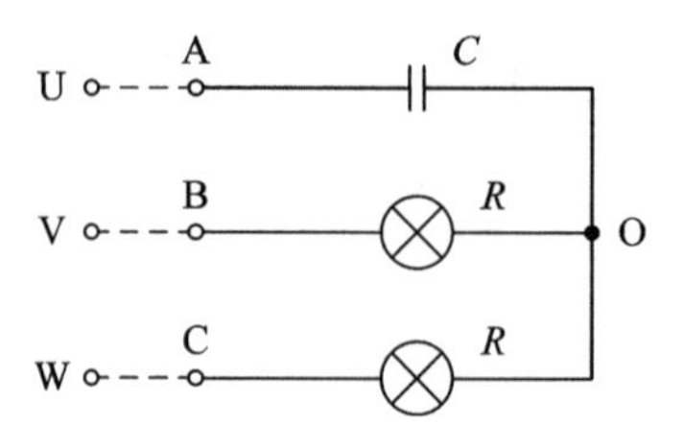

图 11.1.1　指示灯相序器

2. 中性点偏移

指示灯相序器电路相当于三相负载不对称，电路工作时的相量图如图 11.1.2 所示，若三相电源电压为正相序 UVW，则三相负载电压也为正相序，图中 N 点为三相电源中性点，

O为三相负载中性点。图11.1.2(a)所示为假设情况，假设三相负载端相电压平衡且负载中性点O未偏离电源中性点N时，负载端相电压大小相等，$U_{AO}=U_{BO}=U_{CO}$，相位差为120°。为方便说明，指定$\dot{U}_{OA}$、$\dot{U}_{OB}$、$\dot{U}_{OC}$为负载相电压参考方向，由于A相负载为电容，此时A相电流$\dot{I}_A$超前于A相电压90°，而B、C相负载为电阻，其相电流与相电压同相，由图11.1.2(a)可知，三个相电流不可能符合相量形式的基尔霍夫电流定律，故负载中性点O必须产生偏移，如图11.1.2(b)所示。O点只有向$\dot{U}_A$与$\dot{U}_C$中间区域偏移时，才有可能使三相负载电流满足基尔霍夫定律。负载中性点偏移后，根据相量图可知$U_{OB}>U_{OC}$，则B相白炽灯泡比C相亮。

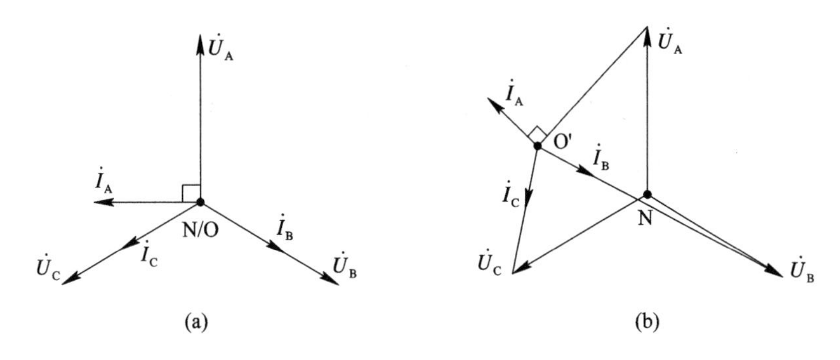

图11.1.2　三相相序指示灯电路相量图

三、实验设备

本实验所需设备见表11.1.1。

表11.1.1　实验设备名称、型号和数量

设备名称	设备型号规格	数量
自耦调压器	输出电压调至要求值	1台
手持式万用表	UT39A/AC750V	1块
台式万用表	DM3058E/10A	1台
实验元件	三相实验箱，电容4.7 μF	1套

四、实验内容——确定三相电源的相序

关闭电源，将自耦调压器手柄逆时针旋转至零位，按图11.1.3中“U－A，V－B，W－C”连接三相电源与负载。其中$C=4.7\ \mu F$。检查电路，确认无误后，调节三相变压器的输出电压，使三相电源相电压(即U_{WN}或U_{VN}或U_{UN})为100 V，测量各相电压、电流值，观察记录灯泡亮度，填入表11.1.2中。再将三相电源和负载按“U－A，V－C，W－B”接线，再次测量并记录数据。

注意：

① 本次实验采用三相交流电，将电源相电压调节为100 V，频率为50 Hz，实验时要注意人身安全，不可触及导电部件，防止发生意外事故。

② 每次换接电路前，必须将电源先调至零位，关闭电源，再接电路。

③ 每次接线完毕，请按电路图严格检查，确认正确后方可接通电源，必须严格遵守先断电、再接线、后通电和先断电、后拆线的实验操作原则。

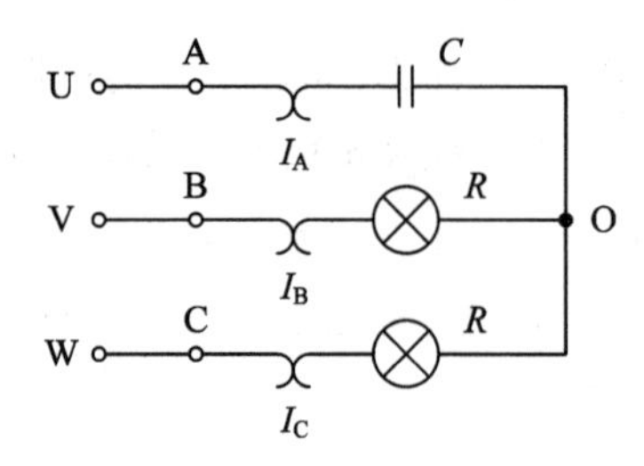

图 11.1.3 确定三相电源的相序实验电路

表 11.1.2 确定三相电源相序的测量

连接方式	负载相电压/V			负载相电流/A			灯泡明暗程度	
	U_{AO}	U_{BO}	U_{CO}	I_{AO}	I_{BO}	I_{CO}	R_B	R_C
U－A，V－B，W－C								
U－A，V－C，W－B								

请根据表 11.1.2 判断实验中交流电源的三相 U、V、W，正序的排列方式为__________。

五、预习思考题

在实验原理中已通过绘制相量图证明，在图 11.1.1 所示电路中按“U－A，V－B，W－C”接法且电源正序(UVW)时，负载 B 相白炽灯泡比 C 相亮。试通过计算，证明该结论。

六、数据处理及分析

请尝试说明中性点的偏移位置与什么有关。

11.2 三相负载星形连接电路电压、电流测量

一、实验目的

掌握三相负载星形连接方法，验证相、线电压和相、线电流的关系。

二、实验原理

1. 三相对称负载星形连接

三相负载可作星形连接(又称“Y”接法)，图 11.2.1 所示为两种“Y”接法。当三相对称

负载作星形连接时，负载相电压分别为 $\dot{U}_{AO}$、$\dot{U}_{BO}$、$\dot{U}_{CO}$，其大小均为 U_P，与电源相电压 $\dot{U}_{UN}$、$\dot{U}_{VN}$、$\dot{U}_{WN}$ 大小相等。电路线电压 U_L 为两相线路之间的电压，其大小为负载相电压 U_P 的 $\sqrt{3}$ 倍。通过每相线路的电流被称为线电流，通过每相负载的电流被称为相电流，线电流 I_L 等于相电流 I_P，即 $U_L=\sqrt{3}U_P$，$I_L=I_P$，此时流过中线的电流 $I_0=0$，所以可以省去中线，使用三相三线制接法如图 11.2.1(a)所示。

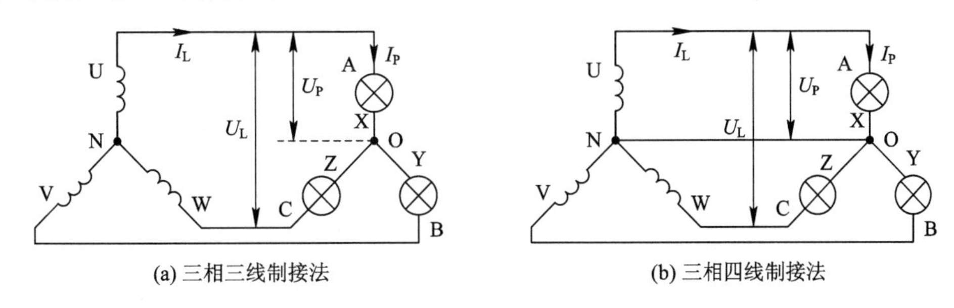

图 11.2.1　三相负载星形连接电路

2. 三相不对称负载星形连接

不对称三相负载作星形连接时，必须采用三相四线制接法，即 Y_0 接法。而且中线必须牢固连接，以保证三相不对称负载的每相电压维持对称不变。倘若中线断开，会导致负载中性点偏移，三相负载电压的不对称，致使负载轻的那一相的相电压过高，使负载遭受损坏；负载重的一相相电压又过低，使负载不能正常工作。尤其是对于三相照明负载，必须一律采用 Y_0 接法。如图 11.2.1(b)所示即为负载星形连接的三相四线制电路。

三、实验设备

本实验所需设备见表 11.2.1。

表 11.2.1　实验设备名称、型号和数量

设备名称	设备型号规格	数量
自耦调压器	输出电压调至要求值	1 台
手持式万用表	UT39A/AC750V	1 块
台式万用表	DM3058E/10A	1 台
实验元件	三相实验箱	1 套

四、实验内容——三相负载星形连接(三相四线制供电)

关闭电源，将自耦调压器手柄逆时针旋转至零位，按图 11.2.2 所示线路连接实验电路。图中 U、V、W、N 为实验台上三相调压输出的接口，A、B、C、X、Y、Z 为三相交流实验箱上灯泡组负载接口，S 为中线开关。连接完毕，经检查确认正确后，方可开启实验台电源，调节自耦调压器使电源输出的相电压(即 U_{WN} 或 U_{VN} 或 U_{UN})为 127 V，按表 11.2.2 所示内容完成各项实验，分别测量三相负载的线电压、相电压、线电流、中线电流、电源与负载中点间的电压。将测量数据填入表 11.2.2 中，并观察各相灯组亮暗的变化程度，理解中线的作用。测量完毕后，将自耦调压器手柄逆时针调至零位，关闭电源。

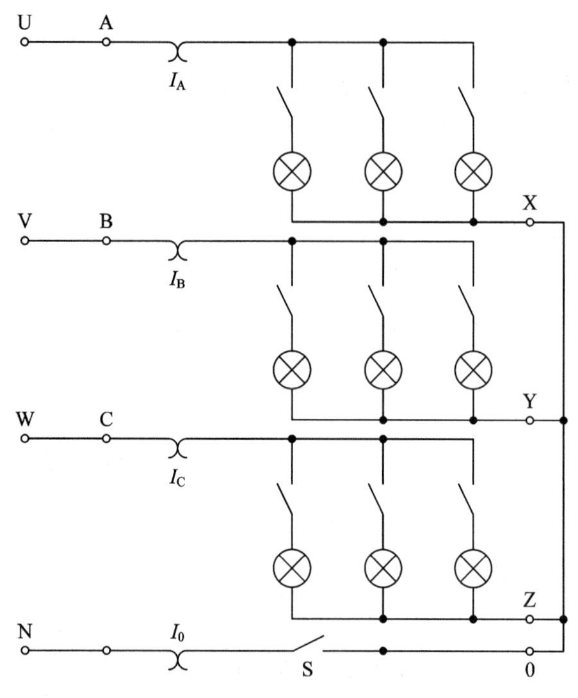

图 11.2.2　三相负载星形连接实验电路

注意：

① 调节自耦调压器使电源输出相电压为 127 V，频率为 50 Hz，注意电源相电压与负载相电压的区别。

② 实验中由于灯泡发热严重，不要触摸灯泡，实验导线不能搁在灯泡上，安全注意事项同 11.1 节中相序指示实验。

表 11.2.2　三相负载星形连接测量

测量数据实验内容（负载情况）	线电流/A			负载线电压/V			负载相电压/V			中线电流 I_0/A	中点电压 U_{N0}/V
	I_A	I_B	I_C	U_{AB}	U_{BC}	U_{CA}	U_{A0}	U_{B0}	U_{C0}		
Y_0 接法对称负载											
Y 接法对称负载											
Y_0 接法不对称负载											
Y 接法不对称负载											

说明：在表 11.2.2 中，Y_0 表示负载为星形连接且有中线(即开关 S 闭合)，Y 表示负载为星形连接且没有中线(即开关 S 断开)；对称负载指 A、B、C 三相亮灯盏数都为 3 盏，不对称负载指三相亮灯盏数分别为 1 盏、2 盏和 3 盏。

五、预习思考题

(1) 三相四线制星形连接电路中，什么情况下会产生中线电流？

(2) 在本实验中，电源相电压为多少？在 Y 接法与 Y_0 接法中的对称与不对称负载情况下，负载端相电压大小是否与电源相电压大小一致？请分 4 种情况说明。

六、数据处理及分析

(1) 用表 11.2.2 中的测量数据验证三相负载作星形连接时，线、相电压及线、相电流之间的关系，注意需分类讨论，每种情况代入一组电压、电流数据，内容包含表 11.2.2 中的 4 种情况。

(2) 用表 11.2.2 中的实验数据说明在星形连接中的对称和不对称负载情况下，有或无中线对电路的影响。

11.3　三相负载三角形连接电路电压、电流测量

一、实验目的

掌握三相负载三角形连接方法，验证相、线电压和相、线电流的关系。

二、实验原理

1. 三相对称负载三角形连接

三相负载可接成三角形(又称△接法)。当三相对称负载作三角形连接时，负载端相电压分别为 $\dot{U}_{AB}$、$\dot{U}_{BC}$、$\dot{U}_{CA}$，其大小均为 U_P，与电源相电压 $\dot{U}_{UN}$、$\dot{U}_{VN}$、$\dot{U}_{WN}$ 大小不相等。此外，线、相电流大小存在关系为 $I_L=\sqrt{3}I_P$，线、相电压大小存在关系为 $U_L=U_P$。

2. 三相不对称负载作三角形连接

当三相不对称负载作三角形连接时，$I_L\neq\sqrt{3}I_P$，但只要电源相电压和电路线电压 U_L 对称，加在三相负载上的相电压 U_P 仍是对称的，对各相负载工作没有影响，图 11.3.1 所示为负载三角形连接的三相三线制电路。

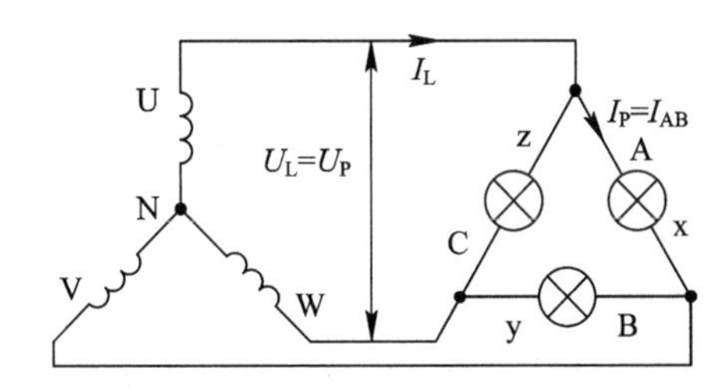

图 11.3.1　三相负载三角形连接的三相三线制电路

三、实验设备

本实验所需设备见表 11.3.1。

表 11.3.1 实验设备名称、型号和数量

设备名称	设备型号规格	数量
自耦调压器	输出电压调至要求值	1台
手持式万用表	UT39A/AC750V	1块
台式万用表	DM3058E/10A	1台
实验元件	三相实验箱	1套

四、实验内容——三相负载三角形连接

关闭电源，将自耦调压器手柄逆时针调至零位。按图 11.3.2 所示连接线路，接线时先将三相负载连接为三角形，再连接其余电路部分。注意图中有 6 个电流检测孔，分别测量 3 个线电流和 3 个相电流，其中线电流需外接检测孔，相电流检测孔为每相内置检测孔，电源相电压为 127 V，按表 11.3.2 所示的内容进行测量。测量完毕后，将自耦调压器手柄逆时针调至零位，关闭电源。安全注意事项同 11.1 和 11.2 节。

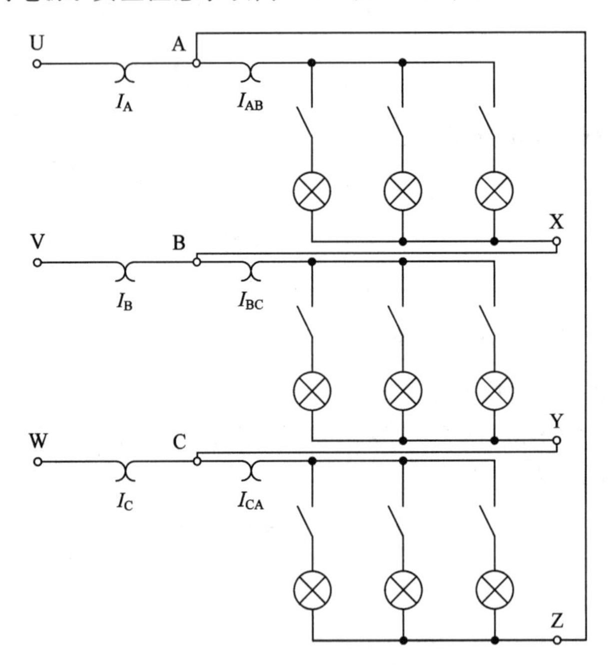

图 11.3.2 三相负载三角形连接实验电路

表 11.3.2 三相负载三角形连接测量

测量数据 负载情况	亮灯盏数			负载线电压＝相电压/V			线电流/A			负载相电流/A		
	A—B 相	B—C 相	C—A 相	U_{AB}	U_{BC}	U_{CA}	I_A	I_B	I_C	I_{AB}	I_{BC}	I_{CA}
三相对称	3	3	3									
三相不对称	1	2	3									

五、预习思考题

在本实验中，电源相电压为多少？三相对称与不对称负载情况下，负载端相电压大小是否与电源相电压大小一致？

六、数据处理及分析

用表 11.3.2 中的测量数据验证三相负载作三角形连接时，线、相电压及线、相电流之间的关系，注意需分类讨论，每种情况代入一组电压、电流数据，内容包含表 11.3.2 中的两种情况。

11.4　三相电路功率测量

一、实验目的

(1) 掌握用一瓦特表法、二瓦特表法测量三相电路有功功率与无功功率的方法。

(2) 进一步熟练掌握功率表的接线和使用方法。

二、实验原理

1. 有功功率的测量

对于三相四线制供电的星形连接(即 Y_0 接法)的三相负载，可用 3 只功率表测量各相的有功功率 P_A、P_B、P_C，则三相功率之和($\sum P=P_A+P_B+P_C$)即为三相负载的总有功功率值，这种方法被称为三瓦特表法，如图 11.4.1 所示。若三相负载是对称的，则只需测量一相的功率，再乘以 3 即得三相总的有功功率，这种方法被称为一瓦特表法。

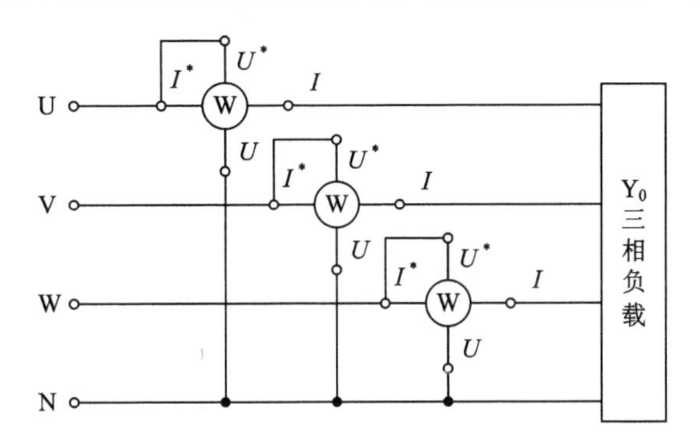

图 11.4.1　三瓦特表法测量有功功率电路图

三相三线制供电系统中，不论三相负载是否对称，也不论负载是 Y 接法还是△接法，都可用二瓦特表法测量三相负载的总有功功率。测量线路如图 11.4.2 所示，三相总功率 $\sum P=P_1+P_2$，其中任意一个功率表的读数是没有意义的，若负载为感性或容性，且其功率因数 $\cos\varphi<0.5$，即阻抗角 $|\varphi|>60°$ 时，线路中的一只功率表将出现负读数，其读数记为负值。在负载对称时，二瓦特表法的读数还可以反映电路的无功功率或功率因数。设 Q 为

电路的无功功率，φ 为负载的阻抗角，可得

$$Q=\sqrt{3}(P_1-P_2)$$
$$\cos\varphi=\cos\left[\arctan\frac{\sqrt{3}(P_1-P_2)}{P_1+P_2}\right] \tag{11.4.1}$$

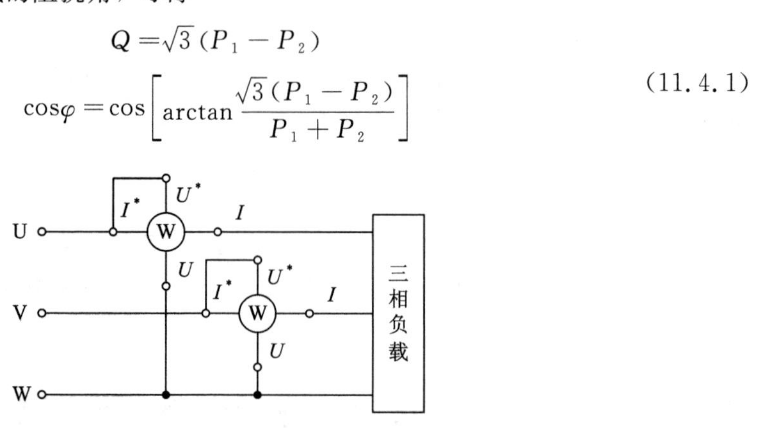

图 11.4.2　二瓦特表法测量有功功率电路

2. 无功功率的测量

对于三相三线制供电的三相对称负载，可用一瓦特表法测量三相负载的总无功功率 Q，测量线路如图 11.4.3 所示。图中功率表读数的 $\sqrt{3}$ 倍，即为对称三相电路总的无功功率。除了图 11.4.3 所示的连接法（I_U、U_{VW}）外，还有两种连接法（I_V、U_{UW} 或 I_W、U_{UV}）。

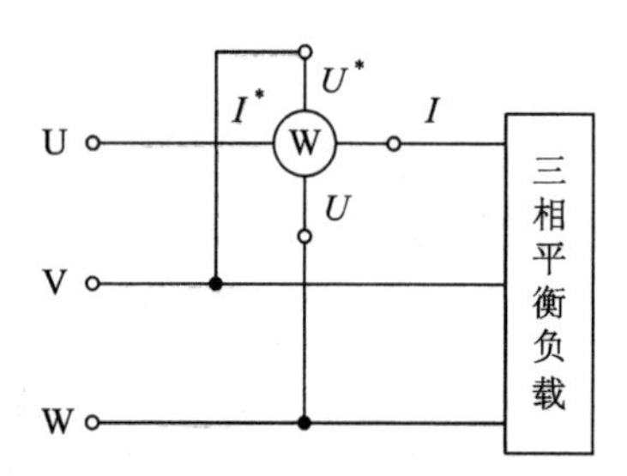

图 11.4.3　一瓦特表法测量无功功率电路

三、实验设备

本实验所需设备见表 11.4.1。

表 11.4.1　实验设备名称、型号和数量

设备名称	设备型号规格	数量
自耦调压器	输出电压调至要求值	1 台
功率表	双路单相功率表	2 块
手持式万用表	UT39A/AC750V	1 块
台式万用表	DM3058E/10A	1 台
实验元件	三相实验箱	1 套

四、实验内容

1. 用三瓦特表法测 Y_0 接法三相对称负载及 Y_0 接法三相不对称负载的总功率 $\sum P$

先将电源调至零位，关闭电源，再按图 11.4.1 所示接线，检查电路，确认正确后打开电源，调节自耦调压器，将电源相电压调至 127 V，测量功率，将数据记录在表 11.4.2 中。

注意：

① 本次实验电源相电压为 127 V，接线、换线、拆线应关闭电源，注意安全。

② 用功率表测量功率时，每相的电压和电流不能超过功率表的电压和电流的量程。

表 11.4.2　三瓦特表法测量功率

负载情况	开灯盏数			测量数据/W			计算值/W
	A 相	B 相	C 相	P_A	P_B	P_C	$\sum P$
Y_0 接法对称负载	3	3	3				
Y_0 接法不对称负载	1	2	3				

2. 用二瓦特表法测定三相负载的总功率

先将电源调至零位，关闭电源，按图 11.4.2 所示接线，先将三相负载作 Y 接法，检查电路，确认正确后打开电源，调节自耦调压器，将电源相电压调至 127 V，测量功率，将数据记录在表 11.4.3 中。

将三相负载改成△接法，重复上述的测量步骤，将数据记录在表 11.4.3 中。

注意事项同实验内容 1。

表 11.4.3　二瓦特法测有功功率

负载情况	开灯盏数			测量数据/W		计算值/W
	A 相	B 相	C 相	P_1	P_2	$\sum P$
Y 接法对称负载	3	3	3			
Y 接法不对称负载	1	2	3			
△接法对称负载	3	3	3			
△接法不对称负载	1	2	3			

3. 用一瓦特表法测量星形接法三相对称负载的无功功率

先将电源调至零位，关闭电源，按图 11.4.4 所示接线，其中负载为三相对称灯泡，检查电路，确认正确后，打开电源，调节自耦调压器，将电源相电压调至 127 V，读取功率表

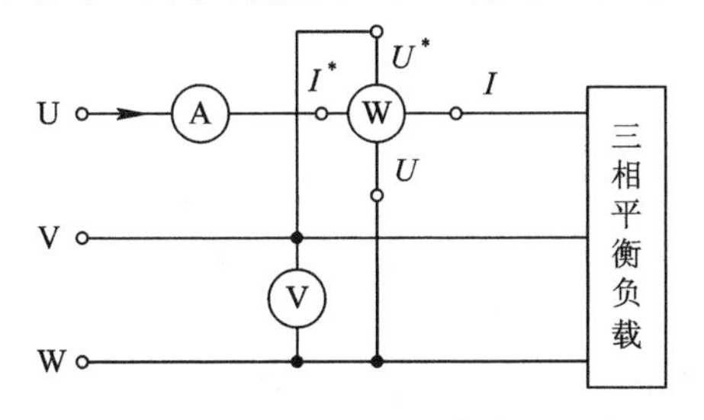

图 11.4.4　测量无功功率实验电路

的读数并记入表 11.4.4 中。

将负载换成三相电容，检查接线无误后，接通三相电源，将调压器的输出相电压调到 127 V，读取功率表的读数并记入表 11.4.4 中。

分别按 I_V、U_{UW} 和 I_W、U_{UV} 接法，重复上述的测量，并比较各自的 $\sum Q$ 值。

注意事项同实验内容 1。

表 11.4.4　测量无功功率

接法	负载情况	测量值			计算值
		U/V	I/A	Q/Var	$\sum Q=\sqrt{3}Q$/Var
I_U，U_{VW}	(1)三相对称灯组(每相亮 3 盏)				
	(2)三相对称电容器(每相 4.7 μF)				
I_V，U_{UW}	(1)三相对称灯组(每相亮 3 盏)				
	(2)三相对称电容器(每相 4.7 μF)				
I_W，U_{UV}	(1)三相对称灯组(每相亮 3 盏)				
	(2)三相对称电容器(每相 4.7 μF)				

五、预习思考题

在三相三线制中使用二瓦特表法测量三相负载的总功率，以图 11.4.2 为例，证明三相负载总功率 $\sum P=P_1+P_2$。

六、数据处理及分析

(1) 完成实验内容的所有表中的计算，比较一瓦特表法和二瓦特表法的测量结果。

(2) 总结、分析三相电路功率测量的方法与结果。

11.5　三相电路故障虚拟实验

一、实验目的

(1) 掌握 Multisim14.0 中三相电路的仿真方法。

(2) 观察故障情况下三相电路的电压、电流和负载情况。

二、实验原理

在三相交流电路中，三相电源与负载的正确连接极为重要，在 11.2 和 11.3 节中已介绍了三相不对称负载对电路的影响，若电源或负载发生故障，会对整个电路造成极大的影响，导致电力系统无法正常运行。常见的电力系统故障分为短路故障和断路故障。

短路故障通常包含三相短路、两相短路、单相接地短路和两相接地短路，如图 11.5.1

所示。短路故障的危害很多，如：短路电流过大造成设备过热损坏；短路电流使导体间产生巨大的电动力，从而引起电气设备变形或损坏；短路时系统电压大幅下降，造成负载停止工作；不对称短路时，电流的互感现象会对周边电路产生干扰；短路会造成停电事故且短路越靠近电源，停电波及的范围越大；短路使各发电机间失去同步，电力系统崩溃等。

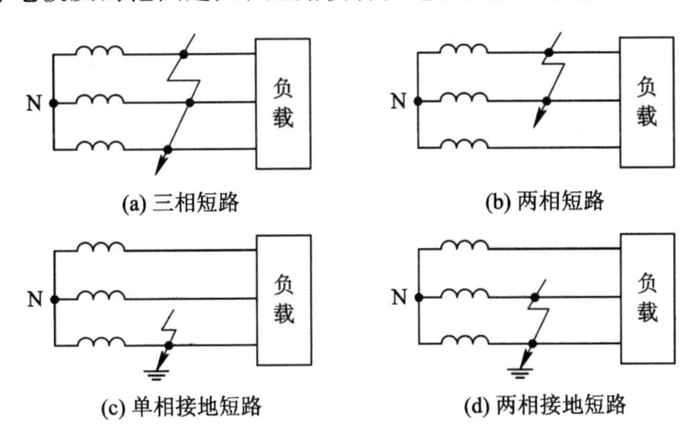

图 11.5.1　三相电路短路故障

开路故障通常包含单相负载断路、两相负载断路造成的三相负载不对称现象。

以上三相电路故障中，除三相短路故障为对称故障，其余均为不对称电路故障。若电路中只发生一种故障，则称为简单故障；若电路中同时发生两种或以上故障，则称为复杂故障。

三、Multisim14.0 仿真平台、元件和仪器的使用

本次实验中，需要使用的元件有白炽灯、地线、单刀单掷开关，需要使用的仪器有三相交流电源、万用表。

1. 三相交流电源

选择菜单栏中的“绘制”→“元器件”，选择“数据库”为“主数据库”，“组”为“Sources”，“系列”为“POWER_SOURCES”，可以看到 Y 接法和△接法两种三相电源，本实验选择 Y 接三相电源“THREE_PHASE_WYE”，插入电路模型作为三相交流电源，如图 11.5.2 所示。

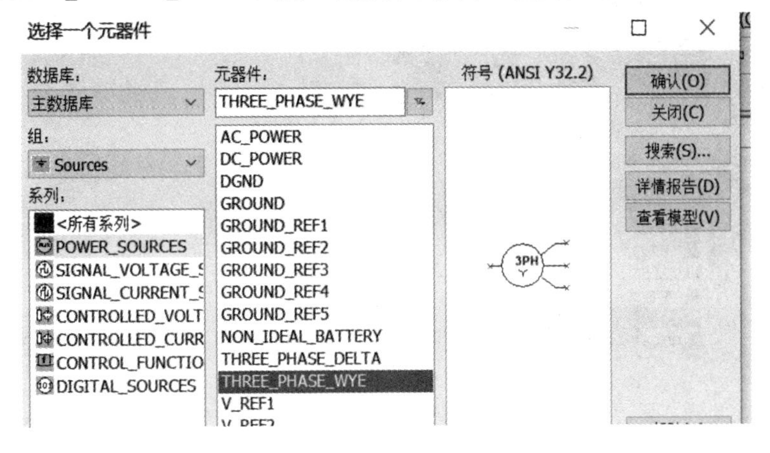

图 11.5.2　绘制三相交流电源

2. 单刀单掷开关

选择菜单栏中的“绘制”→“元器件”，选择“数据库”为“主数据库”，“组”为“Basic”，“系列”为“SWITCH”，在“元器件”下选择“SPST”，插入开关，如图 11.5.3 所示。

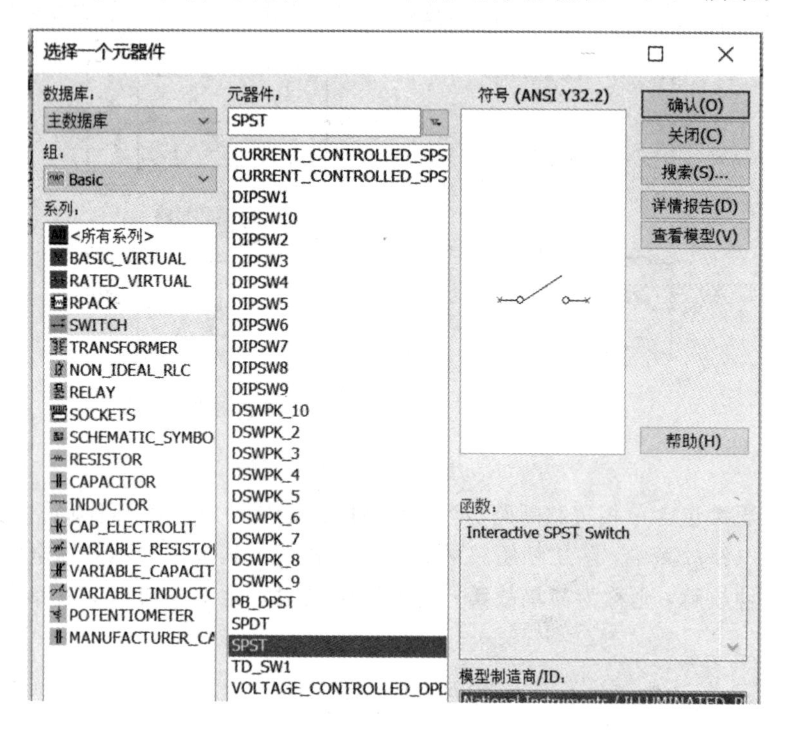

图 11.5.3　绘制开关

3. 白炽灯

选择菜单栏中的“绘制”→“元器件”，选择“数据库”为“主数据库”，“组”为“Indicators”，“系列”为“VIRTUAL_LAMB”，“元器件”为“LAMP_VIRTUAL”，插入白炽灯泡，如图 11.5.4 所示。插入绘图区后，双击灯泡图标，设置值为 220 V/30 W。

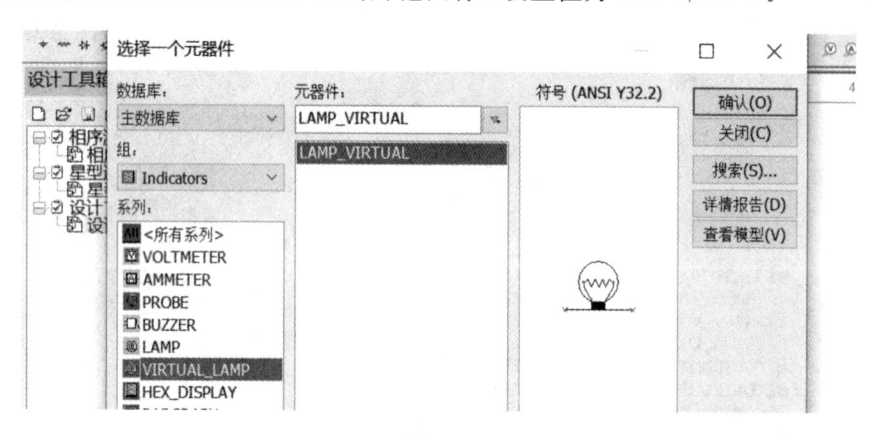

图 11.5.4　绘制灯泡

四、实验内容

1. 三相负载Y接法电路故障

按图11.5.5所示在Multisim14.0中搭建仿真电路，图中为两相短路情况，需在A相输电线上绘制结点后连至B相输电线。

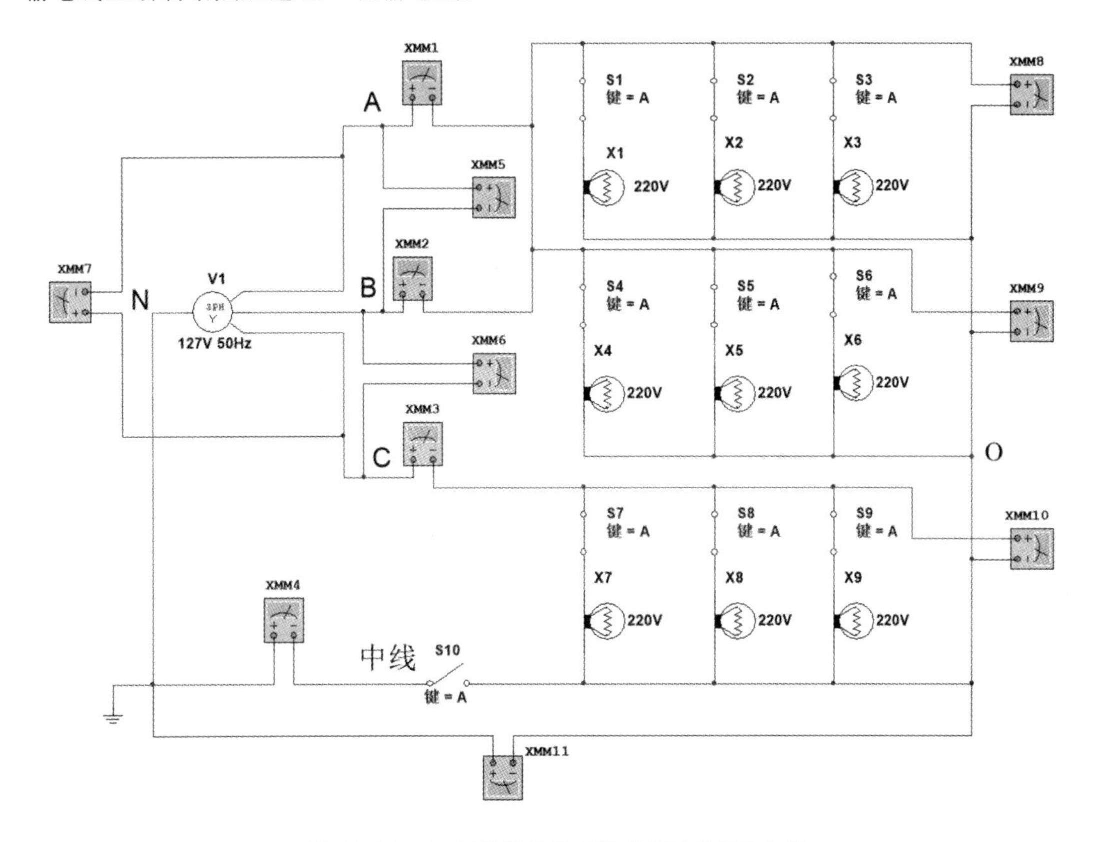

图11.5.5　三相负载星形连接两相短路实验电路

图11.5.5中的万用表XMM1～XMM4为交流电流表，分别测量线电流I_A、I_B、I_C和中线电流I_0。XMM5～XMM11为交流电压表，为了便于区分，电压表的连接导线用蓝色标注。三相电源U_1参数为220 V/50 Hz，灯泡参数为220 V/30 W。按如下要求分别模拟各种故障情况。

(1) 在不接中线且三相负载对称的前提下，分别模拟三相短路、两相短路、单相接地短路和两相接地短路，自绘表格记录相关电压、电流值和负载工作情况。

(2) 接入中线后，重复上述操作。

(3) 在不接中线的前提下，分别模拟单相负载断路、两相负载断路，自绘表格记录相关电压、电流值和负载工作情况。

(4) 接入中线后，重复上述操作。

2. 三相负载△接法电路故障

请参照图11.5.5所示电路自行在Multisim14.0中搭建三角形连接仿真电路，并按如下要求模拟各种故障情况。

（1）三相对称情况下，分别模拟三相短路、两相短路、单相接地短路和两相接地短路，自绘表格记录相关电压、电流值和负载工作情况。

（2）分别模拟单相负载断路、两相负载断路，自绘表格记录相关电压、电流值和负载工作情况。

（3）分别模拟单相线路断路、两相线路断路，自绘表格记录相关电压、电流值和负载工作情况。

五、预习思考题

设计本实验内容中各种故障电路并截图。

六、数据处理及分析

根据实验内容 1 的结果，说明在星形连接中，有或无中线对故障电路的影响。

第十二章　RLC 网络频率特性与谐振电路

滤波电路与谐振电路被广泛应用在通信系统与电力系统中，例如接收广播电视信号或无线通信信号时，使接收电路的频率与所选择的广播电视台或无线电台发射的信号频率相同就叫作调谐；在电力系统中，交流耐压实验用于考验电气设备的绝缘耐压能力，而测量某些大型电力设备需要极大的电源电压，将被测设备串入谐振电路达到谐振状态时，被测设备两端会产生极高电压，通过设备的电流也会变为极大，电源只需提供电路中有功消耗的部分。除此之外，第九章中介绍过并联电容器提高感性电路功率因数，使电路呈阻性，即为并联谐振的应用。本章主要学习 *RLC* 电路的频率特性及与此相关的滤波电路，串并联 *RLC* 谐振电路的组成、谐振条件、谐振特性曲线及其应用。

12.1　RC 一阶电路的频率特性

一、实验目的

（1）了解 *RC* 一阶电路的幅频特性曲线及其绘制方法。

（2）了解由 *RC* 一阶电路构成的低通滤波器、高通滤波器特点。

二、实验原理

1. 滤波器

第八章曾对有源滤波器进行过详细介绍，本章主要介绍无源滤波器相关实验。滤波器是一种选频电路，无源滤波电路通常由电容、电感和电阻组成。滤波器可以仅允许选定频率范围内的信号通过，同时抑制其他频率信号。常用的 5 种滤波器类型为低通滤波器、高通滤波器、带通滤波器、带阻滤波器和全通滤波器。其中低通滤波器仅允许低于某频率的信号通过；高通滤波器仅允许高于某频率的信号通过；带通滤波器仅允许特定频段的信号通过，抑制低于或高于该频段的信号；带阻滤波器抑制特定频段内的信号，允许该频段以外的信号通过；全通滤波器允许全频率信号通过。

2. *RC* 一阶电路频率特性

在第七章中介绍过 *RC* 一阶电路的暂态过程，如图 12.1.1 所示的两个 *RC* 一阶电路，

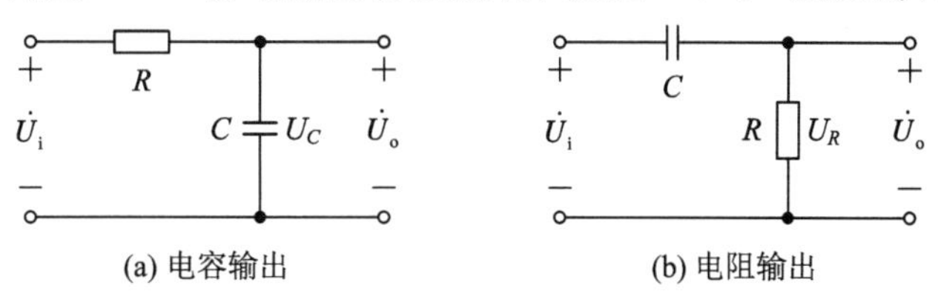

图 12.1.1　*RC* 一阶电路

其暂态过程分别为微分与积分电路，本节介绍 RC 一阶电路的正弦稳态响应。由于电容的电抗与频率成反比，电容支路有“通高频，阻低频”的特性，当 RC 一阶电路以电容为输出端时，u_o 中只含有直流及低频信号；反之，当 RC 一阶电路以电阻为输出端时，u_o 中只含有高频信号。

当正弦交流信号源 U_i 的幅值维持不变时，在不同频率的信号激励下，测出 U_o 之值，然后以 f 为横坐标，以 $A_u=U_o/U_i$ 为纵坐标(因 U_i 不变，故也可直接以 U_o 为纵坐标)，绘出光滑的曲线，此即为幅频特性曲线，如图 12.1.2 所示分别为两种 RC 一阶电路的幅频特性曲线。图 12.1.2(a)所示曲线表明电容输出电路可被视为低通滤波器，当输出电压的幅度下降到最大值的 $1/\sqrt{2}$ (=0.707)倍时的频率值为截止频率，该低通滤波器的通频带为 0～f_c。图 12.1.2(b)所示曲线表明电阻输出电路可被视为高通滤波器，同理找到截止频率，该高通滤波器的通频带为 f_c～∞。

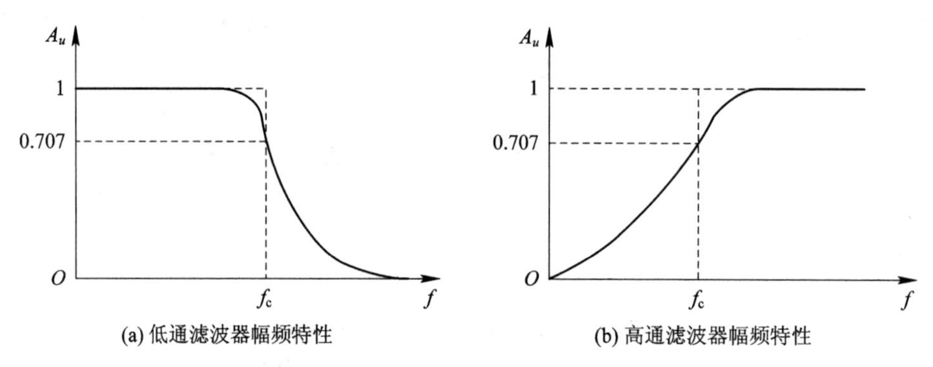

图 12.1.2 RC 一阶电路幅频特性

RC 一阶电路的相量图如图 12.1.3 所示，对于低通滤波器电路可知，$U_{omax}=U_{Cmax}=U_i$，当频率为截止频率 f_c 时有 $U_o=\frac{1}{\sqrt{2}}U_{omax}=\frac{1}{\sqrt{2}}U_i$，根据相量图即可求出 $U_R=\frac{1}{\sqrt{2}}U_i=U_o$，因此 $R=|X_C|=\frac{1}{2\pi f_c C}$，故截止频率 $f_c=\frac{1}{2\pi RC}$。同理可以得出高通滤波器电路截止频率也为 $f_c=\frac{1}{2\pi RC}$。

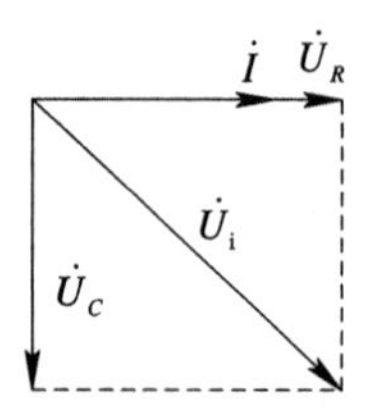

图 12.1.3 RC 一阶电路相量图

三、实验设备

本实验所需设备见表 12.1.1。

表 12.1.1　实验设备名称、型号和数量

设备名称	设备型号规格	数量
函数信号发生器	DG1062Z/60 MHz	1 台
台式万用表	DM3058E/10A	1 台
实验元件	九孔电路实验板，插件式模块	1 套

四、实验内容

1. 测量低通滤波器电路的频率特性

按图 12.1.1(a)所示连接电路，其中函数信号发生器输出正弦信号，电压 $U_i=2$ V，电容 $C=0.01$ μF，电阻 $R=510$ Ω，用台式万用表测量在不同频率下的电容电压 U_C，将调节的频率值及测量的电压值记入表 12.1.2 中。

注意：

① 因函数信号发生器带载能力的不同，实际带载输出未达到 2 V，需要用台式万用表实时监测并调整，使函数信号发生器实际输出电压始终保持 $U_i=2$ V(有效值)不变。

② 频率选择区间要足够大，能够充分反映幅频曲线特点。

③ 必须测量理论截止频率 f_c 和实际截止频率 f'_c 并用下画线标出，测量频率按从小到大填写。

表 12.1.2　低通滤波器电路频率特性的测量

f/kHz													
U_C/V													

2. 测量高通滤波器电路的频率特性

按图 12.1.1(b)所示连接电路，电路参数同实验内容 1，用台式万用表测量在不同频率下的电阻电压 U_R，将调节的频率值及测量的电压值记入表 12.1.3 中，注意事项同实验内容 1。将 R 改为 1 kΩ，重复上述操作并记录数据。

表 12.1.3　高通滤波器电路频率特性的测量

$R=510$ Ω	f/kHz													
	U_R/V													
$R=1$ kΩ	f/kHz													
	U_R/V													

五、预习思考题

(1) 如图 12.1.1 所示，电容 C 为 0.01 μF，电阻 R 分别为 510 Ω 和 1 kΩ，计算理论截止频率 f_c。

（2）实验中为什么要强调必须保持函数信号发生器的输出电压恒定？

（3）如何测量实际截止频率 f'_c？

六、数据处理及分析

（1）绘出低通滤波器频率特性曲线 $U_R=F(f)$，曲线图中需标明测量的实际截止频率 f'_c。

（2）在同一坐标系内绘出不同 R 值时的高通滤波器频率特性曲线 $U_R=F(f)$，曲线图中需标明测量的实际截止频率 f'_c，根据曲线说明 R 值的大小对高通滤波器频率特性的影响。

12.2 *RLC* 串联谐振电路

一、实验目的

（1）了解谐振现象，加深理解 *RLC* 串联谐振电路的谐振条件及特点。

（2）研究电路中元器件参数对串联谐振电路特性的影响。

（3）掌握串联谐振电路谐振频率、通频带及品质因数的测量计算方法。

（4）掌握串联谐振曲线的绘制方法。

二、实验原理

1. *RLC* 谐振电路的定性认识

在含有电阻、电感和电容的交流电路中，电路两端电压与其电流一般是不同相的，若调节电路参数或电源频率使电流与电源电压同相，电路呈阻性，则此时电路的工作状态被称为谐振状态。

谐振现象是正弦交流电路的一种特定现象，它在电子和通信工程中得到广泛应用，但在电力系统中，发生谐振有可能破坏系统的正常工作，故谐振状态常被用来测定极值，进行过压过流保护参数的测定。

谐振一般分为串联谐振和并联谐振。顾名思义，串联谐振就是在串联电路中发生的谐振，并联谐振就是在并联电路中发生的谐振，本节主要介绍串联谐振。

2. 串联谐振发生条件及谐振频率

如图 12.2.1(a)所示的 *RLC* 串联电路中，当电路发生谐振时，电路呈纯阻性。根据图 12.2.1(b)所示可知电路发生谐振时，应有 $\dot{U}_L=-\dot{U}_C$，即有 $X_L=X_C$，进而有 $\omega L=\dfrac{1}{\omega C}$，可得谐振角频率 ω_0 与谐振频率 f_0 如下：

$$\begin{cases}\omega_0=\dfrac{1}{\sqrt{LC}}\\[2ex] f_0=\dfrac{1}{2\pi\sqrt{LC}}\end{cases} \tag{12.2.1}$$

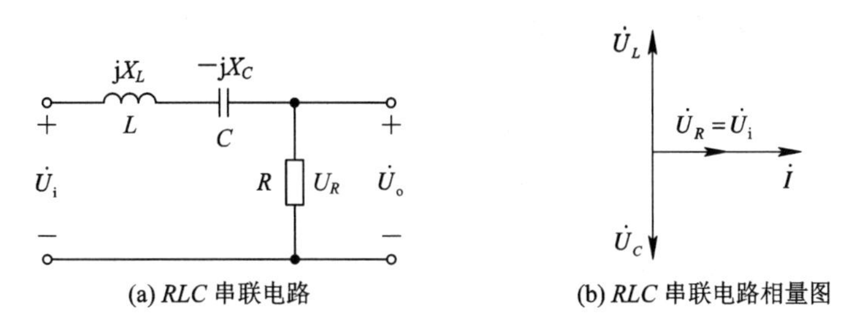

图 12.2.1　RLC 串联电路及其相量图

3. 串联谐振曲线及谐振特点

(1) RLC 串联谐振曲线。在图 12.2.1 所示的 RLC 串联电路中，当正弦交流信号源 U_i 的频率 f 改变时，电路中的感抗、容抗随之而变，电路中的电流也随 f 而变。取电压 U_o 作为响应，当输入电压 U_i 的幅值维持不变时，在不同频率的信号激励下，测出 U_o 之值，然后以 f 为横坐标，以 U_o/U_i 为纵坐标(因 U_i 不变，故也可直接以 U_o 为纵坐标)，绘出光滑的曲线，此即为幅频特性曲线，亦称谐振曲线。其中，f_0 为谐振频率，f_1 和 f_2 是失谐时，即输出电压的幅度下降到最大值的 $1/\sqrt{2}$(=0.707)倍时的截止频率，而介于两截止频率之间的频率范围被称为通频带 Δf，如图 12.2.2 所示。RLC 串联电路可视为带通滤波器。

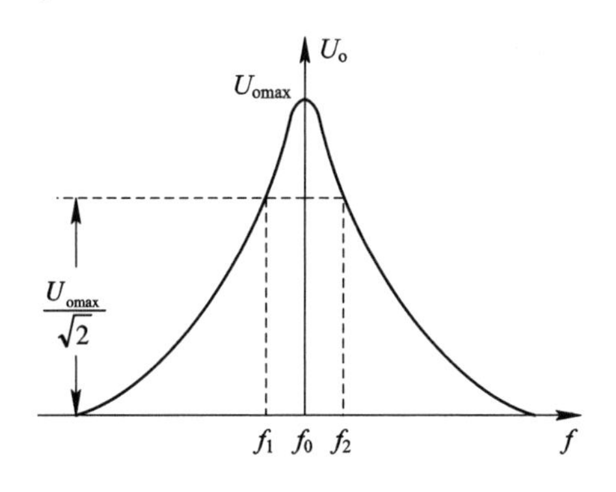

图 12.2.2　RLC 串联谐振曲线

(2) RLC 串联谐振电路特性。幅频特性曲线尖峰所在的频率点即为谐振频率 $f=f_0=\frac{1}{2\pi\sqrt{LC}}$。此时电路具有以下特点：

① $X_L=X_C$，电路呈纯阻性。

② 端电压与端电流同相，电路阻抗的模为最小。

③ 在输入电压 U_i 为定值时，电路中的电流达到最大值，且与输入电压 U_i 同相位。

④ 从理论上讲，此时 $U_i=U_R=U_o$，$U_L=U_C$。

当串联电路达到谐振状态时，在电感和电容上可能产生比电源电压大很多倍的高电压，因此串联谐振也称电压谐振。

4. 串联电路品质因数 Q 值及其测量方法

品质因数是电路的一个重要参数，从能量的角度定义，品质因数反映了电路中能量之间的转换关系，即电路的储能效率。

在图 12.2.1(a)所示的串联电路中，当电路处于谐振状态时，电感上的电压或电容上的电压与电源电压有效值之比为串联电路的品质因数，即

$$Q=\frac{U_L}{U_i}=\frac{U_C}{U_i}=\frac{\omega_0 L}{R}=\frac{1}{\omega_0 CR}=\frac{\sqrt{\frac{L}{C}}}{R} \tag{12.2.2}$$

可见，品质因数 Q 值的大小仅由电路参数决定，与电路的信号无关。

测量方法如下：

① 根据上述的计算公式直接求得。

② 通过测量串联谐振曲线的通频带宽度 $\Delta f=f_2-f_1$，再根据 $Q=f_0/(f_2-f_1)$ 求出 Q 值。Q 值越大，通频带越窄，曲线越尖锐，电路选择性能越好，如图 12.2.3 所示为不同 Q 值时的 RLC 串联电路谐振曲线。

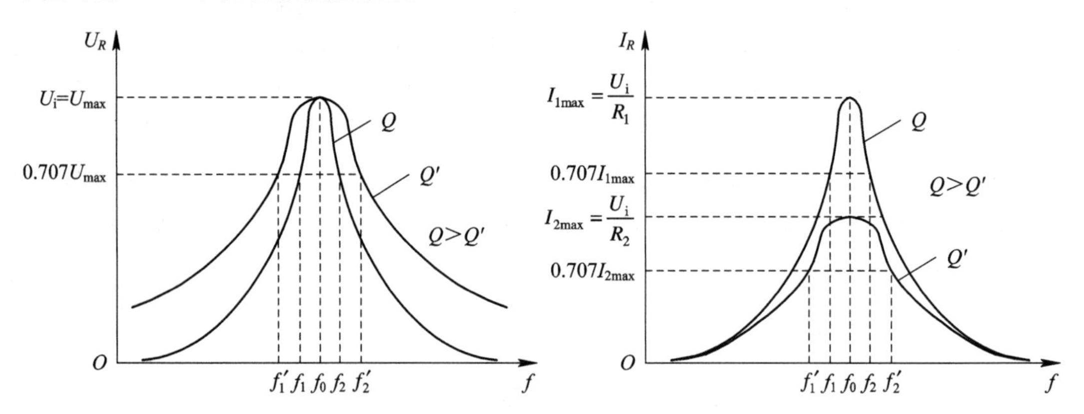

图 12.2.3　不同 Q 值时的 RLC 串联电路谐振曲线

三、实验设备

本实验所需设备见表 12.2.1。

表 12.2.1　实验设备名称、型号和数量

设备名称	设备型号规格	数量
函数信号发生器	DG1062Z/60MHz	1 台
台式万用表	DM3058E/10A	1 台
实验元件	九孔电路实验板，插件式模块	1 套

四、实验内容

1. 观察 *RLC* 串联电路的谐振现象并测量其频率特性

按图 12.2.1(a)所示连接电路，其中函数信号发生器输出正弦信号，电压 $U_i=2$ V，电感 $L=30$ mH，电容 $C=0.01$ μF，电阻 $R=510$ Ω，根据预习思考题(1)中计算的 f_0，在 f_0 附近调节函数信号发生器，输出信号频率 f，用台式万用表测量在不同频率下的电阻电压 U_R、电感电压 U_L 和电容电压 U_C 值，找出实际谐振点 f'_0 使 U_R 达到最大值，将调节的频率值及测量的电压值记入表 12.2.2 中，观察电路的谐振现象，判断电路的阻抗

性质。

注意：

① 因函数信号发生器带载能力的不同，实际带载输出未达到 2 V，需要用台式万用表实时监测并调整，使函数信号发生器实际输出电压始终保持 $U_i=2$ V(有效值)不变。

② 选择频率区间为 2～16 kHz。

③ 在理论谐振频率 f_0 附近要多取几点，且必须测量理论谐振频率点 f_0 与实际谐振点 f_0'，测量频率按从小到大填写，并在表中用下画线标明 f_0、f_0'、f_1、f_2、$U_{R\max}$、$U_{C\max}$、$U_{L\max}$ 这些特殊值。

表 12.2.2　$R=510\ \Omega$ 时 RLC 串联电路频率特性测量

(测量的频率点应能反映谐振曲线的特征和完整性)

f /kHz												
U_R/V												
U_L/V												
U_C/V												
I/mA												

按表 12.2.2 中的测量数据，将测量的实际谐振频率 f_0'、截止频率 f_1 和 f_2 及对应的电压值填入表 12.2.3 中。

表 12.2.3　$R=510\ \Omega$ 时 RLC 串联谐振电路

f/kHz		U_R/V	U_L/V	U_C/V	判断电路阻抗性质
谐振频率 f_0'					
截止频率 f_1					
截止频率 f_2					

2. 改变参数测量 RLC 串联电路频率特性

将实验内容 1 中的电阻 $R=510\ \Omega$ 换为 $R=1$ kΩ，其余参数不变，重复实验内容 1，在计算值 f_0 附近调节函数信号发生器输出信号频率 f，用台式万用表测量在不同频率下的电阻电压 U_R 并找出实际谐振点 f_0'，将调节的频率值及测量的电压值记入表 12.2.4 中，观察参数的改变对品质因数和谐振曲线的影响。注意事项同实验内容 1。

表 12.2.4　$R=1$ kΩ 时 RLC 串联电路频率特性测量

(测量的频率点应能反映谐振曲线的特征和完整性)

f /kHz													
U_R/V													
I/mA													

按表 12.2.4 的测量数据，将测量的实际谐振频率 f'_0、截止频率 f_1 和 f_2 及对应的电压值填入表 12.2.5 中。

表 12.2.5　R=1 kΩ 时 RLC 串联谐振电路

f/kHz		U_R/V
谐振频率 f'_0		
截止频率 f_1		
截止频率 f_2		

五、预习思考题

(1) 如图 12.2.1(a)所示，电感 $L=30$ mH，电容 $C=0.01$ μF，电阻 R 为 510 Ω 和 1 kΩ，计算谐振频率 f_0 和品质因数 Q。

(2) 实验中为什么要强调必须保持函数信号发生器的输出电压恒定？

六、数据处理及分析

(1) 计算表 12.2.2 和表 12.2.4 中的电流值，在同一坐标系内绘出不同 Q 值时的频率特性曲线 $I=F(f)$，曲线图中应标明测量的谐振频率 f'_0、截止频率 f_1 和 f_2。

(2) 计算串联谐振电路实际品质因数 Q 值，与理论值比较计算相对误差，并比较 Q 值不同时两曲线的区别。

(3) 绘制电阻 $R=510$ Ω 时的频率特性曲线 $U_L=F(f)$ 和 $U_C=F(f)$ 并分析曲线规律，解释成因。

12.3　RLC 并联谐振电路

一、实验目的

(1) 了解并联谐振电路谐振现象、谐振条件及特点。

(2) 研究电路的元器件参数、电路结构对并联谐振电路特性的影响。

(3) 掌握并联谐振电路频率、通频带及品质因数的测量及计算方法。

(4) 掌握用示波器观测并联谐振时电压、电流关系的方法。

二、实验原理

本节主要介绍并联谐振电路。

1. 并联谐振发生条件及谐振频率

在如图 12.3.1(a)所示的 RLC 并联电路中，电路的导纳 $Y=\frac{1}{R}+\mathrm{j}\left(\omega C-\frac{1}{\omega L}\right)$，其中，$R$

为电阻，ωL 为电感的感抗，$\frac{1}{\omega C}$为电容的容抗。发生并联谐振时，电路呈阻性，则有 $\omega C=\frac{1}{\omega L}$，可得谐振角频率 ω_0 和谐振频率 f_0 如式(12.3.1)所示，与 RLC 串联谐振电路一样，当信号源频率调节到谐振频率 f_0 时，电路发生谐振，谐振频率只由电路本身固有的参数 L 和 C 所决定，即

$$\begin{aligned}\omega_0&=\frac{1}{\sqrt{LC}}\\ f_0&=\frac{1}{2\pi\sqrt{LC}}\end{aligned}\tag{12.3.1}$$

此时，电路相量图见图 12.3.1(b)。

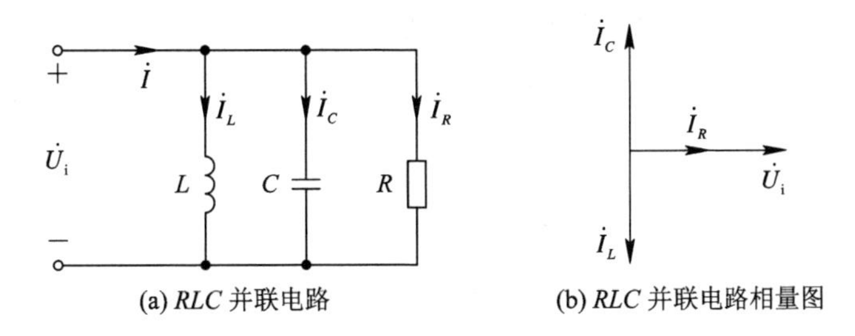

(a) RLC 并联电路　　(b) RLC 并联电路相量图

图 12.3.1　RLC 并联谐振

2. 并联谐振曲线及谐振特点

(1) RLC 并联谐振曲线。在图 12.3.1(a)所示的 RLC 并联电路中，当输入电压 U_i 的幅值维持不变时，在不同频率的信号激励下，测出电路总电流 I 的值，然后以 f 为横坐标，以总电流为纵坐标，绘出光滑的曲线，此即为并联谐振曲线，如图 12.3.2 所示。其中，f_0 为谐振频率，f_1 和 f_2 是电路总电流 I 达到电流最小值的$\sqrt{2}$倍时对应的频率，即电路的截止频率，并联谐振电路可视为带阻滤波器，两截止频率之外的频率范围为通频带。

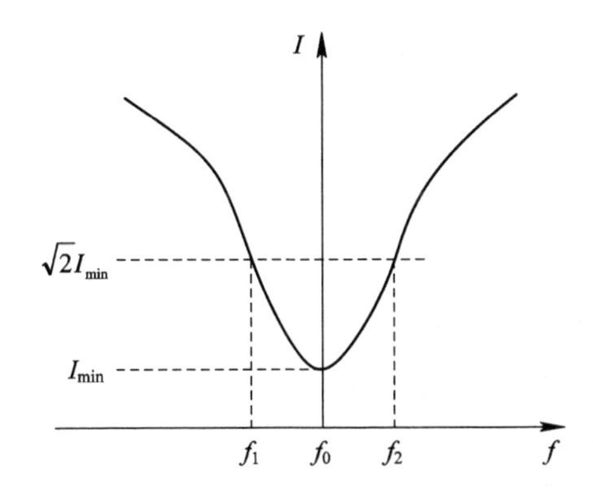

图 12.3.2　RLC 并联谐振曲线

(2) RLC 并联谐振电路特性。根据谐振发生的条件可知 RLC 并联电路发生谐振时，具有以下几个特点：

① 电源输出电流与电压相位相同，电路呈纯阻性。

② 电感支路电流与电容支路电流大小相等，相位相反，互相补偿，电阻支路电流等于总电流。

③ 在输入电压 U_i 为定值时，电路的总电流达到最小值，而支路电流往往大于电路总电流。

④ 当 $f=0$ 或 $f=\infty$时，导纳 $Y=\infty$，阻抗 $Z=0$，电路为短路。

⑤ 并联谐振是一种完全的补偿，电源无需提供无功功率，只提供电阻所需要的有功功率。

发生并联谐振时，端口电压与电路总电流 $\dot{I}$ 同相，此时，电感支路的电流 $\dot{I}_L$ 与电容支路的电流 $\dot{I}_C$ 大小相等，相位相差近似 180°，在外电路抵消。此时的并联电路等效为一个很大的电阻，往往将并联谐振称为电流谐振。

3. *RLC* 并联电路品质因数 *Q* 值及其测量方法

在图 12.3.1(a)所示的 *RLC* 并联电路中，当电路处于谐振状态时，电感电流或电容电流与总电流之比即为电路的品质因数 Q：

$$Q=\frac{I_L}{I}=\frac{I_C}{I}=\frac{R}{\omega_0 L}=\omega_0 CR=R\sqrt{\frac{C}{L}} \tag{12.3.2}$$

与 *RLC* 串联电路一样，品质因数 Q 值的大小仅由电路参数决定，与电路的信号无关。

三、实验设备

本实验所需设备见表 12.3.1。

表 12.3.1 实验设备名称、型号和数量

设备名称	设备型号规格	数量
函数信号发生器	DG1062Z/60 MHz	1 台
数字示波器	DS2102/100 MHz	1 台
台式万用表	DM3058E/10A	1 台
实验元件	九孔电路实验板，插件式模块	1 套

四、实验内容

1. 观察 *RLC* 并联电路的谐振现象并测量其频率特性

按图 12.3.1(a)所示连接电路，增加电流检测孔测量干路电流 I，其中函数信号发生器输出正弦信号，电压有效值$U_i=5$ V，电感 $L=30$ mH，电容 $C=0.01$ μF，电阻 $R=4.7$ kΩ，调频至理论谐振频率 f_0 并测量对应的干路电流 I，在 f_0 附近找出使干路电流达到最小值 I_{min} 所对应的实际谐振频率点 f'_0 填入表 12.3.2 中。计算截止频率时的电流值 $I'=\sqrt{2}I_{min}$，找到 I'对应的频率值，即为截止频率 f_1、f_2。x_1、x_2、y_1、y_2 为自选频率值，满足 $x_1<x_2<f_1$、$y_2>y_1>f_2$。频率选择范围为 4～14 kHz。

表 12.3.2 RLC 并联电路频率特性的测量

f/kHz	$x_1=$	$x_2=$	$f_1=$	$f_0=$	$f_0'=$	$f_2=$	$y_1=$	$y_2=$
I/mA					$I_{\min}=$			

2. 观察 *RLC* 并联电路谐振时的电压电流相位关系

按图 12.3.3 所示连接电路，其中信号发生器输出正弦信号，电压有效值 $U_i=5$ V，电感$L=30$ mH，电容 $C=0.01$ μF，电阻 $R=4.7$ kΩ，串入小电阻 $r=100$ Ω 是为了得到其端电压 u_r，由于干路电流 i 与 u_r 同相位，即可通过 u_r 提取干路电流信号 i 的相位。由于 r 较小，分压较少，AB 两点间端口电压近似于负载两端电压，因此可用示波器观察端口电压 u_{AB} 与 u_r 之间的相位关系，从而得到 u_{AB} 与 i 的相位关系。调节信号发生器频率值，使 u_{AB} 与 u_r 同相位，此时 u_{AB} 与 i 同相位，可得到实际谐振频率 f_0'，在坐标纸上同一坐标系中按 1∶1 比例绘制 u_{AB} 与 u_r 波形，注意标明灵敏度。

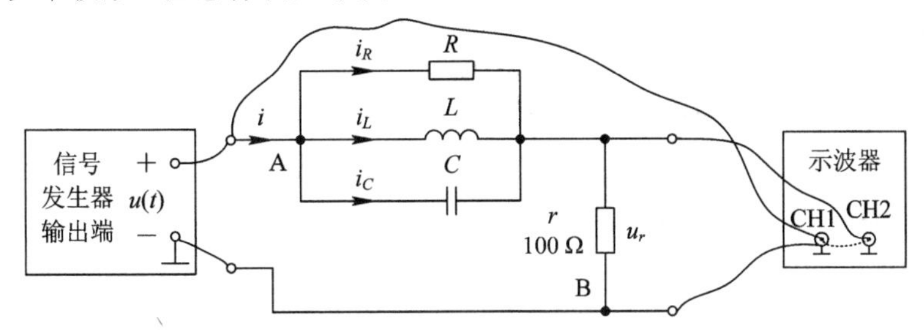

图 12.3.3 并联电路电压电流关系测量电路

3. 观察 *RLC* 并联电路谐振时的电感支路电流 i_L 与电容支路电流 i_C 相位关系

按图 12.3.4 所示连接电路，在电感支路和电容支路中各串联一个小电阻 $r_1=100$ Ω、$r_2=100$ Ω 用于提取电流信号 i_L 与 i_C，打开示波器，即可对 u_{r_1} 和 u_{r_2} 的波形进行观测，这里注意示波器两个通道应选择相同的垂直灵敏度，以便于观察两者的电压幅度是否相等。调节信号发生器频率使 u_{r_1} 和 u_{r_2} 大小相等、相位相反，此时 i_L 与 i_C 大小相等、相位相反，可得到实际谐振频率 f_0'，在坐标纸上同一坐标系下按 1∶1 比例绘制 u_{r_1} 和 u_{r_2} 波形，注意标明灵敏度。

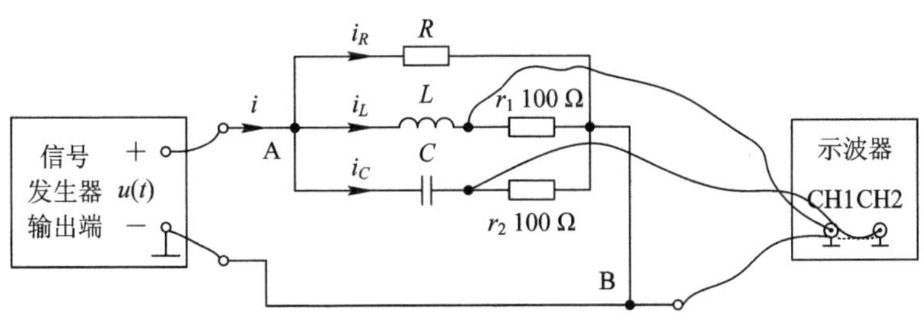

图 12.3.4 i_L 与 i_C 的相位关系测量模型

五、预习思考题

如图 12.3.1(a)所示，电感 $L=30$ mH，电容 $C=0.01$ μF，电阻 $R=4.7$ kΩ，计算谐振频率 f_0 和品质因数 Q。

六、数据处理及分析

根据表 12.3.2 中的数据，结合实验内容 2 和实验内容 3 中观测到的波形图，分析总结 *RLC* 并联谐振电路的特点。

12.4 谐振电路虚拟实验

一、实验目的

(1) 了解串并联谐振电路与滤波器的相关性。

(2) 掌握 Multisim14.0 平台中波特测试仪的使用方法。

(3) 熟练使用波特测试仪得到串并联电路谐振曲线。

二、实验原理

在 12.1 节中介绍了带通滤波器仅允许特定频段的信号通过，抑制低于或高于该频段的信号；带阻滤波器抑制特定频段内的信号，允许该频段以外的信号通过。由图 12.4.1(a)中串联电路的谐振曲线特点可知：12.2 节中 *RLC* 串联谐振电路可被视为输入为信号源电压 U_i，输出为电阻端电压 U_R 的带通滤波器，其通频带为 $f_1 \sim f_2$。由图 12.4.1(b)中并联电路的谐振曲线特点可知：12.3 节中 *RLC* 并联谐振电路可被视为输入为信号源电压 U_i，输出为总电流 I 的带阻滤波器，其通频带为 $0 \sim f_1$ 与 $f_2 \sim \infty$。

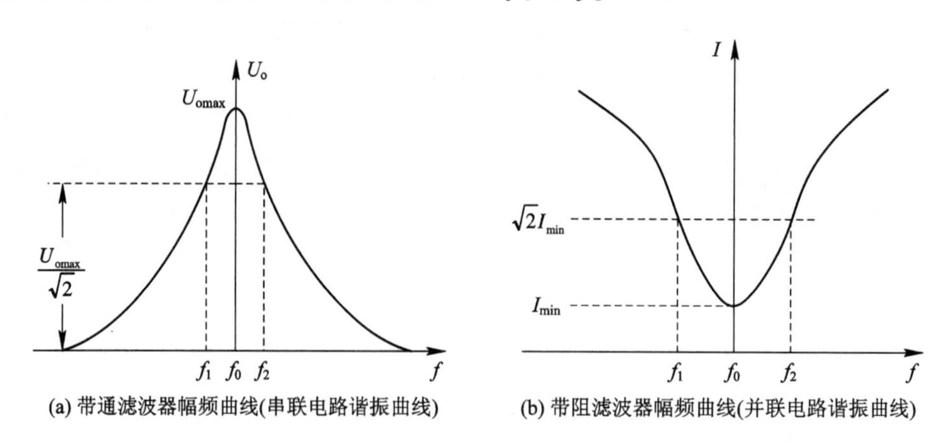

图 12.4.1 串并联电路谐振曲线(幅频曲线)

三、Multisim14.0 仿真平台、元件和仪器的使用

本次实验中，需要使用的元件有电阻、电容、电感、地线，需要使用的仪器有函数发生器、波特测试仪。

单击菜单栏中的“仿真”(Simulate)→“仪器”(Instrument)→“波特测试仪”插入，也可以通过点击右侧快捷栏第六个图标插入，双击图标可修改其参数，如图 12.4.2 所示。

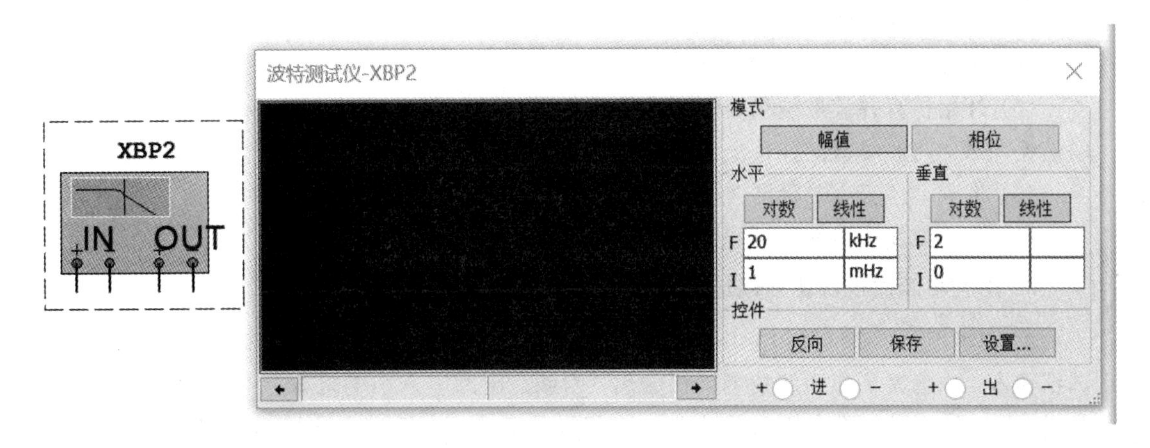

图 12.4.2　插入波特测试仪并修改参数

由于串并联谐振电路可视为滤波电路，因此，可以用仿真软件中的波特测试仪直接观测两种滤波器的波特图，得到谐振曲线。由于在设置波特测试仪参数后，得到的是输入与输出的幅值关系，所以如图 12.4.2 所示，选择“模式”为“幅值”，“水平”和“垂直”均为“线性”，再根据电路谐振频率和输入、输出幅值按比例设定合理范围即可。

四、实验内容

1. 用波特测试仪观测串联谐振电路的谐振曲线

以电压 $U_i=2$ V、电感 $L=30$ mH、电容 $C=0.01$ μF、电阻 $R=510$ Ω 的串联谐振电路为例，按照图 12.4.3 所示在 Multisim14.0 中搭建仿真模型，其中信号源电压 U_i 作为波特测试仪输入，电阻电压 U_R 作为波特测试仪输出。

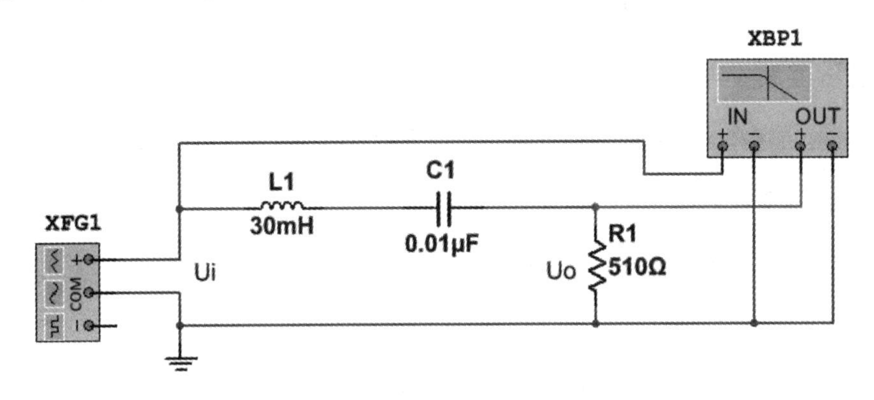

图 12.4.3　波特测试仪观测串联谐振电路谐振曲线

实验步骤如下：

(1) 绘制电阻、电容、电感、地线，放置函数发生器、波特测试仪。

(2) 设定函数发生器参数为正弦波，振幅 $U_P=2.82$Vp(即有效值为 2 V)，偏置即直流分量设置为 0。

(3) 双击波特测试仪图标，按图 12.4.2 所示修改参数，要求水平范围大于 2～16 kHz，垂直范围大于 0～1 即可。

(4) 将各器件调整到合适位置后开始连线，波特测试仪的输入、输出的负极，电阻的下端和信号发生器 COM 端必须共地。

(5) 开始仿真并读取结果，仿真开始后双击波特分析仪图标，得到幅频特性曲线即串联谐振曲线，将曲线截图并用光标测量谐振点。

(6) 将 R 改为 1 kΩ 后再进行观测并与 R=510 Ω 时测量结果进行对比。

注意：函数发生器的"+"和"COM"端作为激励源输出端。

2. 用波特测试仪观测并联谐振电路的谐振曲线

按照图 12.4.4 所示在 Multisim14.0 中搭建仿真模型，其中信号源电压 U_i 作为波特测试仪输入，总电流 I 作为波特测试仪输出，因此在干路串入小电阻 R_2=100 Ω 作为总电流取样电阻，通过其两端电压来反映总电流信号的大小。自行设定波特测试仪参数，使测得的谐振曲线清晰，特点全面，将实验结果截图并用光标测量谐振点。

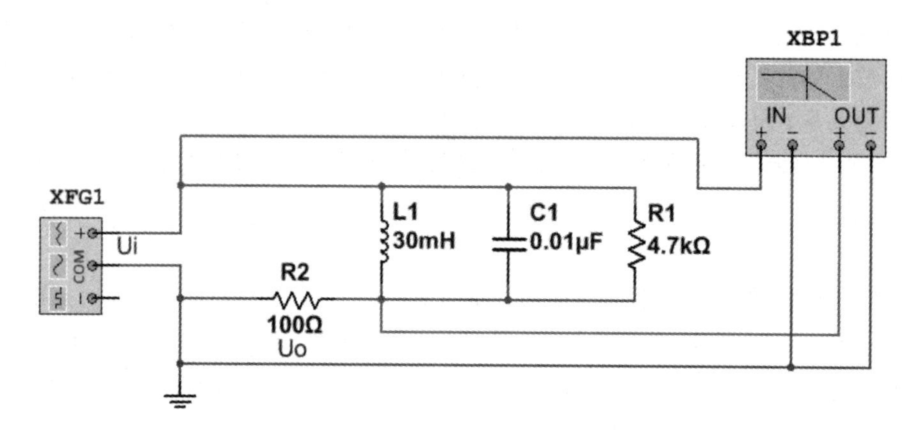

图 12.4.4 波特测试仪观测并联谐振电路谐振曲线

五、预习思考题

尝试自行搭建高阶串并联谐振电路并自拟参数，用波特测试仪寻找其谐振点。

六、数据处理及分析

尝试用 Multisim14.0 中的交流分析功能完成实验内容 1 和实验内容 2(交流分析功能介绍详见 3.2 节)。

12.5 *RC* 电路频率特性虚拟实验

一、实验目的

(1) 了解 *RC* 电路的幅频特性曲线及其绘制方法。

(2) 了解 *RC* 电路构成的带通滤波器、带阻滤波器的特点。

二、实验原理

1. 带通滤波器

可实现带通滤波功能的 RC 二阶电路及其幅频特性如图 12.5.1 所示。其通频带为 $f_1 \sim f_2$，当 $f_0=1/(2\pi RC)$时，输入电压与输出电压同相。

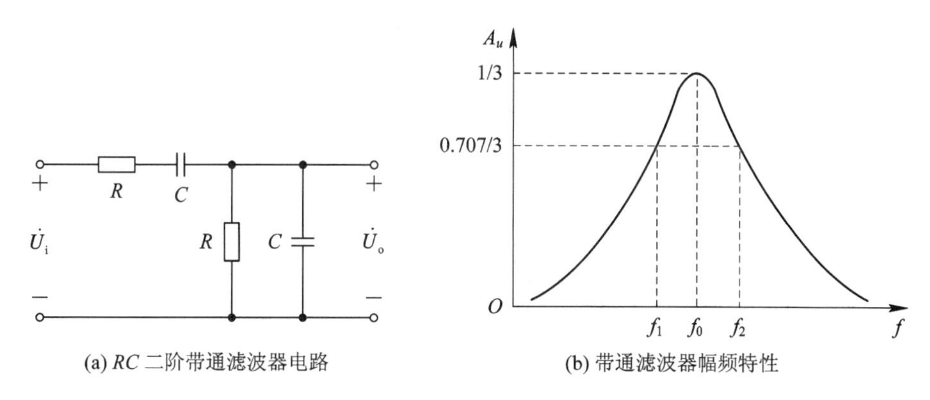

图 12.5.1 二阶带通滤波器电路及其幅频特性

2. 带阻滤波器

可实现带阻滤波功能的 RC 双 T 选频网络及其幅频特性如图 12.5.2 所示。其通频带为 $0 \sim f_1$ 和 $f_2 \sim \infty$，当 $f_0=1/(2\pi RC)$时，其增益降为 0。

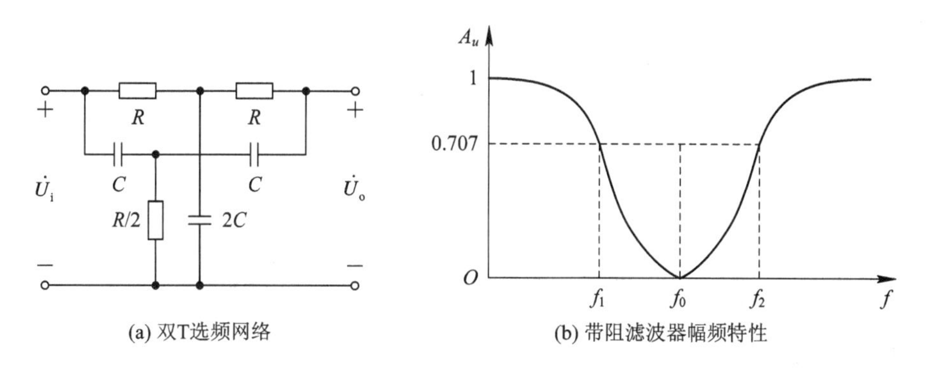

图 12.5.2 RC 双 T 选频网络及其幅频特性

三、Multisim14.0 仿真平台、元件和仪器的使用

本次实验中，需要使用的元件有电阻、电容、地线，需要使用的仪器有函数发生器、波特测试仪。

四、实验内容

1. RC 二阶带通滤波器幅频特性的测量

按照图 12.5.3 所示在 Multisim14.0 中搭建仿真模型。图中参数仅供参考，自行选定电阻、电容值以及波特测试仪参数，得到其幅频特性并截图，用光标测量 f_0、f_1、f_2。

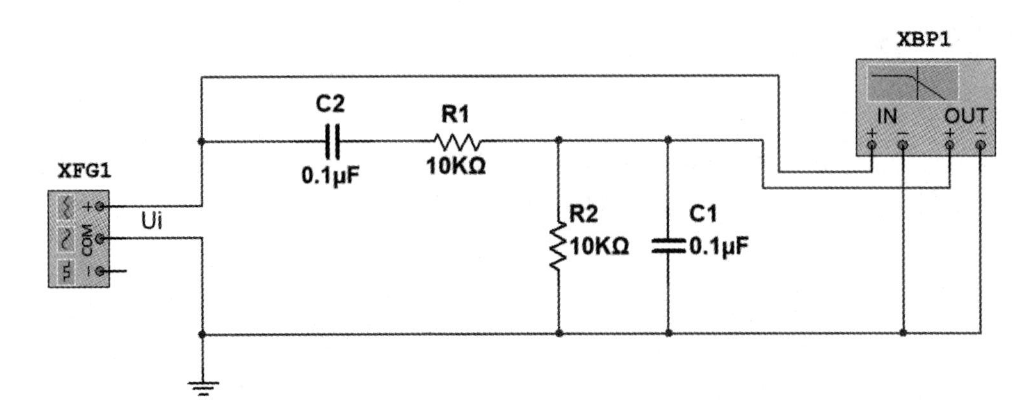

图 12.5.3　二阶带通滤波器电路幅频特性测量实验电路

2. *RC* 双 T 选频网络及其幅频特性的测量

按照图 12.5.4 所示在 Multisim14.0 中搭建仿真模型。图中参数仅供参考，自行选定电阻、电容值以及波特测试仪参数，得到其幅频特性并截图，用光标测量 f_0、f_1、f_2。

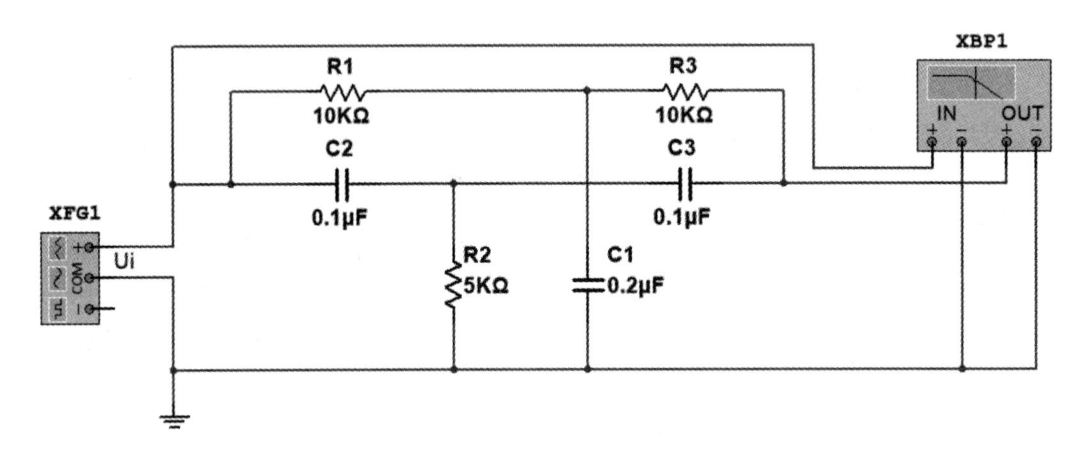

图 12.5.4　*RC* 双 T 选频网络及其幅频特性测量实验电路

五、预习思考题

(1) 自行选定带通滤波器与带阻滤波器参数。

(2) 根据选定参数计算其谐振频率理论值。

六、数据处理及分析

(1) 将光标测量的谐振频率与计算值对比，是否一致？

(2) 还有哪些 *RC* 网络具有带通滤波器或带阻滤波器的功能，请尝试举例。

第十三章　周期信号特性研究

周期信号在电气工程、电子工程与通信工程领域有广泛的应用，如日常使用的三相交流电压、计数器时钟信号、脉冲宽度调制波(PWM)等。常见的简单周期信号有正弦信号、正方波信号、脉冲信号以及它们的整流、微分、积分等。将周期信号转换为不同正弦波的和，可让周期信号变得易于处理。本章主要通过傅里叶级数将各种简单周期信号分解并得到其频谱图，由时域转为频域，观测其频域特性，并对周期信号进行滤波、整流、重构、叠加等操作，加深对周期信号的理解以及了解频域图像的意义。

13.1　周期信号频谱特性研究

一、实验目的

(1) 观察常用周期信号的频谱并了解其特点。

(2) 加深理解周期函数分解为傅里叶级数的概念。

(3) 验证非正弦周期信号电压(或电流)有效值与各次谐波有效值之间的关系。

二、实验原理

1. 信号的频谱

对一个频率为 f_0 且满足狄里赫利条件的周期函数，可以通过将其分解为傅里叶级数，表达成一个常数与不同频率、不同振幅的正弦波的和，这些正弦波的频率为 f_0 的整数倍，从低到高依次为 f_0、$2f_0$、$3f_0$、$4f_0$、$5f_0$……直到∞。其中分解后得到的常数为直流分量，频率为 f_0 的正弦波被称为基波，频率大于 f_0 的正弦波被称为多次谐波。例如，峰峰值为 A、频率为 f_0 的正方波信号可展开为傅里叶级数：

$$f(t)=\frac{A}{2}+\frac{2A}{\pi}\left(\sin\omega_0 t+\frac{1}{3}\sin3\omega_0 t+\frac{1}{5}\sin5\omega_0 t+\cdots+\frac{1}{n}\sin n\omega_0 t+\cdots\right) \tag{13.1.1}$$

其中，$\omega_0=2\pi f_0$。由该式可知，奇函数正方波信号中不含有直流分量，但含有幅值为$\frac{2A}{n\pi}$、频率为 nf_0 的 n 次谐波分量，其中 $n=1, 3, 5, \cdots$，即正方波信号仅含有奇次谐波分量，不含偶次谐波分量(偶次谐波分量振幅为 0)。

以振幅为纵坐标，频率为横坐标，将长度与基波和谐波振幅大小相对应的线段，按频率从低到高的顺序依次排列，得到的图形为幅度频谱。幅度频谱只表示各分量的振幅，信号的频谱还有相位频谱和功率频谱，如无特别说明，一般所指频谱为幅度频谱，任意一个周期信号都可表示为频谱形式。

2. 常见周期信号的频谱

周期信号的频谱有3个特点：第一，频谱是由不连续的线条组成的，每一条线代表一个正弦分量，即频谱具有离散性；第二，频谱的每条谱线都只能出现在基波频率的整数倍的频率上，即频谱具有谐波性；第三，当谐波次数趋于无穷时，谐波分量的振幅无限趋近于零，即频谱具有收敛性。

(1) 正弦信号：其频谱只有一条基波谱线，频率为 f_0，频谱图如图13.1.1所示。

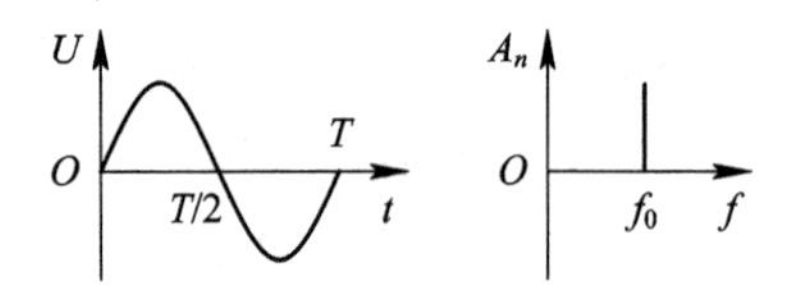

图13.1.1 正弦信号和频谱

(2) 方波信号(周期为 T)：其频谱的奇次谐波振幅不为0，偶次谐波振幅为0(即不含偶次谐波)，频谱图如图13.1.2所示。

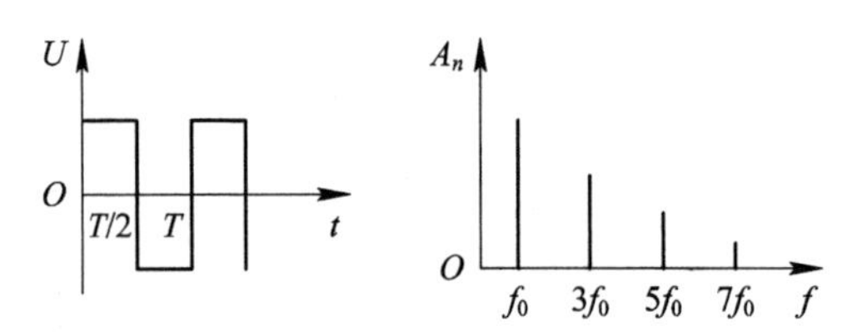

图13.1.2 方波信号和频谱

(3) 三角波信号(周期为 T)：其频谱的奇次谐波振幅不为0，偶次谐波振幅为0(即不含偶次谐波)，频谱图如图13.1.3所示。

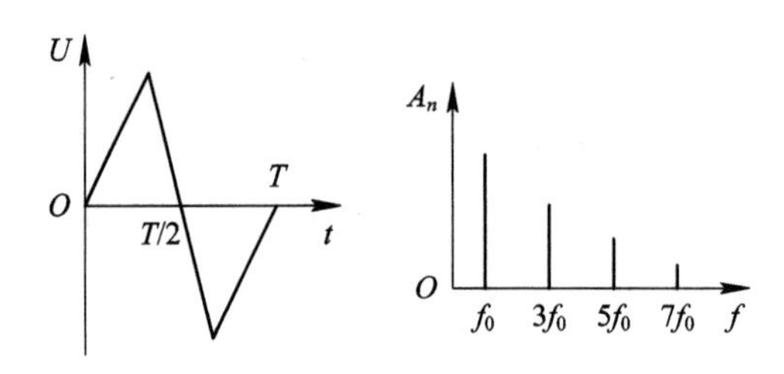

图13.1.3 三角波信号和频谱

三、实验设备

本实验所需设备见表13.1.1。

表13.1.1 实验设备名称、型号和数量

设备名称	设备型号	数量
函数信号发生器	DG1062Z/60MHz	1台
数字示波器	DS2102/100MHz	1台

四、实验内容

将函数信号发生器输出电压用同轴电缆线接入数字示波器 CH1 通道中，分别调节函数信号发生器输出如下 5 种信号(信号频率 f 和峰峰值 U_{P-P} 从函数信号发生器读出)，然后在数字示波器操作界面选择 MATH(功能键)→操作→FFT(快速傅里叶级数运算)，得出下面 5 种波形的频谱图。

① 正弦信号：$f=5$ kHz，$U_{P-P}=10$ V。

② 方波信号：$f=5$ kHz，$U_{P-P}=10$ V，占空比为 50%。

③ 矩形脉冲信号：$f=5$ kHz，$U_{P-P}=10$ V，占空比为 25%。

④ 三角波信号：$f=5$ kHz，$U_{P-P}=10$ V，对称性为 50%。

⑤ 锯齿波信号：$f=5$ kHz，$U_{P-P}=10$ V，对称性为 100%。

要求：

(1) 在进行 FFT 运算时，信源选择 CH1 通道，选择窗函数为“Hamming”，显示为“分屏”或“全屏”，选择垂直刻度为“Vrms(有效值)”，垂直位移与垂直灵敏度按需调整。

(2) 调节水平扫描速度旋钮可对频谱图(紫线)水平灵敏度进行调节，根据右侧菜单不同，调节对象略有区别：

① 屏幕右侧为 MATH 菜单时，该旋钮可调节频谱图(紫线)的水平灵敏度。

② 屏幕右侧为 CH1 菜单时，该旋钮可同时调节原波形(黄线)和频谱图(紫线)的水平灵敏度。

将频谱图(紫线)水平灵敏度调节为 5 kHz/Div，即对信号①仅观测基波，对信号②观测到 9 次谐波，对信号③观测到 11 次谐波，对信号④观测到 5 次谐波，对信号⑤观测到 10 次谐波。

(3) 对信号②正方波和信号④正三角波，需在表 13.1.2 和表 13.1.3 中记录各谐波分量振幅大小。

表 13.1.2　正方波各次谐波分量有效值

频率	f_0	$2f_0$	$3f_0$	$4f_0$	$5f_0$	$6f_0$	$7f_0$	$8f_0$	$9f_0$
有效值/V									

表 13.1.3　正三角波各次谐波分量有效值

频率	f_0	$2f_0$	$3f_0$	$4f_0$	$5f_0$
有效值/V					

(4) 参照原理图，在坐标纸上绘制 5 种信号的频谱图，需标明频率及每条谱线的幅值。

示波器 MATH 操作界面说明见图 13.1.4。

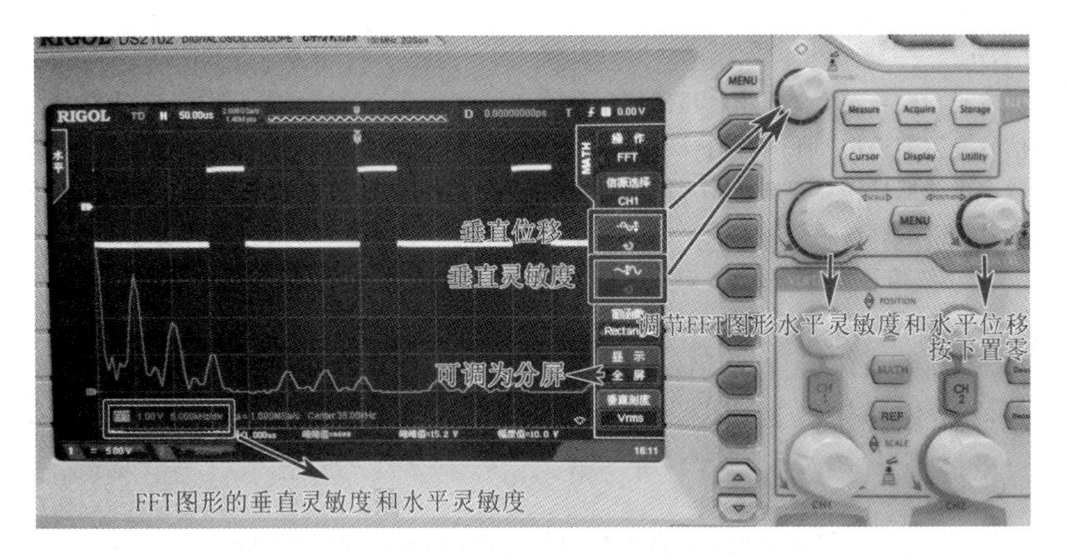

图 13.1.4 数字示波器 Math 操作界面

五、预习思考题

写出信号③ 矩形脉冲波傅里叶级数展开式的前 8 项。

六、数据处理及分析

(1) 根据实验内容中绘出的频谱图，分别总结这 5 种信号的频谱特性。

(2) 分别以实验内容中信号②正方波、信号④正三角波为例，用数据验证非正弦周期信号电压有效值与各次谐波有效值之间的关系。

13.2 周期信号的分解

一、实验目的

(1) 了解 4 种常用滤波器的通频带曲线。

(2) 掌握 DS2102 数字示波器滤波功能的使用。

二、实验原理

4 种常见滤波器：低通滤波器、高通滤波器、带通滤波器、带阻滤波器的通频带曲线如图 13.2.1 所示，在第八章和第十二章中分别进行过详细介绍。

低通滤波器具有使低频信号较易通过而抑制较高频信号的作用，理想情况下阻带增益为 0，频率高于截止频率 f_0 的信号无法通过，通频带增益为 1，频率低于截止频率的信号可以完全无损通过。实际情况中，滤波器通带和阻带增益不一定稳定，从通频带过渡到阻带会经过一段过渡带，在过渡带上很容易造成信号失真。低通滤波器有很多种，最常用的两种设计类型就是巴特沃斯滤波器和切比雪夫滤波器，其中巴特沃斯滤波器在通频带内外都有平稳的幅频特性，但过渡带较长且易失真。切比雪夫滤波器的过渡带很窄，但内部的幅频特性却很不稳定，这里不再详述。

带通滤波器是指能通过某一频率范围内的频率分量，并将其他频率范围的频率分量衰减到极低水平的滤波器，与带阻滤波器的概念相对。

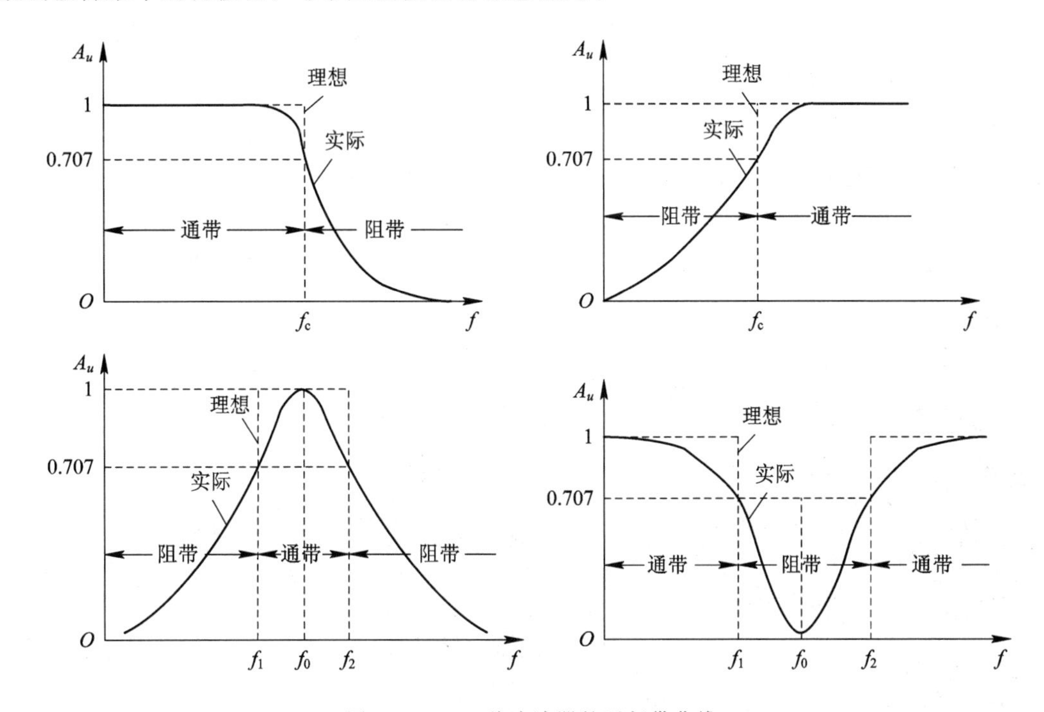

图 13.2.1 4 种滤波器的通频带曲线

三、实验设备

本实验所需设备见表 13.2.1。

表 13.2.1 实验设备名称、型号和数量

设备名称	设备型号	数量
函数信号发生器	DG1062Z/60 MHz	1 台
数字示波器	DS2102/100 MHz	1 台

四、实验内容

DS2102 数字示波器(以下简称示波器)的 MATH 按键自带 4 种基本滤波功能，可对 $f=5$ kHz、$U_{P-P}=10$ V、占空比为 50%的正方波信号进行数字滤波。

1. 对正方波信号进行低通滤波

将正方波信号连入示波器 CH1 通道，用示波器自带滤波器进行低通滤波，将基波滤出。具体操作步骤如下：

在示波器操作界面选择 MATH 按键，"操作"选择"数字滤波"，选择"滤波类型"为"低通滤波器"，将多功能旋钮调节频率上限到合适值，得到基波，用光标测量基波的峰峰值、周期和频率，将数据填入表 13.2.2 中，并在坐标纸上同一坐标系内按 1∶1 比例绘制输入、输出波形图，图上应画出光标位置并标明相关参数。示波器滤波功能操作界面如图 13.2.2 所示，方框里分别为 Cursor 键、MATH 键，滤波类型由上至下如图中白框所示。

2. 对正方波信号进行带通滤波

将正方波信号用示波器自带滤波器进行带通滤波，将 3 次谐波滤出。在示波器操作界面将"滤波类型"选择为"带通滤波器"，将频率上限和下限调节到合适值，得到 3 次谐波，用光标测量 3 次谐波的峰峰值、周期和频率，将数据填入表 13.2.2 中，并在坐标纸上同一坐标系内按 1∶1 比例绘制输入、输出波形图，图上应画出光标位置并标明相关参数。

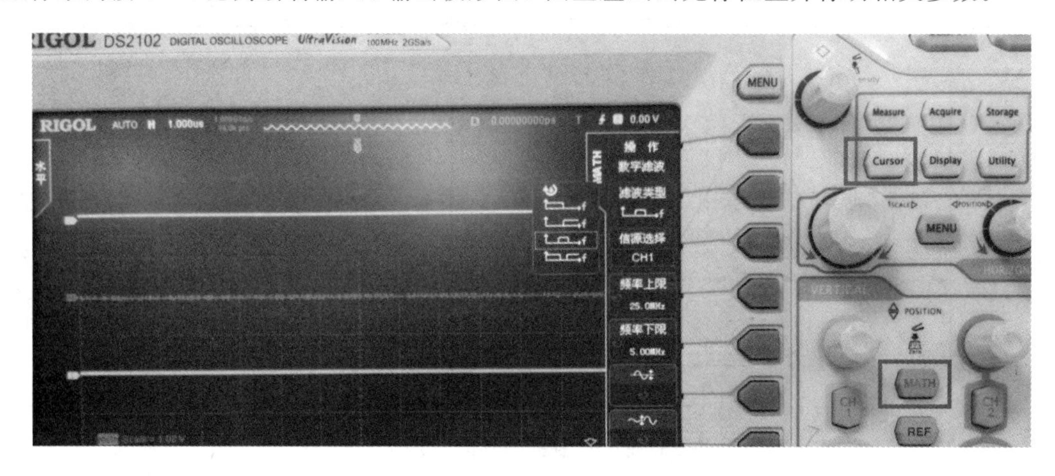

图 13.2.2　示波器滤波功能操作界面

表 13.2.2　数字滤波结果

滤波器种类	通频带	输出波形峰峰值/V	输出波形周期/μs	输出波形频率/kHz
低通滤波器				
带通滤波器				

五、预习思考题

实验内容中需对 $f=5$ kHz、占空比为 50% 的正方波信号进行数字滤波，如果想滤出基波，设定所需低通滤波器的通频带为多少比较合适？如果想滤出 5 次谐波，设定所需带通滤波器的通频带为多少比较合适？

六、数据处理及分析

(1) 实际实验中，选取两种滤波器的频率上下限为多少才能滤出较好看的波形？

(2) 对比表 13.1.2 和表 13.2.2 的数据，有何区别？试解释原因。

13.3　周期信号的叠加与重构

一、实验目的

(1) 掌握 DG1062Z 函数信号发生器频谱功能的使用。

(2) 理解信号叠加后时域、频域的线性特性。

二、实验原理

1. 周期信号的叠加

信号的叠加是将多个不同信号通过一个叠加电路的不同输入端口输入，在输出端得到一个线性叠加结果波形的过程。原波形的频谱图线性相加后可得到输出波形的频谱图，如图 13.3.1 所示。

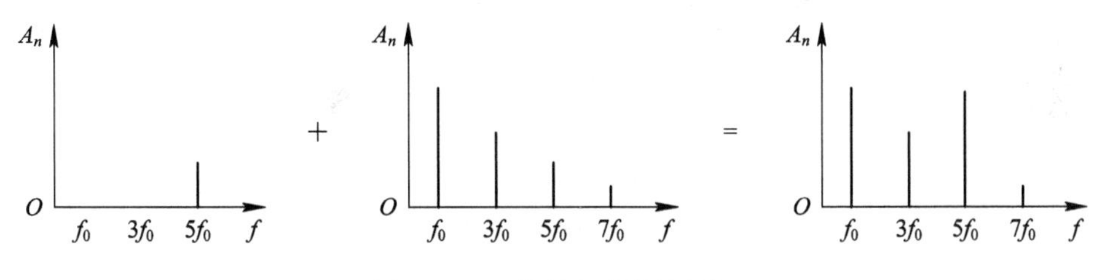

图 13.3.1　信号频谱线性叠加

2. 周期信号的重构

对周期信号，可以通过将其分解为傅里叶级数，表达成一个常数与不同频率、不同振幅的正弦波的和，因此也可以用函数信号发生器产生各次不同频率、不同振幅的正弦波，然后叠加在一起重构原波形。DG1062Z 函数信号发生器自带频谱功能，可直接产生 8 次谐波并输出叠加后的结果。

三、实验设备

本实验所需设备见表 13.3.1。

表 13.3.1　实验设备名称、型号和数量

设备名称	设备型号规格	数量
函数信号发生器	DG1062Z/60MHz	1 台
数字示波器	DS2102/100MHz	1 台
实验元件	九孔电路实验板，插件式模块	1 套

四、实验内容

1. 周期信号的叠加

按图 13.3.2 所示连接电路，输入如下两种不同信号进行叠加：

① 正弦信号：f=20 kHz，U_{P-P}=20 V。

② 矩形脉冲信号：$f=5\ \text{kHz}$，$U_{\text{P-P}}=10\ \text{V}$，占空比为 25%。

将输出波形连入数字示波器 CH1 通道，按 1∶1 比例在坐标纸上绘制输出波形，注意标清相关参数。然后在数字示波器操作界面选择 MATH(功能键)→操作→FFT(快速傅里叶级数运算)，得出其频谱图，在坐标纸上绘制频谱图并标清谱线幅值。再分别用数字示波器观测信号①和信号②的谱线幅值，记录不同频率下各谱线幅值，将 3 个信号的谱线幅值记录在表 13.3.2 中。

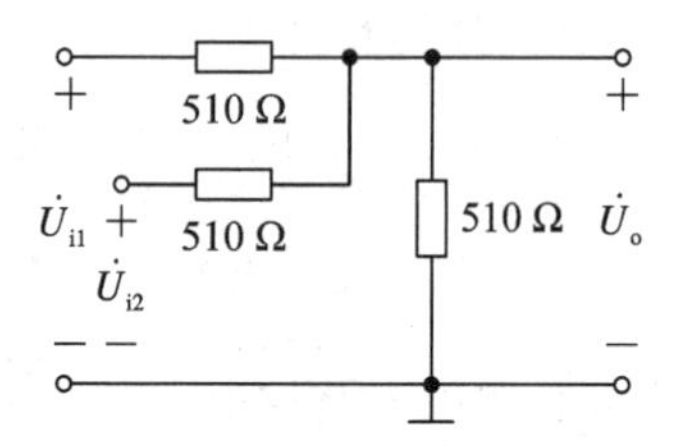

图 13.3.2 叠加电路

表 13.3.2 合成波形各次谐波分量振幅

频 率									
信号①谱线幅值/V									
信号②谱线幅值/V									
结果波形谱线幅值/V									

2. 周期信号的重构

设置函数信号发生器输出波形为正弦波，设定频率为 5 kHz，按表 13.3.2 中的数据，将正弦波幅度设定为信号②矩形脉冲信号的基波有效值，注意单位应选择“Vrms”，按“下”键选择“谐波打开”，设定谐波参数，“次数”填入“8”，选择“类型”为“顺序谐波”后返回，“序号”填入“2”，设定谐波幅度为信号② 的 2 次谐波有效值。同样方法依次设定 3～8 次谐波的有效值。“谐波相位”默认为 0，用同轴电缆线接入数字示波器 CH1 通道，打开输出后观测输出波形并按 1∶1 比例绘制在坐标纸上。函数信号发生器谐波功能操作界面如图 13.3.3 所示。

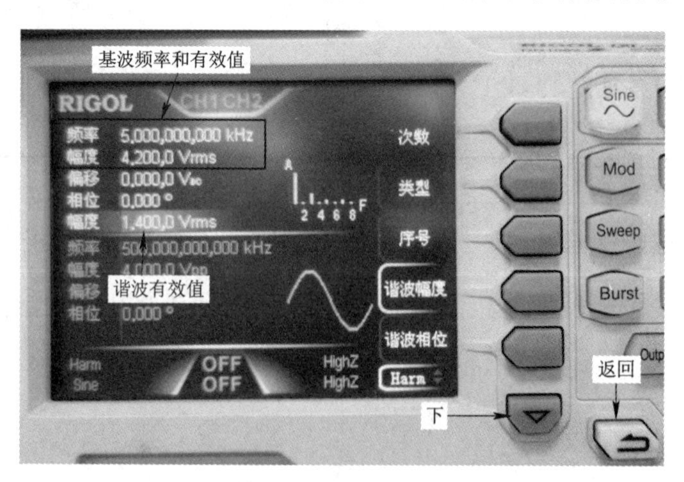

图 13.3.3 函数信号发生器谐波功能操作界面

五、预习思考题

请大致画出实验内容 1 中两信号叠加后可能得到的频谱图。

六、数据处理及分析

对比信号②矩形脉冲波与实验内容 2 的输出波形，有何区别？试解释原因。

13.4　全波整流电路与频谱分析仪的应用虚拟实验

一、实验目的

（1）了解全波桥式整流电路的工作原理。
（2）掌握 Multisim14.0 平台中频谱分析仪的使用方法。

二、实验原理

1. 全波桥式整流电路

常见周期信号的整流波形也为周期信号。整流电路是把交流电信号转换为直流电信号的电路，常见的整流电路分为半波整流、全波整流、桥式整流、倍压整流电路。与半波整流电路需要消除半个周期的信号不同，桥式全波整流电路可将输入交流电信号的负半周转到正半周或将正半周转到负半周，使周期信号的正负半周都被利用，提高了电信号的利用率，且同时兼具全波整流与桥式整流的优点，克服了二极管反向端电压过高的缺点。它是使用最多的整流电路，常用于直流稳压电源。

第四章中介绍了二极管的伏安特性，利用二极管的单向导电性，可对周期信号进行整流。全波桥式整流电路如图 13.4.1 所示，输出波形如图 13.4.2 所示。直流稳压电源的原理是先将 220 V 工频交流电压经变压器变为大小合适的电压，再进行全波整流得到脉动直流电压，这两步由图 13.4.1 所示电路完成，脉动直流电压为直流电压叠加波动交流电压，需经滤波电路得到平滑直流电压，最后通过稳压电路维持输出电压的稳定。

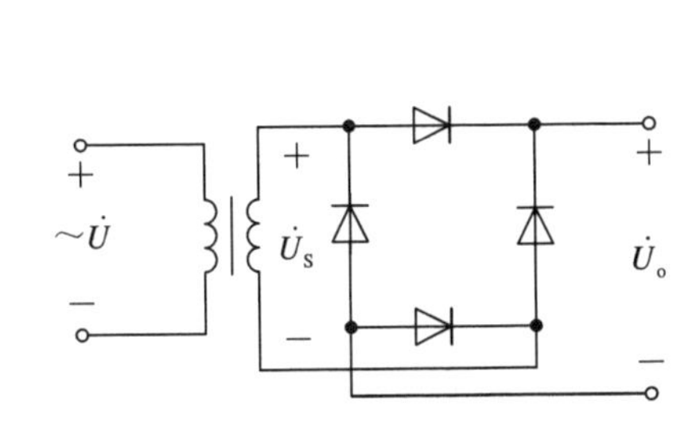

图 13.4.1　全波桥式整流电路

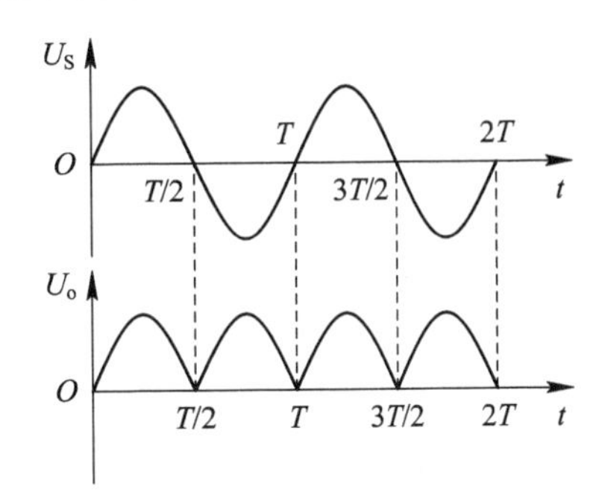

图 13.4.2　全波整流输入/输出波形

2. 频谱分析仪

频谱分析仪是一种可测量多种信号参数与电路参数的电子测量仪器，可以用来直接观测电信号的频谱图，不需要再使用傅里叶变换对每个信号进行变换。Multisim14.0中自带频谱分析仪仿真仪器，可以直接用来观测振幅频谱。

三、Multisim14.0仿真平台、元件和仪器的使用

本次实验中，需要使用的元件有电阻、二极管、地线，需要使用的仪器有函数发生器、示波器、频谱分析仪。

在Multisim14.0汉化版中，频谱分析仪(Spectrum Analyzer)被翻译为光谱分析仪。单击菜单栏中的“仿真”(Simulate)→“仪器”(Instrument)→“光谱分析仪”插入仪器。双击光谱分析仪图标，可根据欲观测信号的谐波次数设定“档距”“量程”和“分解频率”，如图13.4.3所示。其中“档距”为观测谐波的频率范围，为了读取谐波有效值，在截止区选择“线性”，“量程”是垂直灵敏度大小(V/Div)，“分解频率”则是水平方向的精度。

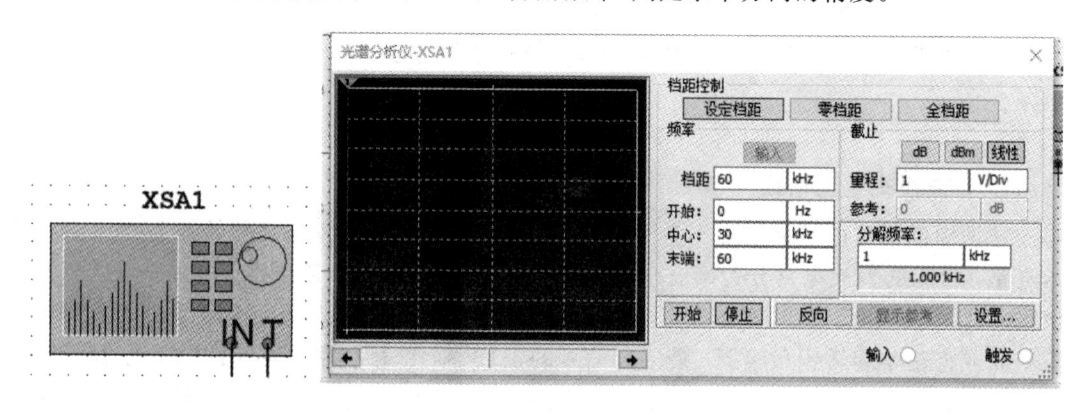

图13.4.3　光谱分析仪及设定

四、实验内容

1. 全波桥式整流电路

按图13.4.4所示搭建仿真模型，其中4个二极管选用常用的硅二极管即可，这里选用1N4305。将输入信号分别设定为如下信号：

① 正弦信号：$f=10$ kHz，$U_{P\text{-}P}=20$ V。

② 矩形脉冲信号：$f=10$ kHz，$U_{P\text{-}P}=20$ V，占空比为25%。

仿真步骤如下：

(1) 绘制电阻、二极管、地线，放置函数发生器、示波器后调整到合适位置，按图13.4.4接线，将通道B导线区段颜色设定为蓝色，函数发生器的“+”和“COM”端作为激励源输出端。

(2) 设定函数发生器频率，振幅$U_P=0.5U_{P\text{-}P}=10$ V，偏置即直流分量设置为0，选择所需波形。

(3) 开始仿真，自行设置示波器水平标度，通道A、通道B刻度，触发方式，将结果波形截图。

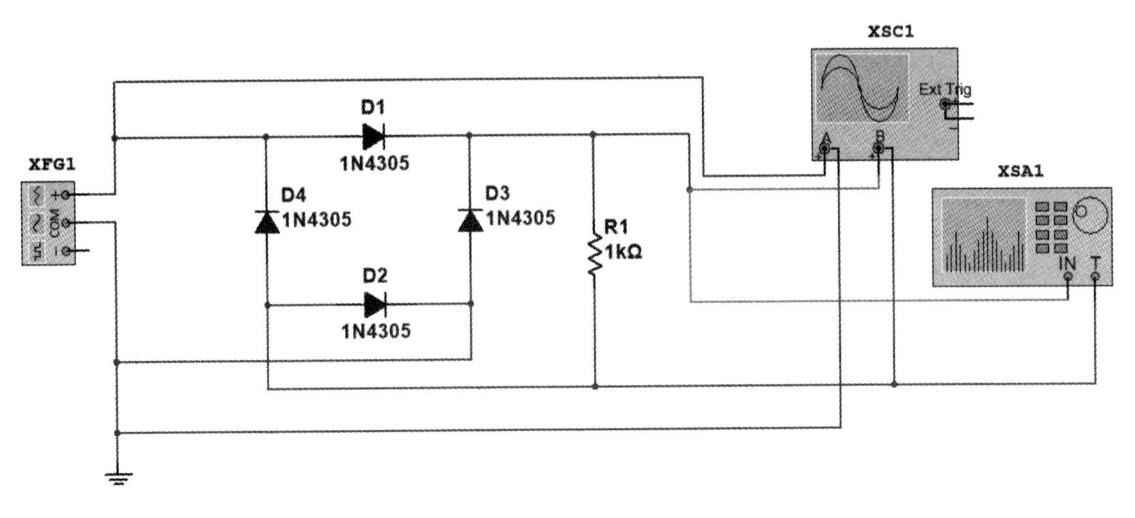

图 13.4.4　全波桥式整流电路仿真模型

2. 频谱分析仪观测整流波形频谱

按图 13.4.4 所示搭建仿真模型，在 1 kΩ 电阻两端接入频谱分析仪，函数发生器的设定同实验内容 1。

仿真步骤如下：

(1) 开始仿真，双击光谱分析仪图标后，单击“停止”按钮开始设定参数，在截止区选择“线性”，自行设定其他参数，设定完成后单击“输入”按钮，再单击“开始”按钮即可观测频谱。

(2) 读数：如图 13.4.5 所示，拖动左侧蓝色光标，可在屏幕下方看到不同频率对应的谱线振幅，这里振幅为谐波峰峰值的一半而非有效值。选择每条谱线最大值读数，谱线较多时光标无法精确达到最大值，可以拖动光谱分析仪边界放大频谱后再用光标进行读数。将频谱图截图，自拟频率，将谱线幅值记录在表 13.4.1 中。

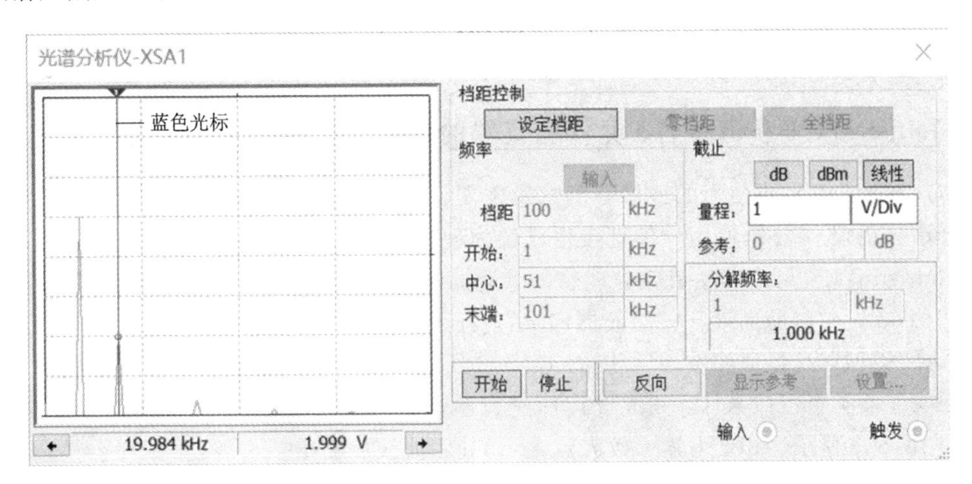

图 13.4.5　信号频谱示例

表 13.4.1 整流输出波形谱线幅值记录

频率									
信号①整流后谱线幅值/V									
信号②整流后谱线幅值/V									

五、预习思考题

(1) 全波桥式整流电路具有哪些优点?

(2) 如果对直流偏置为 0 的正三角波进行全波桥式整流，请画出理论输出波形。

六、数据处理及分析

观察实验内容 1 中输入与输出波形幅值的区别，请解释原因。

13.5 生成滤波器及信号的重构虚拟实验

一、实验目的

(1) 掌握 Multisim14.0 中生成滤波器的方法。

(2) 掌握对电信号进行滤波的电路连接方法。

二、实验原理

第十二章和本章中均对滤波器进行过介绍，低阶滤波器通频带曲线往往如图 13.2.1 所示，不够理想，Multisim14.0 中可直接生成高阶滤波器，产生较为理想的滤波效果。

三、Multisim14.0 仿真平台、元件和仪器的使用

本次实验中，需要使用的仪器有函数发生器、示波器、频谱分析仪(Multisim14.0 中被译为光谱分析仪)，还需使用软件直接生成较为理想的低通滤波器。

Multisim14.0 可自动生成较为理想的低通滤波器，如图 13.5.1 所示，单击菜单栏中的“工具”(Tool)→“电路向导”→“滤波器向导”，打开“滤波器向导”窗口如图 13.5.2 所示。

选择“类型”为“低通滤波器”，按图 13.5.2 所示可自行设定通过频率与终止频率，其他参数和滤波器类型可以默认，完成设定后进行验证，验证通过后即可搭建电路。搭建成功后如图 13.5.3 所示，in 处为输入接入点，out 处为滤波后输出。

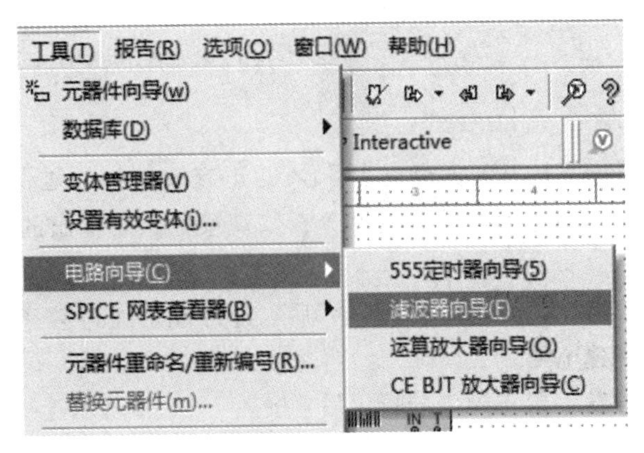

图 13.5.1　生成滤波器

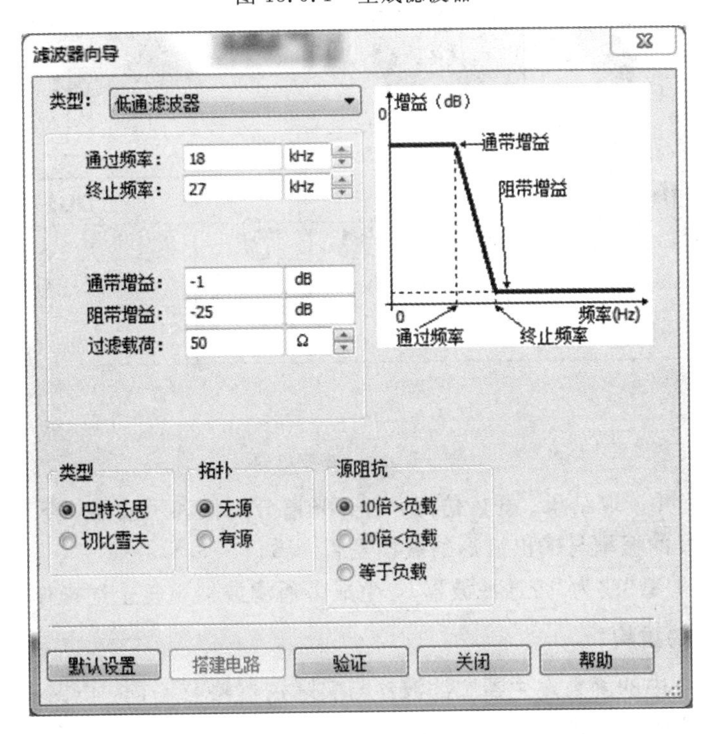

图 13.5.2　“滤波器向导”窗口

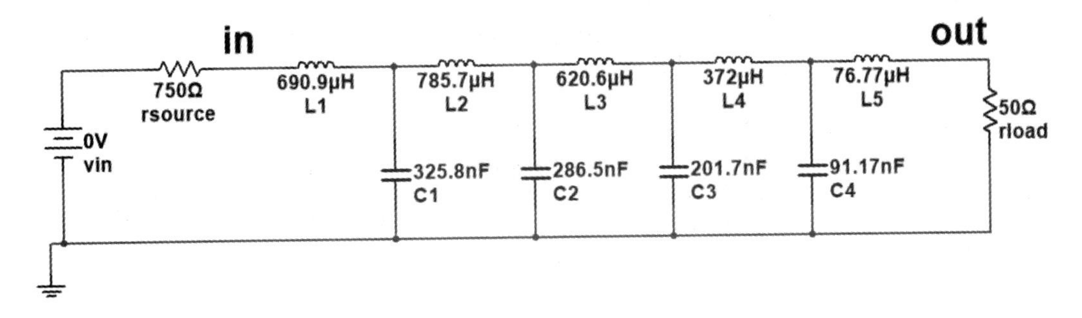

图 13.5.3　滤波器电路

四、实验内容

1. 周期信号的分解

将 $f=15$ kHz、$U_{P\text{-}P}=10$ V、占空比为 50%的正方波信号通过低通滤波输出基波，带通滤波输出 3 次谐波，然后用示波器和光谱分析仪观察输入与输出的波形和频谱并截图。

仿真步骤如下：

(1) 生成低通滤波器。打开“滤波器向导”后，自行设定通过频率与终止频率并进行验证，验证通过后即可搭建电路。

(2) 插入函数信号发生器与光谱分析仪后，按图 13.5.4 所示连接电路。

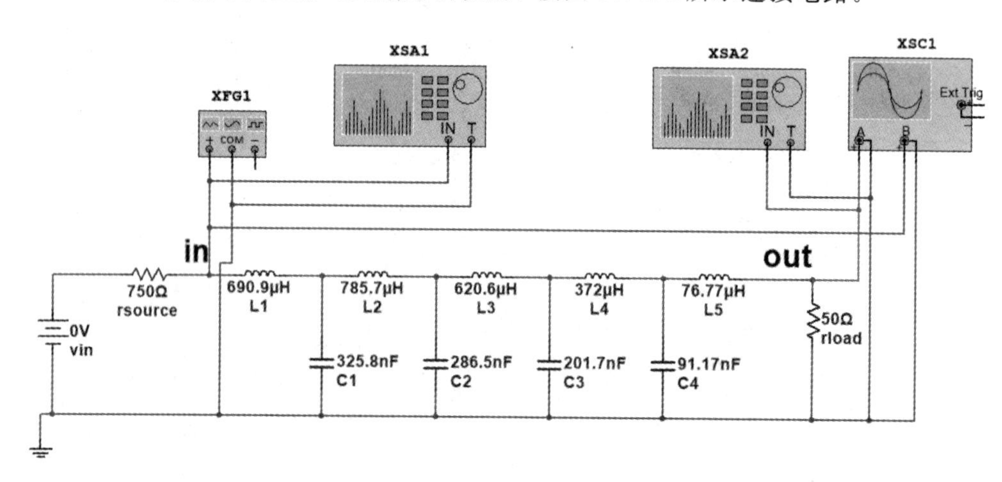

图 13.5.4 滤波电路

(3) 开始仿真并读取结果。开始仿真，打开光谱分析仪和示波器，查看频谱和波形，比较方波频谱中基波的振幅与输出波形的振幅是否一致。

(4) 将“滤波类型”改为“带通滤波器”，生成带通滤波器重复上述操作。

2. 周期信号的重构

Multisim14.0 中的函数发生器和滤波器与实际仪器略有不同，电路需要接地，但不需全部仪器共地，因此可采用多个函数发生器完成信号的叠加。根据实验内容 1 中所得方波信号各分量的幅度大小，使用多个函数发生器产生各次谐波，然后将各函数发生器首尾相连完成叠加，类似图 13.5.5 所示(图中为 5 个函数发生器首尾相连)，自行设计电路，用示波器观测 19 次谐波叠加后的结果并截图。

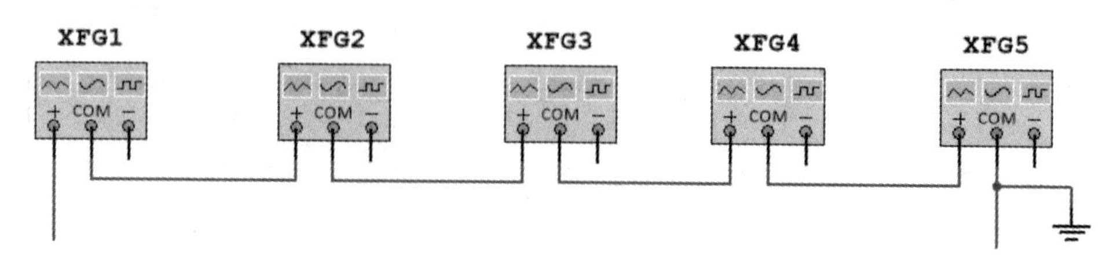

图 13.5.5 信号的叠加

五、预习思考题

生成带通滤波器时，“滤波器向导”中各参数应该怎么填？

六、数据处理及分析

(1) 将实验内容 1 中输入和输出分别连至示波器 CH1 和 CH2 通道，注意调整导线区段颜色，观察原波形和滤波后的波形，有何发现？

(2) 实验内容 2 中重构结果与 13.3 节中内容 2 的重构波形有何区别？

第十四章　二端口网络的测量

二端口网络为仅有两个外接端口的电路，它的内部结构可能简单，也可能非常复杂。假设二端口网络内部为一个黑匣子，这个二端口网络的特性可以同时通过短路导纳参数、开路阻抗参数、第一类混合参数、第二类混合参数、传输参数和反向传输参数六种方式来表达。这些参数只与网络内部元件与结构有关，在不同情况下，选用不同参数应用，可以极大地简化二端口网络。将多端口网络分解为二端口网络串联、并联、串并联、并串联和级联的结果，则可以使多端口网络的分析简化。电气与电子工程中常见的滤波器、均衡器、放大器、变压器等单输入单输出的部件都是双口网络的例子。本章将学习四种二端口网络参数、两种等效电路以及网络的几种连接方式，通过本章的学习，可了解使用二端口网络对复杂电路进行简化的方式。

14.1　二端口网络参数的测量

一、实验目的

（1）了解表示二端口网络的四种参数。

（2）学会测量无源线性二端口网络的参数。

二、实验原理

对于无源线性二端口网络，如图 14.1.1 所示，可以用网络参数来表征它的特征。这些参数只决定于二端口网络内部的元件和结构，而与输入无关。网络参数确定后，两个端口的电压、电流关系就唯一确定了。

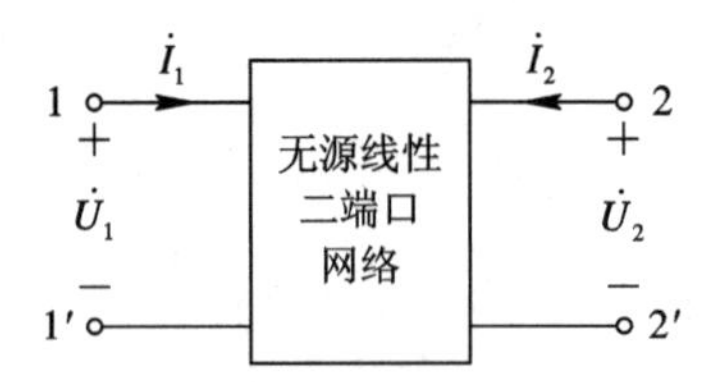

图 14.1.1　无源线性二端口网络

1. 开路阻抗参数(*Z* 参数)

若将二端口网络的输入端电流 $\dot{I}_1$ 和输出端电流 $\dot{I}_2$ 作为自变量，输入端电压 $\dot{U}_1$ 和输出端电压 $\dot{U}_2$ 作为因变量，则有特性方程：

$$\begin{cases}\dot{U}_1 = Z_{11}\dot{I}_1 + Z_{12}\dot{I}_2 \\ \dot{U}_2 = Z_{21}\dot{I}_1 + Z_{22}\dot{I}_2\end{cases} \tag{14.1.1}$$

式中，Z_{11}、Z_{12}、Z_{21} 和 Z_{22} 被称为二端口网络 Z 参数，它们具有阻抗的性质，分别表示为

$$\begin{cases} Z_{11}=\dfrac{\dot{U}_1}{\dot{I}_1}(\dot{I}_2=0)\text{，}Z_{12}=\dfrac{\dot{U}_1}{\dot{I}_2}(\dot{I}_1=0) \\ Z_{21}=\dfrac{\dot{U}_2}{\dot{I}_1}(\dot{I}_2=0)\text{，}Z_{22}=\dfrac{\dot{U}_2}{\dot{I}_2}(\dot{I}_1=0) \end{cases} \tag{14.1.2}$$

从上述 Z 参数的表达式中可知，只要将二端口网络的输入端和输出端分别加上电压并分别开路，测出相应的电压和电流后，就可以确定二端口网络的 Z 参数。当二端口网络为互易网络时，有 $Z_{12}=Z_{21}$，四个参数中只有三个是独立的。对于对称的二端口网络，还有 $Z_{11}=Z_{22}$，只有两个参数独立。

2. 短路导纳参数(Y 参数)

若将二端口网络的输入端电压 $\dot{U}_1$ 和输出端电压 $\dot{U}_2$ 作为自变量，输入端电流 $\dot{I}_1$ 和输出端电流 $\dot{I}_2$ 作为因变量，则有特性方程：

$$\begin{cases} \dot{I}_1=Y_{11}\dot{U}_1+Y_{12}\dot{U}_2 \\ \dot{I}_2=Y_{21}\dot{U}_1+Y_{22}\dot{U}_2 \end{cases} \tag{14.1.3}$$

式中，Y_{11}、Y_{12}、Y_{21} 和 Y_{22} 被称为二端口网络 Y 参数，它们具有导纳的性质，分别表示为

$$\begin{cases} Y_{11}=\dfrac{\dot{I}_1}{\dot{U}_1}(\dot{U}_2=0)\text{，}Y_{12}=\dfrac{\dot{I}_1}{\dot{U}_2}(\dot{U}_1=0) \\ Y_{21}=\dfrac{\dot{I}_2}{\dot{U}_1}(\dot{U}_2=0)\text{，}Y_{22}=\dfrac{\dot{I}_2}{\dot{U}_2}(\dot{U}_1=0) \end{cases} \tag{14.1.4}$$

当二端口网络为互易网络时，有 $Y_{12}=Y_{21}$，四个参数中只有三个是独立的。对于对称的二端口网络，还有 $Y_{11}=Y_{22}$，只有两个参数独立。同时 Y 参数与 Z 参数存在如下关系：

$$\begin{cases} Z_{11}=\dfrac{1}{\Delta Y}Y_{22}\text{，}Z_{12}=-\dfrac{1}{\Delta Y}Y_{12} \\ Z_{21}=-\dfrac{1}{\Delta Y}Y_{21}\text{，}Z_{22}=\dfrac{1}{\Delta Y}Y_{11} \end{cases} \tag{14.1.5}$$

其中，$\Delta Y=Y_{11}Y_{22}-Y_{12}Y_{21}$。

3. 传输参数(A 参数)

若将二端口网络的输出端电压 $\dot{U}_2$ 和电流 $\dot{I}_2$ 作为自变量，输入端电压 $\dot{U}_1$ 和电流 $\dot{I}_1$ 作为因变量，所得的方程被称为二端口网络的传输方程，如下所示：

$$\begin{cases} \dot{U}_1=A_{11}\dot{U}_2-A_{12}\dot{I}_2 \\ \dot{I}_1=A_{21}\dot{U}_2-A_{22}\dot{I}_2 \end{cases} \tag{14.1.6}$$

式中，A_{11}、A_{12}、A_{21} 和 A_{22} 被称为传输参数，分别表示为

$$\begin{cases} A_{11}=\dfrac{\dot{U}_1}{\dot{U}_2}(\dot{I}_2=0)\text{，}A_{12}=-\dfrac{\dot{U}_1}{\dot{I}_2}(\dot{U}_2=0) \\ A_{21}=\dfrac{\dot{I}_1}{\dot{U}_2}(\dot{I}_2=0)\text{，}A_{22}=-\dfrac{\dot{I}_1}{\dot{I}_2}(\dot{U}_2=0) \end{cases} \tag{14.1.7}$$

可见，A 参数也可以用实验的方法求得，只要在网络的输入端加上电压，将输出端分别开路和短路，在两个端口同时测量其电压和电流，就可以确定二端口网络的 A 参数，当二端口网络为互易网络时，有 $A_{11}A_{22}-A_{12}A_{21}=1$，因此四个参数中只有三个是独立的。对于对称的二端口网络，还有 $A_{11}=A_{22}$。

4. 混合参数(*H* 参数)

若将二端口网络的输入端电流 $\dot{I}_1$ 和输出端电压 $\dot{U}_2$ 作为自变量，输入端电压 $\dot{U}_1$ 和输出端电流 $\dot{I}_2$ 作为因变量，则有特性方程：

$$\begin{cases} \dot{U}_1=H_{11}\dot{I}_1+H_{12}\dot{U}_2 \\ \dot{I}_2=H_{21}\dot{I}_1+H_{22}\dot{U}_2 \end{cases} \tag{14.1.8}$$

式中，H_{11}、H_{12}、H_{21} 和 H_{22} 被称为混合参数或 H 参数，分别表示为

$$\begin{cases} H_{11}=\dfrac{\dot{U}_1}{\dot{I}_1}(\dot{U}_2=0)\text{，}H_{12}=\dfrac{\dot{U}_1}{\dot{U}_2}(\dot{I}_1=0) \\ H_{21}=\dfrac{\dot{I}_2}{\dot{I}_1}(\dot{U}_2=0)\text{，}H_{22}=\dfrac{\dot{I}_2}{\dot{U}_2}(\dot{I}_1=0) \end{cases} \tag{14.1.9}$$

可见，H 参数也可以用实验的方法求得，当二端口网络为互易网络时，有 $H_{12}=-H_{21}$，因此四个参数中只有三个是独立的。对于对称的二端口网络，还有 $H_{11}H_{22}-H_{12}H_{21}=1$。

三、实验设备

本实验所需设备见表 14.1.1。

表 14.1.1　实验设备名称、型号和数量

设备名称	设备型号规格	数量
直流电源	DP832/30V	1 台
手持式万用表	UT39A/DC1000V	1 块
台式万用表	DM3058E/10A	1 台
实验元件	九孔电路实验板，插件式模块	1 套

四、实验内容——测定电阻网络的 Z 参数、A 参数和 H 参数

给定的二端口网络如图 14.1.2 所示，根据上述实验方法，测定该网络的 Z 参数、A 参

数和 H 参数。已知网络的输入端或输出端所加电压为直流电压 12 V，要求绘出实验电路图和实验数据表格。

注意： 通过电流插头插座测量电流时，要注意电流表的正负号。

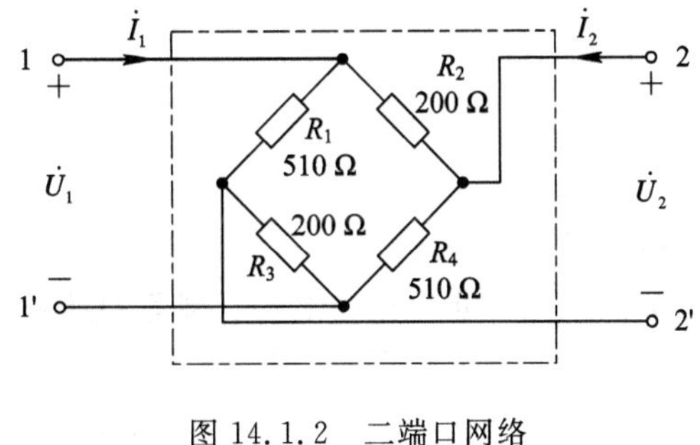

图 14.1.2　二端口网络

五、预习思考题

设计实验内容中的实验电路图及数据表格。

六、数据处理及分析

(1) 根据实验内容测量的二端口网络的 Z、A、H 参数，判断该网络是否为互易网络和对称网络。

(2) 计算实验内容中二端口网络的 Y 参数。

14.2　二端口网络的等效电路

一、实验目的

验证无源线性二端口网络的等效性。

二、实验原理

无源二端口网络的外部特性可以用三个阻抗(或导纳)元件组成 T 型或 π 型等效电路来代替，其 T 型和 π 型等效电路如图 14.2.1 所示，若已知网络的 A 参数，则阻抗 Z_1、Z_2、

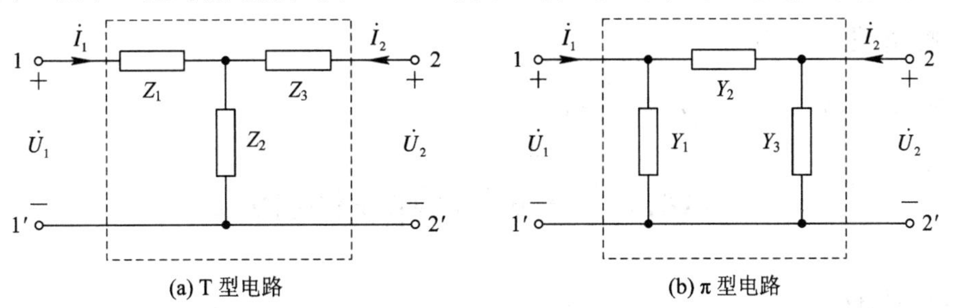

图 14.2.1　二端口网络等效电路

Z_3 和导纳 Y_1、Y_2、Y_3 分别为

$$\begin{cases} Z_1=\dfrac{A_{11}-1}{A_{21}},\ Z_2=\dfrac{1}{A_{21}},\ Z_3=\dfrac{A_{22}-1}{A_{21}} \\ Y_1=\dfrac{A_{22}-1}{A_{12}},\ Y_2=\dfrac{1}{A_{12}},\ Y_3=\dfrac{A_{11}-1}{A_{12}} \end{cases} \tag{14.2.1}$$

三、实验设备

本实验所需设备见表 14.2.1。

表 14.2.1 实验设备名称、型号和数量

设备名称	设备型号规格	数量
直流电源	DP832/30V	1台
手持式万用表	UT39A/DC1000V	1块
台式万用表	DM3058E/10A	1台
实验元件	九孔电路实验板，插件式模块	1套

四、实验内容

1. 求网络的等效电路

根据图 14.1.2 所示网络的 A 参数，求出该网络的等效电路：T 型电路和 π 型电路。要求绘出 T 型电路图和 π 型电路图，并在图上标明三个阻抗和三个导纳的值。

2. 验证原二端口网络与等效电路的等效性

以实验内容 1 求出的 T 型电路或者 π 型电路为例，证明原二端口网络与该 T 型电路或者 π 型电路等效。已知网络的输入端或输出端所加电压为直流电压 12 V，要求绘出实验电路图和实验数据表格。

五、预习思考题

设计实验内容 2 中的实验电路图及实验数据表格。

六、数据处理及分析

根据实验内容 2 的实验数据，得出结论。

14.3 二端口网络的连接

一、实验目的

(1) 了解二端口网络的几种连接方式。

(2) 掌握二端口网络连接前后网络参数间的关系。

二、实验原理

1. 二端口网络的五种连接方式

可以将一个复杂的二端口网络看成由若干个简单二端口网络按不同方式连接而成。通过分解，可以将复杂二端口网络简化；反之，也可将简单二端口网络通过不同方式连接构成功能复杂的二端口网络。二端口网络的连接方式主要有五种：级联、串联、并联、串-并联、并-串联，如图 14.3.1 所示，其中 N_a、N_b 为无源线性二端口网络。

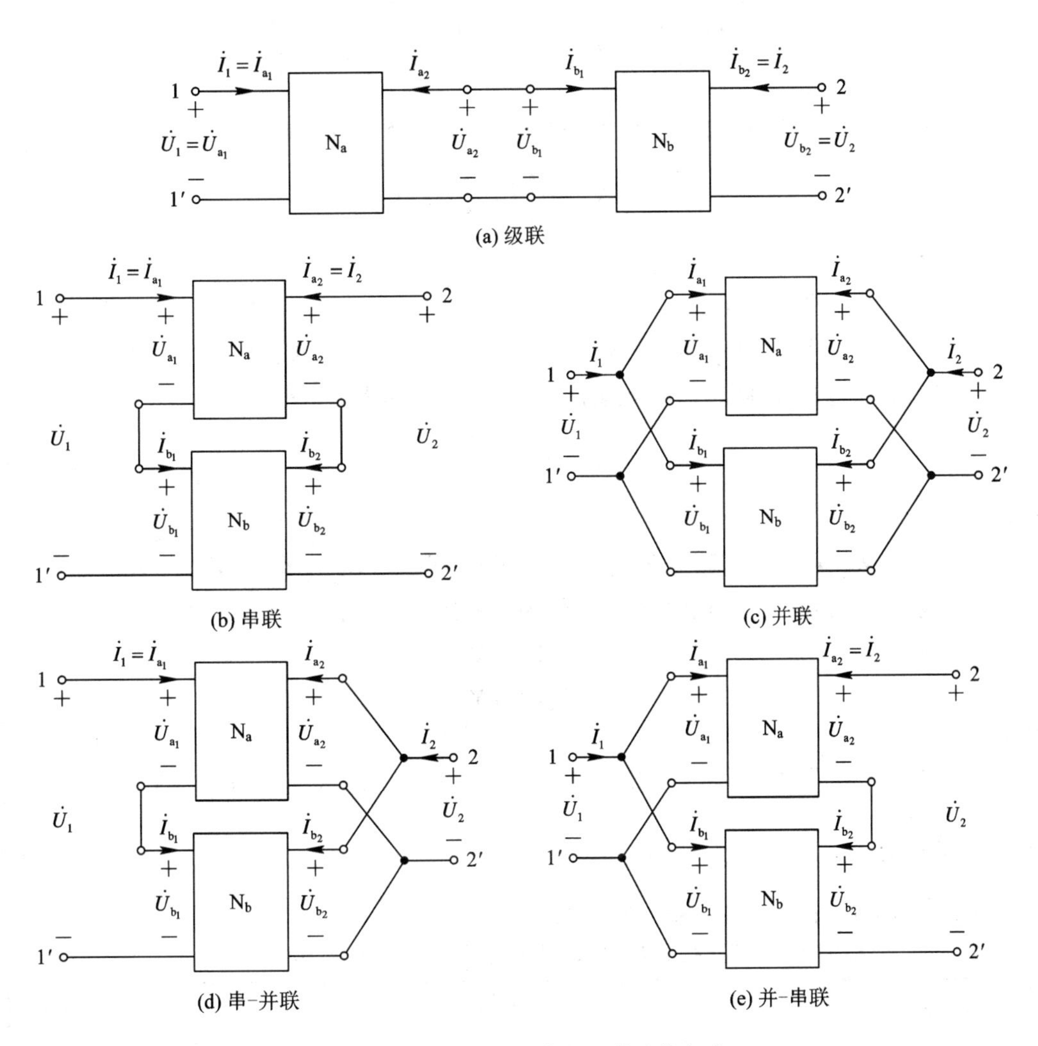

图 14.3.1　二端口网络的五种连接方式

2. 复合二端口网络参数

简单二端口网络通过不同方式连接后依然满足端口条件(即端口上流入的电流等于流出的电流)时，其构成的复合二端口网络的参数与组成网络的参数存在一定关系，这里主要介绍二端口网络级联、串联、并联时的参数关系。

设网络 a、b 的传输参数矩阵分别为$\boldsymbol{A}_a$、$\boldsymbol{A}_b$，开路阻抗参数矩阵分别为$\boldsymbol{Z}_a$、$\boldsymbol{Z}_b$，短路导纳参数矩阵分别为$\boldsymbol{Y}_a$、$\boldsymbol{Y}_b$，即

$$\boldsymbol{A}_a=\begin{bmatrix}\boldsymbol{A}_{a_{11}} & \boldsymbol{A}_{a_{12}}\\ \boldsymbol{A}_{a_{21}} & \boldsymbol{A}_{a_{22}}\end{bmatrix},\quad \boldsymbol{Z}_a=\begin{bmatrix}\boldsymbol{Z}_{a_{11}} & \boldsymbol{Z}_{a_{12}}\\ \boldsymbol{Z}_{a_{21}} & \boldsymbol{Z}_{a_{22}}\end{bmatrix},\quad \boldsymbol{Y}_a=\begin{bmatrix}\boldsymbol{Y}_{a_{11}} & \boldsymbol{Y}_{a_{12}}\\ \boldsymbol{Y}_{a_{21}} & \boldsymbol{Y}_{a_{22}}\end{bmatrix}$$

$$\boldsymbol{A}_b=\begin{bmatrix}\boldsymbol{A}_{b_{11}} & \boldsymbol{A}_{b_{12}}\\ \boldsymbol{A}_{b_{21}} & \boldsymbol{A}_{b_{22}}\end{bmatrix},\quad \boldsymbol{Z}_b=\begin{bmatrix}\boldsymbol{Z}_{b_{11}} & \boldsymbol{Z}_{b_{12}}\\ \boldsymbol{Z}_{b_{21}} & \boldsymbol{Z}_{b_{22}}\end{bmatrix},\quad \boldsymbol{Y}_b=\begin{bmatrix}\boldsymbol{Y}_{b_{11}} & \boldsymbol{Y}_{b_{12}}\\ \boldsymbol{Y}_{b_{21}} & \boldsymbol{Y}_{b_{22}}\end{bmatrix}$$

(1) 当二端口网络级联时，复合网络的传输参数矩阵为$\boldsymbol{A}=\boldsymbol{A}_a\boldsymbol{A}_b$，即

$$\boldsymbol{A}=\begin{bmatrix}\boldsymbol{A}_{11} & \boldsymbol{A}_{12}\\ \boldsymbol{A}_{21} & \boldsymbol{A}_{22}\end{bmatrix} \tag{14.3.1}$$

其中

$$\boldsymbol{A}_{11}=\boldsymbol{A}_{a_{11}}\boldsymbol{A}_{b_{11}}+\boldsymbol{A}_{a_{12}}\boldsymbol{A}_{b_{21}},\ \boldsymbol{A}_{12}=\boldsymbol{A}_{a_{11}}\boldsymbol{A}_{b_{12}}+\boldsymbol{A}_{a_{12}}\boldsymbol{A}_{b_{22}}$$
$$\boldsymbol{A}_{21}=\boldsymbol{A}_{a_{21}}\boldsymbol{A}_{b_{11}}+\boldsymbol{A}_{a_{22}}\boldsymbol{A}_{b_{21}},\ \boldsymbol{A}_{22}=\boldsymbol{A}_{a_{21}}\boldsymbol{A}_{b_{12}}+\boldsymbol{A}_{a_{22}}\boldsymbol{A}_{b_{22}}$$

(2) 当二端口网络串联时，复合网络的传输参数矩阵为$\boldsymbol{Z}=\boldsymbol{Z}_a+\boldsymbol{Z}_b$，即

$$\boldsymbol{Z}=\begin{bmatrix}\boldsymbol{Z}_{11} & \boldsymbol{Z}_{12}\\ \boldsymbol{Z}_{21} & \boldsymbol{Z}_{22}\end{bmatrix} \tag{14.3.2}$$

其中

$$\boldsymbol{Z}_{11}=\boldsymbol{Z}_{a_{11}}+\boldsymbol{Z}_{b_{11}},\ \boldsymbol{Z}_{12}=\boldsymbol{Z}_{a_{12}}+\boldsymbol{Z}_{b_{12}},\ \boldsymbol{Z}_{21}=\boldsymbol{Z}_{a_{21}}+\boldsymbol{Z}_{b_{21}},\ \boldsymbol{Z}_{22}=\boldsymbol{Z}_{a_{22}}+\boldsymbol{Z}_{b_{22}}$$

(3) 当二端口网络并联时，复合网络的传输参数矩阵为$\boldsymbol{Y}=\boldsymbol{Y}_a+\boldsymbol{Y}_b$，即

$$\boldsymbol{Y}=\begin{bmatrix}\boldsymbol{Y}_{11} & \boldsymbol{Y}_{12}\\ \boldsymbol{Y}_{21} & \boldsymbol{Y}_{22}\end{bmatrix} \tag{14.3.3}$$

其中

$$\boldsymbol{Y}_{11}=\boldsymbol{Y}_{a_{11}}+\boldsymbol{Y}_{b_{11}},\ \boldsymbol{Y}_{12}=\boldsymbol{Y}_{a_{12}}+\boldsymbol{Y}_{b_{12}},\ \boldsymbol{Y}_{21}=\boldsymbol{Y}_{a_{21}}+\boldsymbol{Y}_{b_{21}},\ \boldsymbol{Y}_{22}=\boldsymbol{Y}_{a_{22}}+\boldsymbol{Y}_{b_{22}}$$

三、实验设备

本实验所需设备见表 14.3.1。

表 14.3.1　实验设备名称、型号和数量

设备名称	设备型号规格	数量
直流电源	DP832/30V	1 台
手持式万用表	UT39A/DC1000V	1 块
台式万用表	DM3058E/10A	1 台
实验元件	九孔电路实验板，插件式模块	1 套

四、实验内容——测定复合网络的 Z 参数、A 参数和 Y 参数

给定两个简单二端口网络 a、b 如图 14.3.2 所示，依次将其进行级联、串联、并联，分别测定级联网络的 A 参数、串联网络的 Z 参数、并联网络的 Y 参数。已知网络的输入端或输出端所加电压为直流电压 12 V，要求绘出实验电路图和实验数据表格。

注意： 通过电流插头插座测量电流时，要注意电流表的正负号。

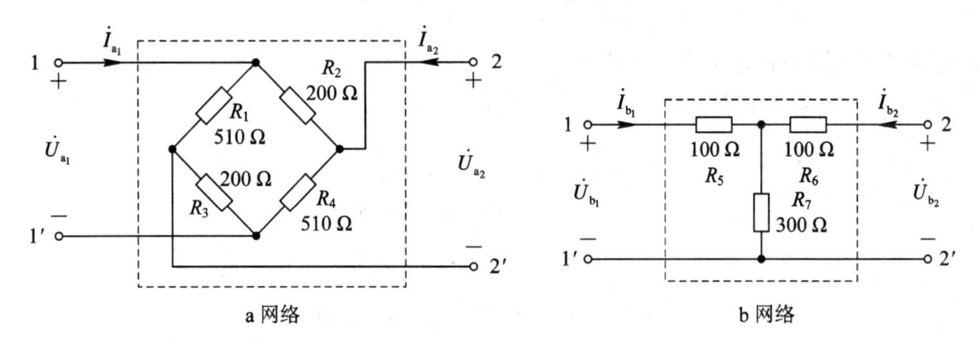

图 14.3.2　无源线性二端口网络

五、预习思考题

计算图 14.3.1 中 b 网络的 A 参数、Z 参数和 Y 参数。

六、数据处理及分析

结合 14.1 节中的实验结果和本次实验的结果，验证复合网络和组成网络的参数关系是否成立。

14.4　负阻抗变换器虚拟实验

一、实验目的

(1) 了解负阻抗变换器的概念及特性。

(2) 学习用运算放大器构成负阻抗变换器。

(3) 了解负阻抗变换器在 RLC 振荡电路中的应用。

二、实验原理

1. 负阻抗变换器

负阻抗变换器(简称 NIC)是一个二端口网络，它在电路中的符号如图 14.4.1 所示，这个二端口网络有将正阻抗变为负阻抗的性质。

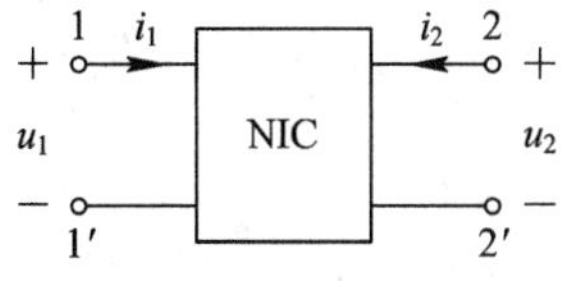

图 14.4.1　负阻抗变换器电路符号

按照二端口网络的输入与输出电压电流之间的关系，NIC 可分为电流反向型和电压反向型，在理想情况下，负阻

抗变换器的电压、电流关系如下：

电流反向型：$u_1=u_2$，$i_1=ki_2$（电压方向及大小没有改变，电流改变了方向）

电压反向型：$u_1=-ku_2$，$i_1=-i_2$（电压改变了方向，电流方向没有改变）

下面以电流反向型的负阻抗变换器为例，说明 NIC 把正阻抗变为负阻抗的性质。如图 14.4.2 所示，在端口 2—2′接上阻抗 Z_L，从端口 1—1′看进去的输入阻抗 Z_{in} 为

$$Z_{in}=\frac{u_1}{i_1}=\frac{u_2}{ki_2}=\frac{-Z_Li_2}{ki_2}=-\frac{Z_L}{k} \tag{14.4.1}$$

即输入阻抗 Z_{in} 是负载阻抗 Z_L（乘以 $1/k$）的负值。同理，当 $k=1$ 时，在端口 2—2′接上电阻 R、电感 L、电容 C，则在端口 1—1′可得到 $-R$、$-L$、$-C$。

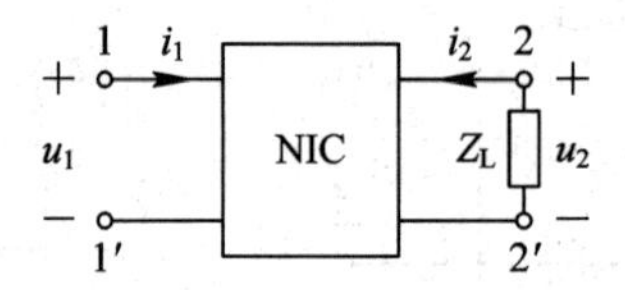

图 14.4.2　负阻抗变换器接上负载

2. 用运算放大器构成负阻抗变换器

图 14.4.3 所示电路中的虚线框是采用运算放大器构成的电流反向型负阻抗变换器。假设图中运算放大器为理想运放，根据理想运放的性质，对于图 14.4.3 所示电路有

$$i_1=i_3,\ i_2=i_4,\ u_1=u_2,\ i_3=\frac{u_1-u_0}{R_0},\ i_4=\frac{u_2-u_0}{R_0}$$

故

$$i_1=i_2,\ i_3=i_4$$

因负载 Z_L 上的电压与电流参考方向相反，则有 $u_2=-i_2Z_L$，因此，1—1′端口的输入阻抗为

$$Z_{in}=\frac{u_1}{i_1}=\frac{u_2}{i_2}=\frac{-i_2Z_L}{i_2}=-Z_L \tag{14.4.2}$$

由上式可知，通过图 14.4.3 所示电路在端口的输入端可得到负阻抗 $-Z_L$。

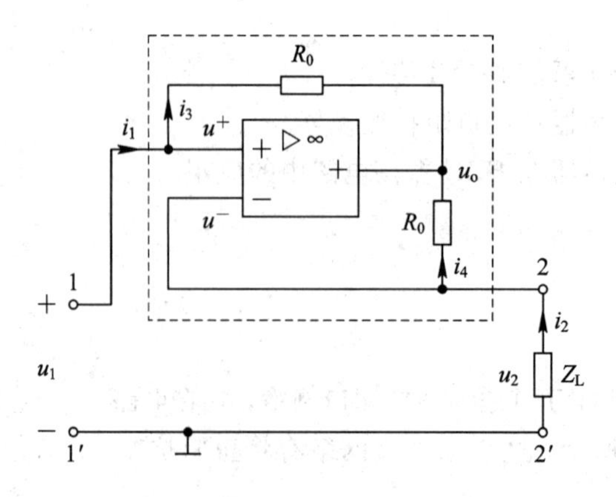

图 14.4.3　运算放大器构成电流反向型负阻抗变换器电路

3. 阻抗逆变器

如果负阻抗变换器的负载端接上容性负载，则其等效输入阻抗呈感性。如图 14.4.4 所示电路，负载 Z_L 为一个电阻 R 与一个电容 C 串联，其阻抗为 $Z_L=R-j\frac{1}{\omega C}$，在输入端并联电阻 R，结合式(14.4.2)可得出 1—1′端口输入端的等效阻抗为

$$Z_{in}=R\ //\ (-Z_L)=\frac{-R\left(R-j\frac{1}{\omega C}\right)}{R-\left(R-j\frac{1}{\omega C}\right)}=R+j\omega CR^2 \tag{14.4.3}$$

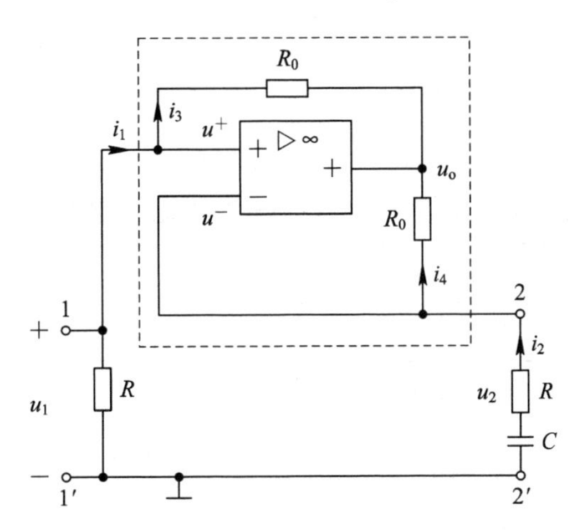

图 14.4.4　负阻抗变换器接上容性负载

从式(14.4.3)可知，其等效输入阻抗可视为电阻 R 与电感 L 的串联，等效电感值为 $L_{in}=CR^2$。同理，如果负阻抗变换器的负载 Z_L 为一个电阻 R 与一个电感 L 的串联，则其等效输入阻抗可视为电阻 R 与电容 C 的串联，等效电容值为 $C_{in}=\frac{L}{R^2}$。

三、Multisim14.0 仿真平台、元件和仪器的使用

本次实验中，需要使用的元件有电阻、电容、电感、可变电阻、地线、运算放大器，需要使用的仪器有直流电压源、交流电压源、函数发生器、探针、示波器、万用表。

四、实验内容

1. 测量负阻抗变换器的输入阻抗

在 Multisim14.0 中按图 14.4.5 所示搭建电路并仿真，通过改变可变电阻 R_L 阻值，测量五组输入电压和电流值，计算输入阻抗的阻值。实验电源为直流电压源，图中参数仅为参考，请自行选取合适参数，将所测电压、电流值记入表 14.4.1 中。

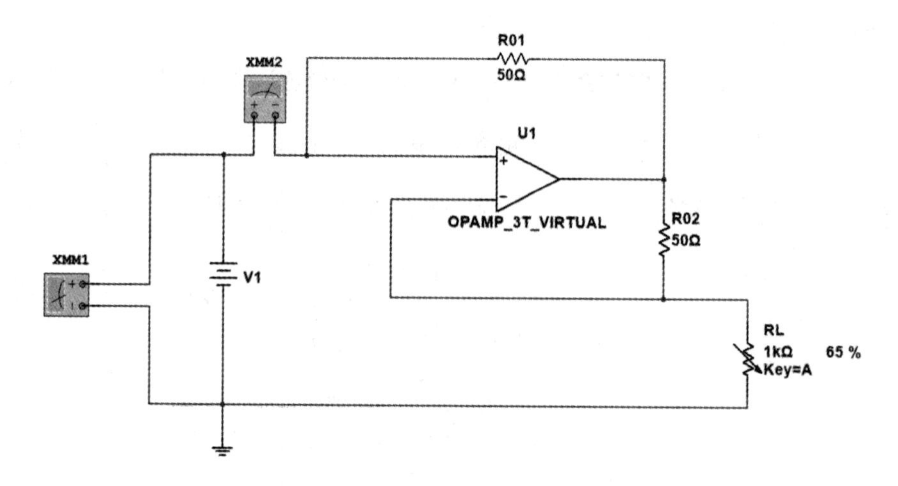

图 14.4.5　负阻抗变换器仿真电路

表 14.4.1　负阻抗变换器输入阻抗测量表格

电路参数	R_L/kΩ					
测量值	电源电压/V					
	输入电流/mA					
计算值	输入电阻 R_{in}/kΩ					

2. 阻抗逆变器的测量与观察

在 Multisim14.0 中按图 14.4.6 所示搭建电路，激励源 U_1 为正弦信号，用小电阻 r_1 取样输入电流，r_2 取样输出电流，再用示波器观察电源电压和输入电流、输出电压和输出电流的波形，将波形截图。用光标测量输入端示波器的电压和电流的周期和时间相位差，用探针测量输入电压、电流的有效值。图 14.4.6 中参数仅为参考，请自行选取合适参数，仿真后将实验数据记录在表格 14.4.2 中，根据输入端波形参数，计算输入阻抗和等效电感值。

将负载 Z_L 改为一个电阻 R 与一个电感 L 的串联，按上述相同方法和要求测量，自行选取合适参数，自拟表格记录数据。

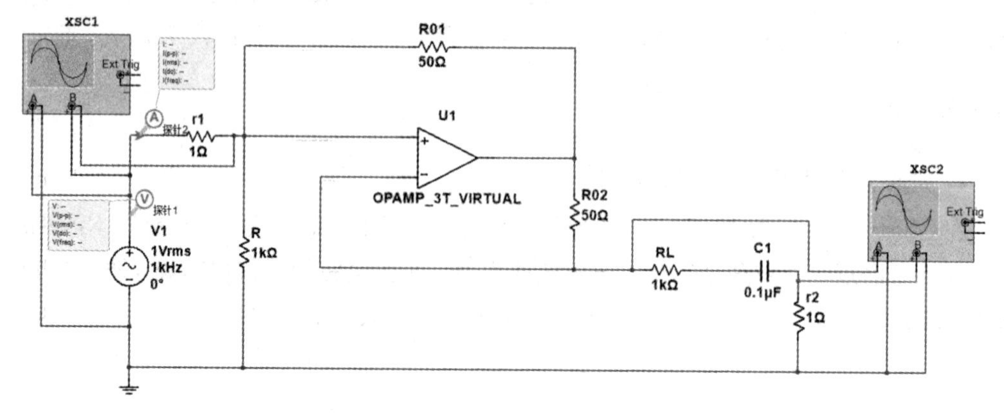

图 14.4.6　阻抗逆变器波形观测电路

注意：示波器不同通道导线应通过右键“区段颜色”修改成不同颜色，来产生不同颜色的波形。

表 14.4.2　负阻抗变换器波形参数测量表格

电路参数	$R=$	$R_L=$	$C_1=$	$f=$	$U_{1rms}=$
测量值	周期/μs	相位时间差/μs			
计算值	相位差	输入电压有效值/V	输入电流有效值/A	输入阻抗/Ω	等效电感值/H

3. 观察串联负阻抗变换器的 *RLC* 串联电路的时域响应

将负阻抗变换器接入 *RLC* 串联电路中，调节负阻值，观察电路中电阻分别大于 0、等于 0、小于 0 时的 u_C 波形，观测振荡过程，将波形截图，激励源为函数发生器输出的方波信号，请自绘实验电路图并选取合适参数，在 Multisim14.0 中搭建电路并仿真。

五、预习思考题

完成上述实验内容中的参数选择，绘制实验电路图、实验数据表格。

六、数据处理及分析

(1) 计算实验内容 1 输入阻抗值，得出结论。在实验过程中，电源电压大小的选择有何注意事项？

(2) 整理实验内容 2 的波形，完成表 14.4.2 和自拟表格，在表格中计算出输出阻抗、等效电感、等效电容。

(3) 在实验过程中，电源电压大小和频率的选择有何限制？请解释原因。

(4) 整理实验内容 3 的波形。

14.5　回转器虚拟实验

一、实验目的

(1) 了解回转器的概念及特性。

(2) 学习用负阻抗变换器构成回转器。

(3) 了解回转器的应用。

二、实验原理

1. 回转器

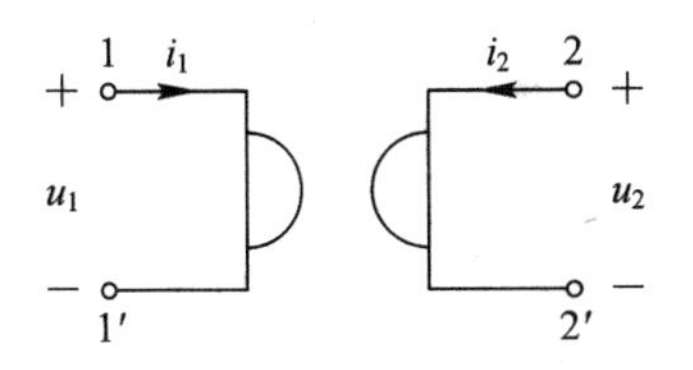

图 14.5.1　回转器电路符号

理想回转器是一个非互易的二端口网络，电路符号如图 14.5.1 所示，其特性为能将一个端口的电压(或电流)回转为另一个端口的电流(或电压)，它的端口电压、电流关系可用下列方程表示：

$$\begin{cases} u_1 = -ri_2 \\ u_2 = ri_1 \end{cases} \text{或} \begin{cases} i_1 = gu_2 \\ i_2 = -gu_1 \end{cases} \tag{14.5.1}$$

用传输参数表示为

$$\begin{cases} i_1 = \dfrac{1}{r}u_2 \\ u_1 = -ri_2 \end{cases} \text{或} \begin{cases} i_1 = gu_2 \\ u_1 = -\dfrac{1}{g}i_2 \end{cases} \tag{14.5.2}$$

其中，r 和 g 分别表示回转电阻和回转电导，简称回转常数。

在回转器输出端 2—2′接上阻抗 Z_L，如图 14.5.2 所示，从端口 1—1′看进去的输入阻抗 Z_{in} 为

$$Z_{in} = \frac{u_1}{i_1} = \frac{-ri_2}{u_2/r} = \frac{r^2}{Z_L} \quad \text{或} \quad Z_{in} = \frac{1}{g^2 Z_L} \tag{14.5.3}$$

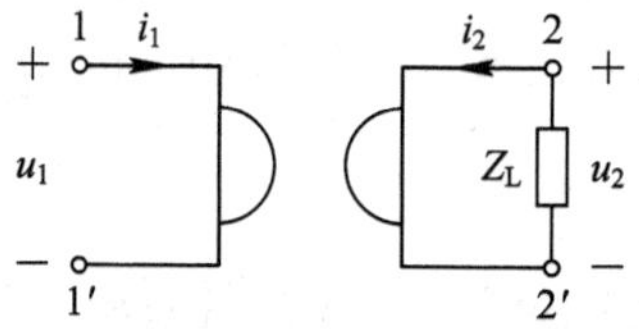

图 14.5.2 回转器电路接上负载

当输出端负载为电阻 R 时，输入阻抗为$\dfrac{r^2}{R}$，呈阻性；当输出端负载为电感 L 时，输入阻抗为$-\mathrm{j}\dfrac{r^2}{\omega L}$，呈容性，等效电容值为$\dfrac{L}{r^2}$；当输出端负载为电容 C 时，输入阻抗为 $\mathrm{j}r^2\omega C$，呈感性，等效电感值为 r^2C。由上述可知，回转器可将感性(或容性)元件回转为容性(或感性)元件，故回转器也是一个阻抗逆变器。

2. 用负阻抗变换器构成回转器

回转器可由两个负阻抗变换器构成，其结构如图 14.5.3 所示。

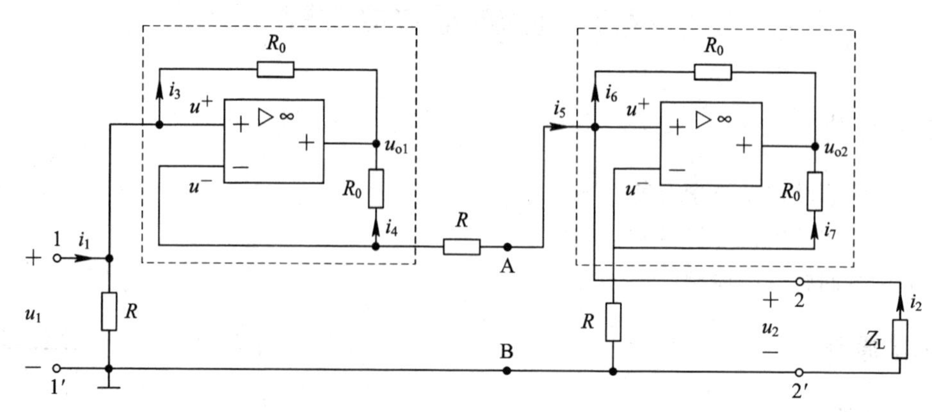

图 14.5.3 用负阻抗变换器构成回转器

根据负阻抗变换器的特性即 14.4 节中式(14.4.2)可知：

$$Z_{\text{ABin}}=Z_{\text{L}}\ /\!/\ (-R)=\frac{-Z_{\text{L}}R}{Z_{\text{L}}-R}$$
$$Z_{\text{in}}=R\ /\!/\ [-(Z_{\text{ABin}}+R)]=\frac{-R(Z_{\text{ABin}}+R)}{R-Z_{\text{ABin}}-R}=\frac{R^2}{Z_{\text{L}}} \tag{14.5.4}$$

其中回转电阻 $r=R$，回转电导 $g=1/R$。

三、Multisim14.0 仿真平台、元件和仪器的使用

本次实验中，需要使用的元件有电阻、电容、可变电阻、地线、运算放大器，需要使用的仪器有直流电压源、交流电压源、示波器、波特测试仪、函数发生器、探针。

四、实验内容

1. 测量回转器电阻 *r*

在 Multisim14.0 中按图 14.5.4 所示搭建电路，输出端负载接上可变电阻 R_{L}，输入端接上直流电压源，用电压探针和电流探针分别测量输入端电压 u_1、电流 i_1 和输出端电压 u_2、电流 i_2，经计算得出回转电阻 r 和等效输入电阻 R_{in}。图中参数仅供参考，请自行选取不同电路参数，改变电阻 R_{L} 值，自绘实验数据表格记录相关数据。

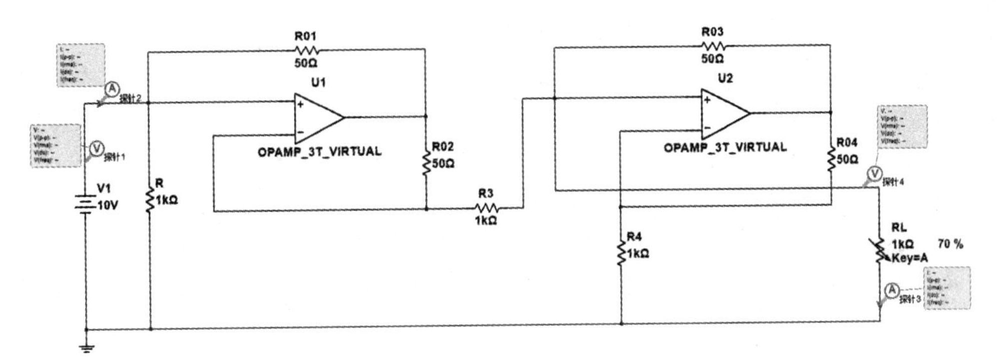

图 14.5.4　回转器虚拟电路

2. 用电容模拟电感器波形的观察与测量

将图 14.5.4 输出端负载接上可变电容 C，输入端探针 2 处接上电流取样电阻，激励源改为交流电压源产生的正弦信号，用示波器观察输入端电压与电流的波形，将波形截图。

改变电容值，用探针测出输入电压、电流有效值，据此求出模拟电感值 L，自行选取几组合适电容参数，在 Multisim14.0 中搭建电路并仿真，然后自绘实验数据表格并记录相关数据。

3. 观察含有回转器的 *RLC* 串联谐振电路谐振曲线

利用回转器产生的电感 L，自绘实验电路图并选取合适参数，尝试在 Multisim14.0 中搭建 *RLC* 串联谐振电路并仿真，激励源为函数发生器输出的正弦信号，用波特测试仪观测其谐振特性曲线并截图。

五、预习思考题

完成上述实验内容中的参数选择，绘制实验电路图、实验数据表格。

六、数据处理及分析

（1）计算实验内容 1 中回转电阻 r 和等效输入电阻 R_{in}，不同参数下回转电阻 r 与理论值是否一致？试解释原因。

（2）整理实验内容 2 的波形，求出模拟电感值 L，再根据电容 C 和回转器电阻 g 求出电感的理论值，进行比较并计算相对误差，不同电容值对误差有何影响？

附录　仪器仪表介绍

附录 1　FLUKE 15B＋型数字式万用表

万用表又称为多用表，用来测量直流电流、直流电压、交流电流、交流电压、电阻、电容等电气参数。数字式万用表由于读取数据容易、准确、输入阻抗大、功能多等优点，被越来越普遍地使用。

一、FLUKE 15B＋型数字万用表主要部件及功能

FLUKE 15B＋型数字万用表(以下简称“万用表”)如附图 1.1 所示。

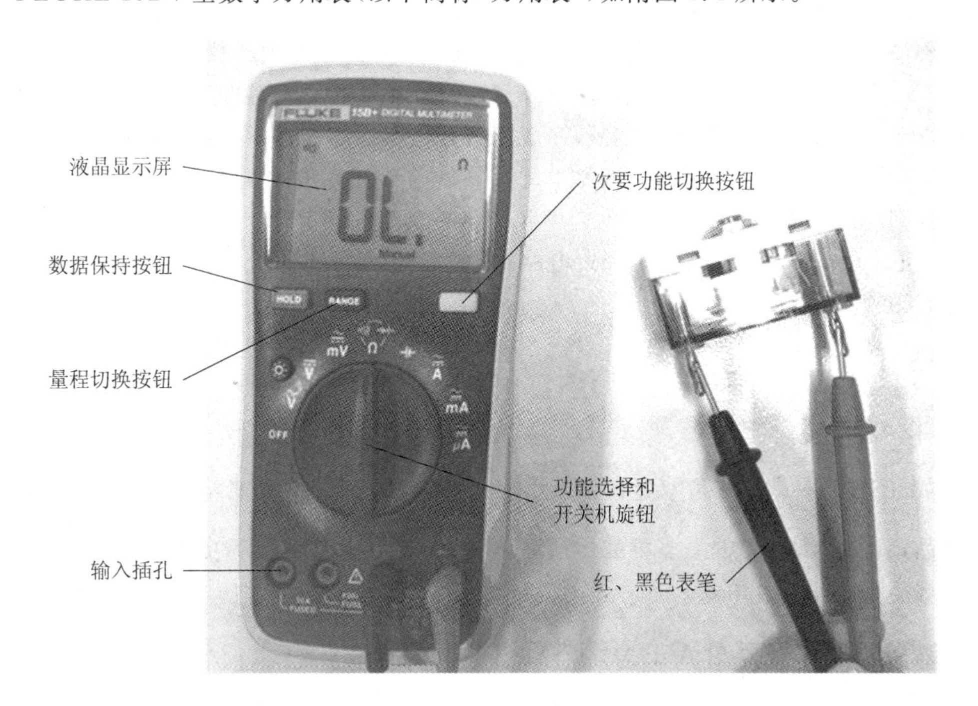

附图 1.1　FLUKE 15B＋型数字万用表示意图

(1) 液晶显示屏：显示所测量的电气参数。

(2) 功能选择和开关机旋钮：打开万用表并选择测量模式，比如交流电压 $\tilde{V}$、交流电流 $\tilde{A}$、直流电压 $\overline{V}$、直流电流 $\overline{A}$、电阻 Ω 等；将旋钮旋回 OFF 挡位，关闭万用表。打开状态下，数分钟未进行操作，万用表将会自动关机省电，将旋钮旋回 OFF 挡位后再打开即可。

(3) 数据保持按钮：按下“HOLD”按钮，液晶显示屏上保持显示当前测量数据，并在屏幕左上方显示“H”标记，此时无法测量新数据；弹起该按钮则退出数据保持模式。

(4) 量程切换按钮：选择测量模式后，大部分情况下屏幕下方，显示“Auto”默认自动

选择量程，此时按下“RANGE”按钮可手动切换量程，屏幕下方显示“Manual”可进行手动选择量程，若选择量程过大，则测量精度不足；若选择量程过小，则屏幕上无示数，显示“OL”。

(5) 次要功能切换按钮：选择测量模式后，例如 Ω 挡位时，按 Ω 上方黄色标识可切换为蜂鸣器挡和二极管挡，此时按下次要功能切换按钮(屏幕下方黄色按钮)，可在三种功能间互相切换，同理，也可切换直流毫伏电压 $\overline{\text{mV}}$ 与交流毫伏电压 $\widetilde{\text{mV}}$ 等功能。

(6) 输入插孔：根据选择的测量模式，将表笔插入对应的输入插孔。黑色表笔总是接入“COM”接口；用于测量电压、电阻、电容、二极管时，红色表笔接入“VΩ”接口；测量小电流(≤200 mA)时，红色表笔接入“ mA μA”接口；测量大电流时，红色表笔接入“A”接口。

(7) 红、黑色表笔：测量电阻、电压时，使用一红一黑的表笔测量；测量电流时必须使用电流检查插座。由于实验中使用台式万用表测量电流更加精确，所以无须使用该表测量电流。

二、注意事项

(1) 在将表笔连接被测电路之前，一定要严格检查所选挡位及量程与测量对象是否相符，因为若选择错误的挡位及量程，则可能不仅得不到测量结果，甚至会损坏万用表，初学者要格外注意。(特别是测量电压却使用电流挡位和接口，极易损坏仪表)

(2) 测量时，尽量用一只手握住两只表笔，手指不要触及表笔的金属部分和被测器件。

(3) 测量中若需要转换量程，必须在表笔离开电路后才能进行，否则容易损坏仪表。

(4) 测量时常会遇到多种电气参数，每次测量前要注意根据测量参数种类把功能选择旋钮转换到相应的挡位和量程，这是初学者最容易忽略的环节。

(5) 测量电阻时，必须将电阻脱离电路，在不带电情况下测量，否则测量数据不准甚至会损坏万用表。

附录 2　DM3058E 数字万用表

DM3058E 是一款 $5\frac{1}{2}$ 位双显数字万用表(台式万用表)，它是高精度、多功能、自动测量的产品，集基本测量功能、多种数学运算功能、任意传感器测量等功能于一身，测量频率范围也远高于手持式万用表。

一、DM3058E 数字万用表主要部件及功能

DM3058E 数字万用表前面板如附图 2.1 所示。

(1) LCD 液晶显示屏：显示测量数据和仪器状态，有单/双显模式，如附图 2.2 所示。

(2) 基本测量功能键：选择测量参数种类，如直流电压/电流、交流电压/电流、电阻、电容、二极管、连通性、频率、任意传感器等。

(3) 方向键：选择量程和改变采样速率，如附图 2.3 所示。选择量程有手动和自动两种方式。台式万用表可以根据输入信号自动选择合适的量程，非常方便，而手动选择量程可以获得更高的读数精确度。

自动选择量程：按键“Auto”，启用自动量程，禁用手动量程。

手动选择量程：按向上键，量程递增，按向下键，量程递减。此时禁用自动量程。

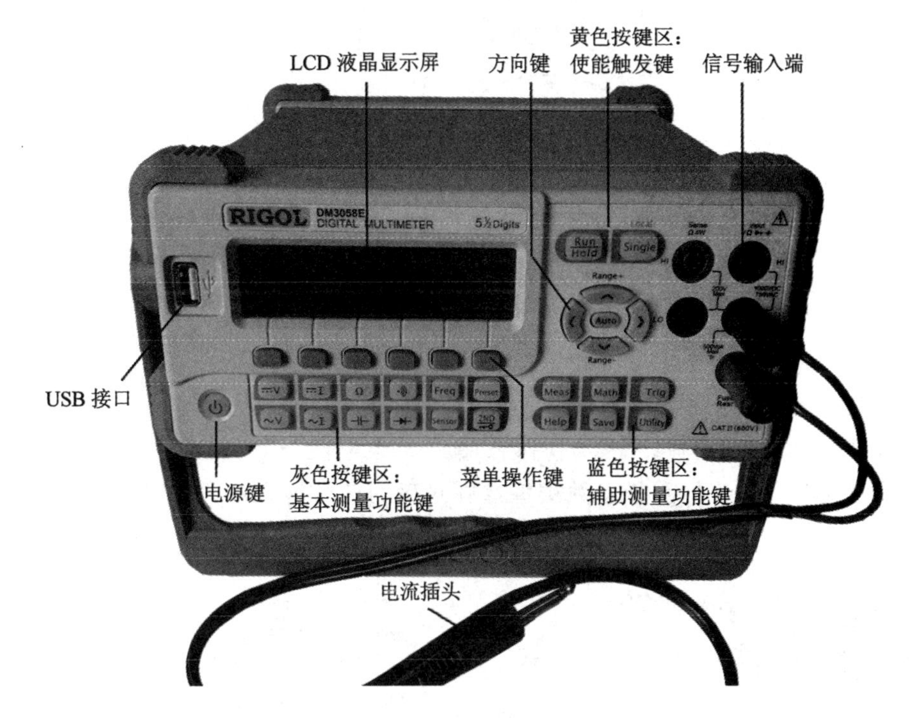

附图 2.1　DM3058E 台式万用表示意图

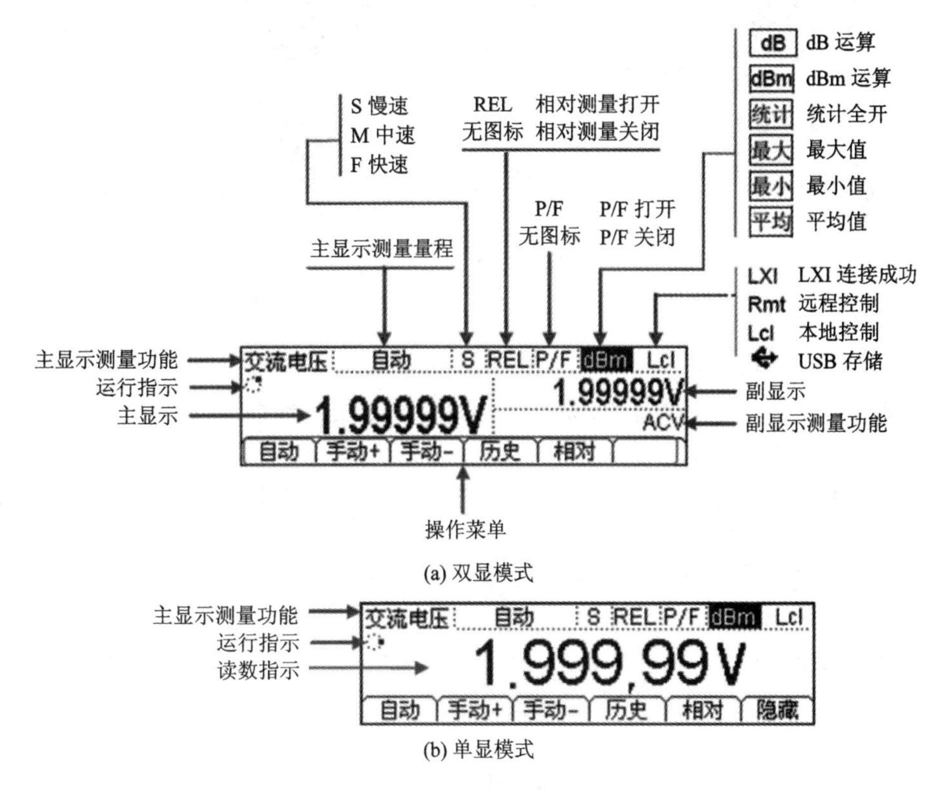

附图 2.2　DM3058E 台式万用表单显/双显模式

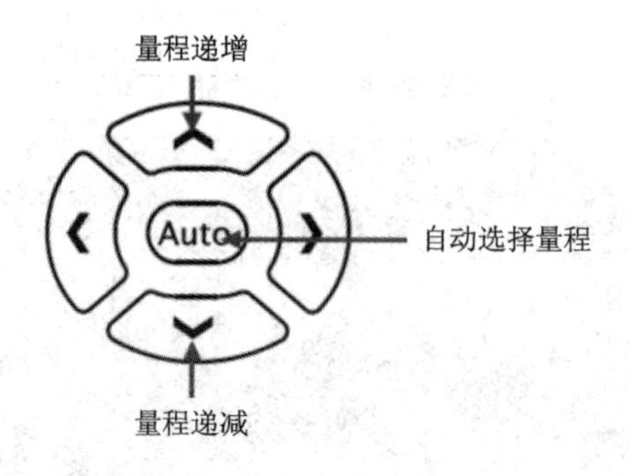

附图 2.3　量程选择按钮

采样速率：按方向左键，提高采样速率，按方向右键，降低采样速率。在显示屏状态栏标识"S"为慢速，"M"为中速，"F"为快速。

（4）信号输入端：依据测量参数类型选择正确的信号输入端，如附图 2.4、附图 2.5 所示。

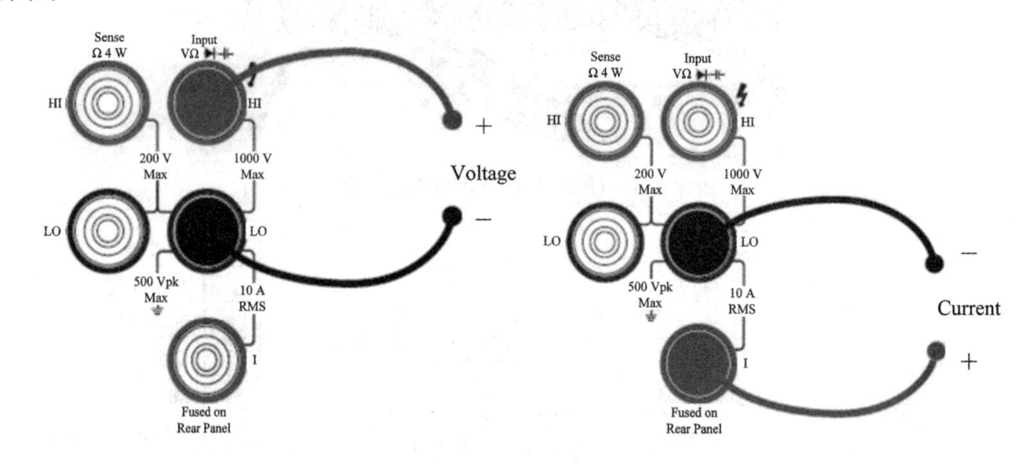

附图 2.4　测量电压、电阻、二极管时接线示意图　　附图 2.5　测量电流时接线示意图

二、注意事项

（1）要通过测量得到正确参数，必须正确选择测量参数种类（基本测量功能键区）、合理量程（方向键）、信号输入端接口。

（2）量程的手动模式下，如果超出测量范围，将会显示"超出量程"字样，需及时选择合理量程。

（3）测量电阻时，必须将电阻与电路分离，否则测量参数无效（不分离电路，电阻将会与电路中其他器件串并联）。

（4）直流电参数是有方向性的，记录时要根据表笔颜色、显示读数、线路方向来判断是否保留正负号。

附录 3　DP830 系列可编程线性直流电源

DP830 系列是一款高性能的可编程线性直流电源，拥有清晰的用户界面，优异的性能指标，多种分析功能，多种通信接口，可满足多样化的测量需求。

一、DP830 系列可编程线性直流电源主要部件及功能

DP830 系列可编程线性直流电源面板如附图 3.1 所示。

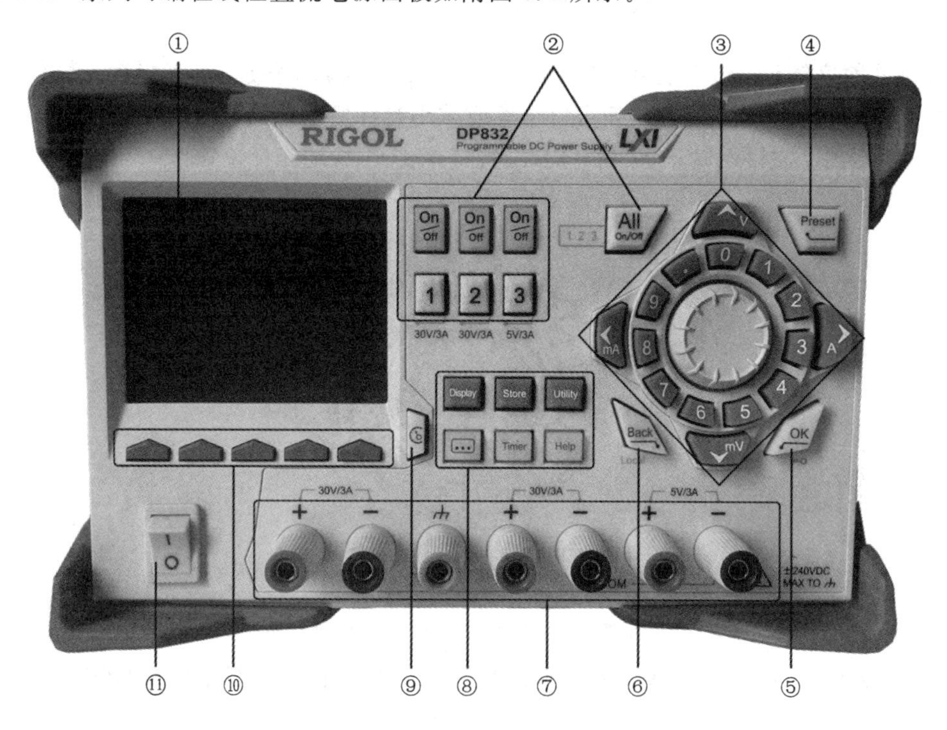

附图 3.1　DP830 直流电源示意图

附图 3.1 中各序号指示的部件如下：

① LCD 液晶显示屏：3.5 英寸 TFT 显示屏，用于显示系统参数设置、系统输出状态、菜单选项以及提示信息等。

② 通道(挡位)选择与输出开关：对于多通道型号，此处为通道选择与输出开关。对于单通道型号(DP811A)，此处为档位选择与输出开关，见附图 3.2。数字键，用于选择相应通道号并设置该通道的电压、电流、过压/过流保护等参数；“On/Off”键，用于打开/关闭相应通道的输出；“All On/Off”键用于打开/关闭所有通道的输出。

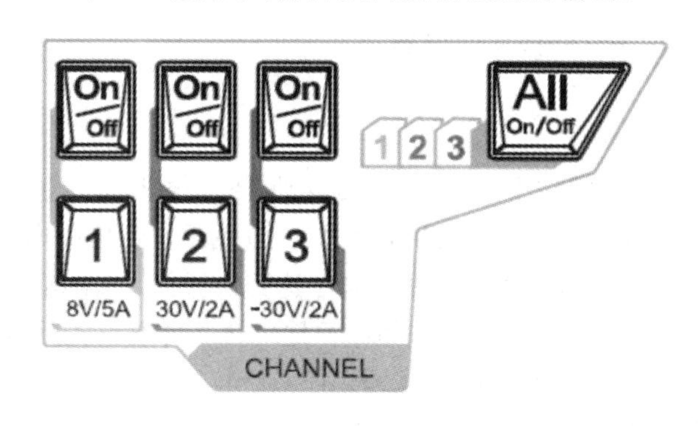

附图 3.2　通道选择与输出开关

③ 参数输入区：包括方向键(单位选择键)、数字键盘和旋钮，见附图 3.3。

方向键：用于移动光标位置，设置参数时，可以使用上、下方向键增大或减小光标处的数值。

单位选择键：使用数字键盘输入参数时，单位选择键用于选择电压单位(V 和 mV)和电流单位(A 和 mA)。

圆环式数字键盘：包括数字 0～9 和小数点，按下对应的按键，可直接输入数字。

旋钮：设置参数时，旋转旋钮可以增大或减小光标所在位的数值。浏览设置对象(定时参数、延时参数、文件名输入等)时，旋转旋钮，可快速移动光标位置。

附图 3.3 参数输入区(含方向键)

④ Preset 键：用于将仪器所有设置恢复为出厂默认值，或调用用户自定义的通道电压/电流配置。

⑤ OK 键：用于确认参数的设置。

⑥ Back 键：用于删除当前光标前的字符。

⑦ 输出端子：用于通道输出电压和电流，其中接地端子与机壳、底线(电源线接地端)相连，处于接地状态。

⑧ 功能菜单区：高级功能设置(略)。

⑨ 显示模式切换/返回主界面：用于在当前显示模式和表盘模式之间进行切换。此外，当仪器处于各功能设定界面时，可通过此键返回主界面。

⑩ 菜单键：菜单键与其上方的菜单一一对应，按任一菜单键选择相应菜单。

⑪ 电源开关键：用于打开或关闭仪器。

二、注意事项

(1) 由于通道 3 电压上限较小，且与通道 2 共地，使用过程中，主要使用通道 1 和通道 2。

(2) 电源处于电压源(CV)性质还是电流源(CC)性质，要根据电源带载实际输出参数与电压电流预设值确定。即当通道实际输出电压达到设置值，实际输出电流小于设置值时，呈限压状态，该通道工作在电压源模式，输出恒定电压；当通道实际输出电压小于设置值，实际输出电流等于设置值时，呈限流状态，该通道工作在电流源模式，输出恒定电流。

(3) 液晶屏幕上提供每个通道的输出参数，仅供参考，实验中记录数据一律以测量仪表显示值为准，保持记录数据的一致性。

附录 4　DS2102 数字示波器

一、面板介绍

DS2102 数字示波器操作面板主要分为六大区域：运行控制区、功能控制区、水平系统控制区、垂直系统控制区、触发系统控制区以及波形录制/回放控制区，此外，还有多功能按钮、信号输入端口、探头补偿信号(用于输出一个标准的正方波)、功能菜单设置键、快速测量按键以及 USB 接口(主要用于波形数据存储)。示波器示意图见附图 4.1、4.2，按键功能说明见附表 4.1。

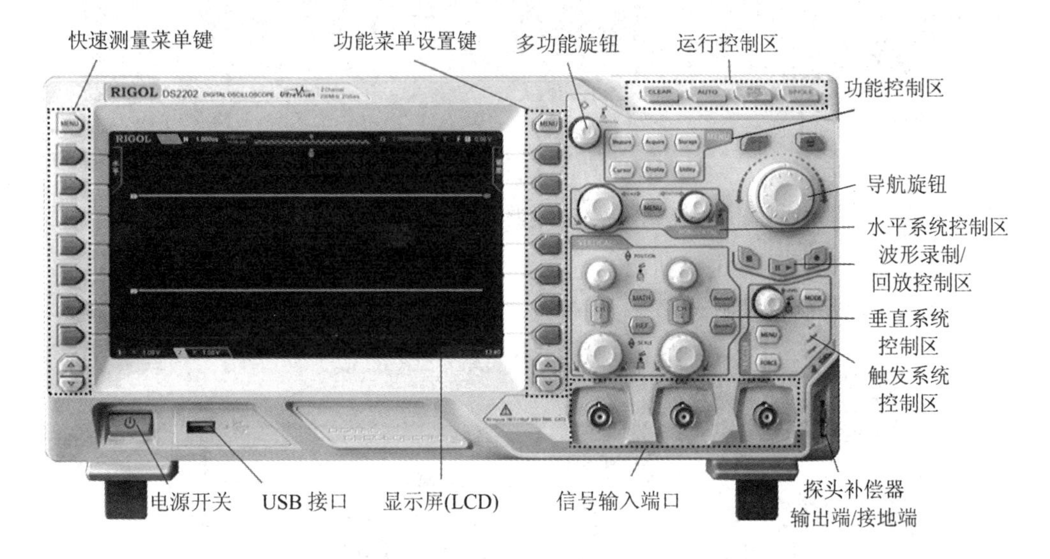

附图 4.1　DS2102 双通道数字示波器示意图

附表 4.1　示波器按键功能说明

编号	说明	编号	说明
1	快速测量菜单键	11	电源开关
2	显示屏(LCD)	12	USB 接口
3	多功能旋钮	13	水平系统控制区
4	功能控制区	14	功能菜单设置键
5	导航旋钮	15	垂直系统控制区
6	全部清除键	16	模拟通道输入区
7	波形自动显示	17	波形录制/回放控制区
8	运行/停止控制键	18	触发系统控制区
9	单次触发控制键	19	外部触发信号输入端
10	内置帮助/打印键	20	探头补偿器输出端/接地端

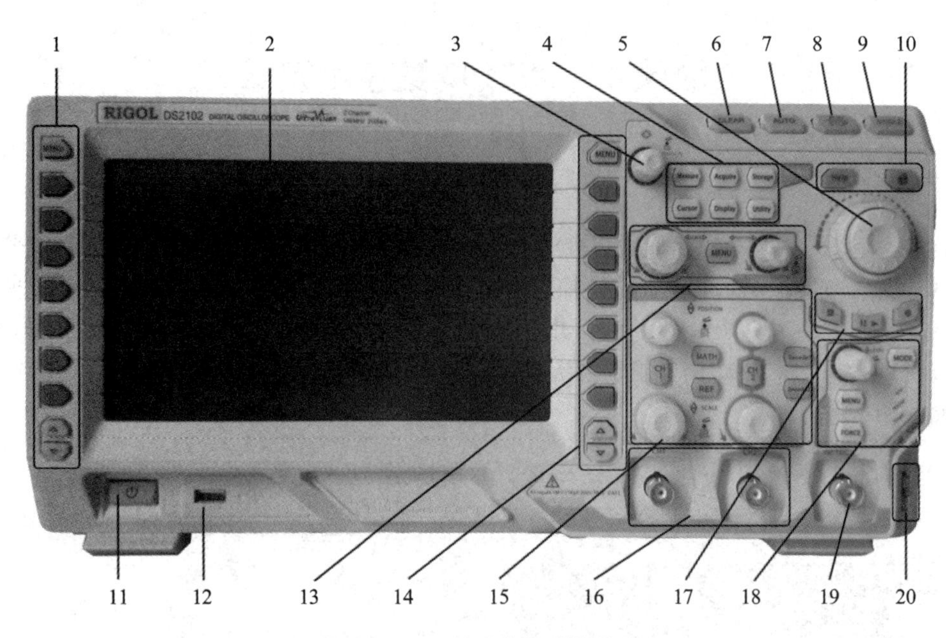

附图 4.2　示波器按键功能说明

下面介绍操作面板部分主要功能。

(1) 垂直系统控制区见附图 4.3。

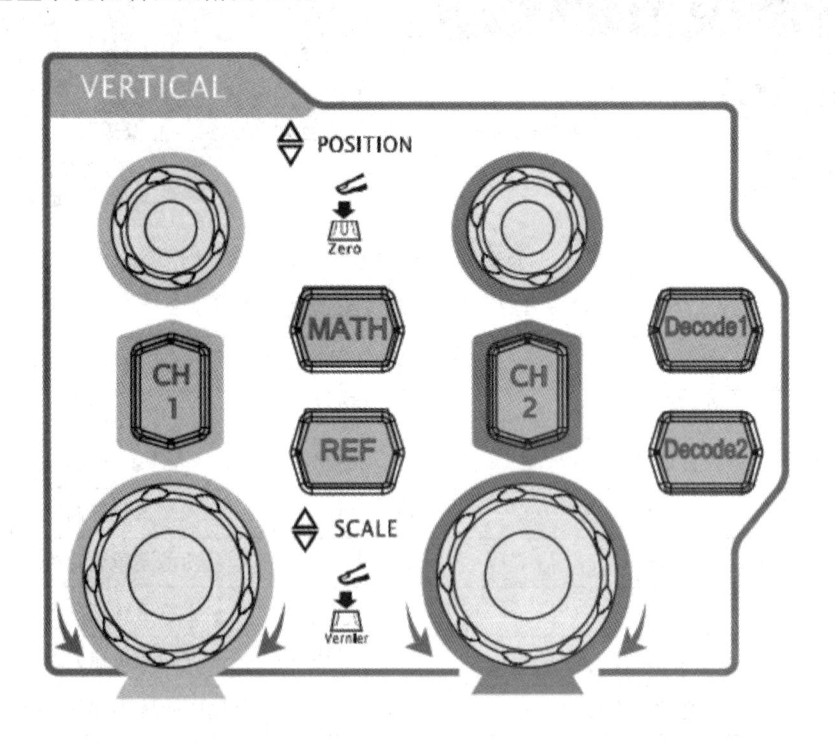

附图 4.3　垂直系统控制区(双通道设置区)

CH1/CH2：输入通道。两个通道用不同颜色标识，并且波形的颜色和通道输入连接器的颜色也与之对应，按下任一按键打开相应通道菜单，再次按下按键关闭通道菜单，继续按可消除该通道波形。

MATH 键：按下该键打开数学运算菜单，可进行加、减、乘、除、FFT、逻辑、滤波、高级运算。

REF 键：按下该键打开参考波形功能，可将实测波形和参考波形比较。

POSITION：垂直位移旋钮，用于修改当前通道波形的垂直位移。顺时针转动该旋钮增大位移，逆时针转动该旋钮减小位移。修改过程中波形会上下移动，同时屏幕左下角弹出位移信息的实时变化，按下该旋钮可快速将垂直位移归零至屏幕正中间。

SCALE：垂直挡位旋钮，用于修改当前通道的垂直挡位。顺时针转动该旋钮减小挡位，逆时针转动该旋钮增大挡位，修改过程中显示波形的幅度会变化，但实际幅值保持不变，同时屏幕左下方的挡位信息会实时变化。按下该旋钮可快速切换垂直挡位调节方式为"粗调"或"细调"。

Decode1/Decode2：解码功能按键，按下相应按键打开解码功能菜单。

(2) 水平系统控制区见附图 4.4。

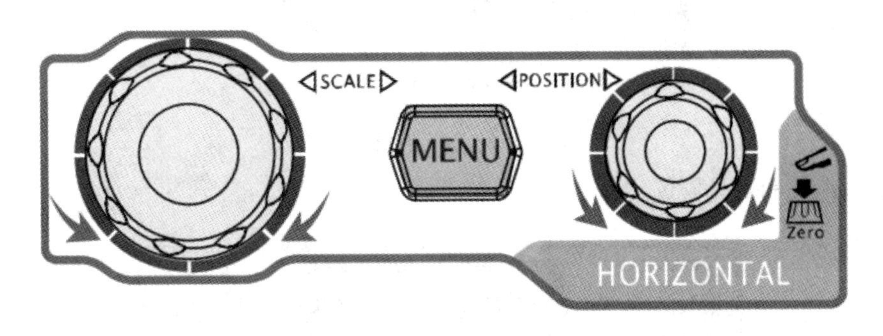

附图 4.4　水平系统控制区

MEMU 键：按下该键打开水平控制菜单。用于开关延迟扫描功能，切换不同的时基模式，切换水平档位的微调或粗调，以及修改水平参考设置。

SCALE：水平时基旋钮，用于修改水平时基(水平扫描速度)。顺时针转动该旋钮减小时基，逆时针转动该旋钮增大时基。修改过程中，所有通道的波形被扩展或压缩显示，同时屏幕上方的时基信息实时变化。按下该旋钮可快速切换至延迟扫描状态。

POSITION：水平位移旋钮，用于修改水平位移。转动该旋钮时触发点相对屏幕中心左右移动。修改过程中，所有通道的波形左右移动，同时屏幕右上角的触发位移信息实时变化。按下该旋钮可快速复位初始位移。

(3) 触发系统控制区见附图 4.5。

MODE 键：按下该键切换触发方式为 Auto、Normal 或 Single，当前触发方式对应的状态背灯会变亮。

LEVEL：触发电平旋钮，用于修改触发电平。顺时针转动该旋钮增大电平，逆时针转动该旋钮减小电平。修改过程中，触发电平线上下移动，同时屏幕上的触发电平信息实时变化。按下该旋钮可快速将触发电平恢复至零点。

MENU 键：按下该键打开触发操作菜单。

FORCE 键：在 Normal 和 Single 触发方式下，按下该键将强制产生一个触发信号。

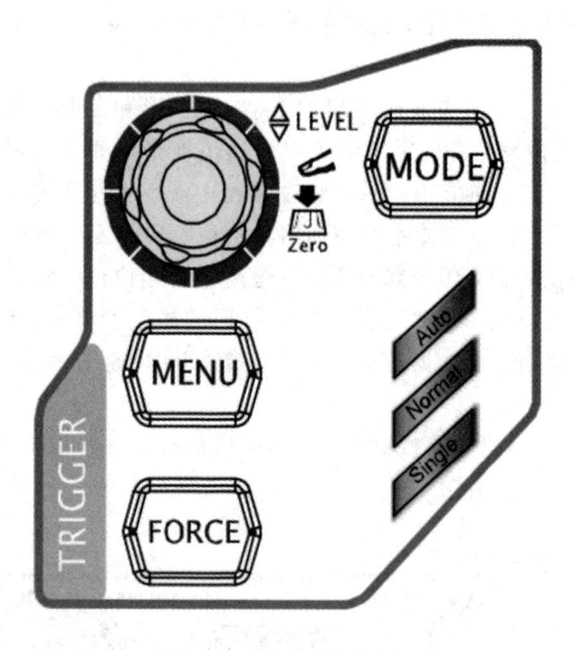

附图 4.5　触发系统控制区

（4）功能控制区见附图 4.6。

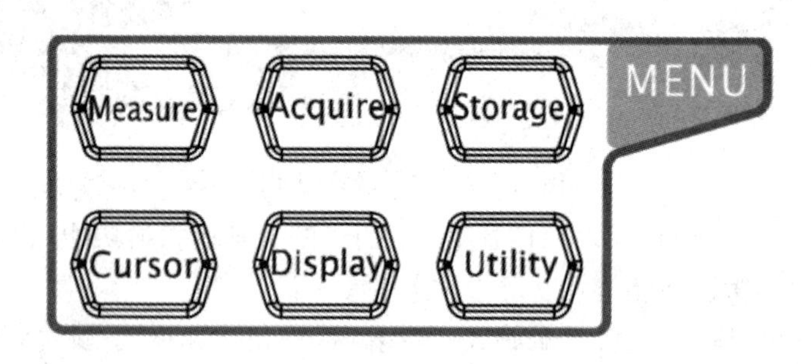

附图 4.6　功能选择区

Measure 键：按下该键进入测量设置菜单。可选择被测波形参数，打开全部测量、统计功能等。按下示波器屏幕左侧的 MEMU 按键，可打开波形参数测量菜单，然后按下相应的菜单按键快速实现一键测量，测量结果将显示在屏幕底部。

Acquire 键：按下该键进入采样设置菜单，可设置示波器的获取方式、存储深度和抗混叠功能。

Storage 键：按下该键进入文件存储和调用界面。

Cursor 键：按下该键进入光标测量菜单，示波器提示手动、追踪、自动测量和 X－Y 四种光标模式，其中 X－Y 光标模式仅在水平时基为 X－Y 模式时可用。

Display 键：按下该键进入显示设置菜单，可设置波形显示类型、余辉时间、波形亮度、屏幕网格、网格亮度和菜单保持时间。

Utility 键：按下该键进入系统辅助功能设置菜单，可设置系统相关功能或参数，例如接口、声音、语言等。此外，还支持一些高级功能，例如通过/失败测量、波形录制和打印设置等。

(5) 多功能旋钮见附图 4.7。

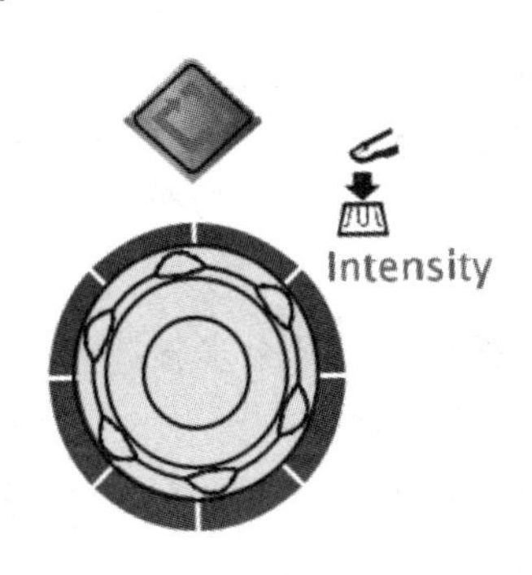

附图 4.7　多功能旋钮

调节波形亮度：转动该旋钮可调节波形的亮度，亮度可调范围为 0 至 100%，按下该旋钮亮度恢复至 50%。也可按功能菜单 Display 键调节波形亮度。

多功能(操作时，背灯变亮)：菜单操作时，按下某个菜单按键后，转动该旋钮可选择该菜单下的子菜单，然后按下旋钮可选中当前选择的子菜单。该旋钮还可以用于修改参数、输入文件名等。

(6) 波形录制/回放控制区见附图 4.8。

附图 4.8　波形录制/回放控制区

在 Utility 功能键中可以打开波形录制功能，在波形录制菜单中可设置录制模式、录制操作、录制间隔、录制帧数等。录制操作也可通过示波器面板上的波形录制/回放控制快捷键完成。

波形录制键：按下该键后，其背灯点亮并开始闪烁，表示开始录制，如录制模式选择常开，则该键常亮。

停止键：录制完成后，波形录制键背灯自动熄灭，停止键背灯点亮，也可直接在必要时手动按下停止键停止录制。

回放/暂停控制键：按下该键后，其背灯点亮，表示开始回放，再次按下该键可暂停回放，按下停止键后停止回放。

(7) 其他按键。

全部清除按键 CLEAR：按下该键，清除屏幕上所有的波形。如果示波器处于“运行”状态，则继续显示新波形。

运行控制键 RUN/STOP：按下该键将示波器的运行状态设置为“运行”或“停止”。运行状态下，该键黄色背灯点亮；停止状态下，该键红色背灯点亮。

单次触发键 SINGLE：按下该键将示波器的触发方式设置为 Single，该键橙色背灯点亮。单次触发方式下，按 FORCE 键立即产生一个触发信号。

波形自动显示键AUTO：按下该键启用波形自动设置功能。示波器将根据输入信号自动调整垂直挡位、水平时基以及触发方式，使波形显示达到最佳状态。注意：若被测信号为正弦波，则要求其频率不小于 20 Hz，否则，此功能无效。

二、示波器使用方法

一般情况下使用示波器需要按照以下几个步骤进行：

（1）打开电源开关，等待仪器正常启动。

（2）将同轴电缆接在示波器的 CH1/CH2 输入端口，同轴电缆另外一端的红、黑色两个鳄鱼夹应处于短接状态。

（3）按下垂直系统控制区 POSITLON 按键，将扫描基线调节到零位置。

（4）断开鳄鱼夹，接入探头补偿信号，若出现过补偿或欠补偿现象，则应进行补偿调节。

（5）接入被观测信号，可以通过自行调节水平系统控制区、垂直系统控制区、触发系统控制区的旋钮使波形清晰显示在屏幕上，也可按下 AUTO 键，仪器自动设置合适的水平挡位和垂直挡位，使被测波形显示在屏幕上，然后根据观察需要自行调节水平和垂直系统控制区的旋钮使波形易于观察。

（6）根据屏幕上显示的水平时基和波形一周期所占格数可以算出波形的周期，根据垂直挡位和波峰及波谷之间所占格数可以算出波形的峰峰值，也可使用快速测量菜单选择所需测量的参数，在屏幕上显示出波形的周期、频率、有效值等参数。

三、注意事项

（1）一般情况下要求被测量设备和测量设备都应可靠连接参考地。

（2）请勿在仪器机箱打开时运行示波器。

（3）电源接通后，请勿接触外露的接头盒元件。

（4）一般数字示波器配合探头使用时，只能测量信号端输出幅度小于 300V CAT II 信号的波形。

附录 5　DG1062Z 函数信号发生器

DG1062Z 函数信号发生器是具有高稳定度、多功能等特点的函数信号发生器。它能直接产生正弦波、三角波、方波、脉冲波等波形，其波形对称可调并具有反向输出功能，直流电平可连续调节。频率计数可作为内部频率显示，频率范围可达 1 μHz～60 MHz，也可外测 1 Hz～10.0 MHz 的信号频率。

一、面板介绍

DG1062Z 的面板主要包含波形选择区、菜单按键区、功能按键区、参数设置区、信号输入/输出控制区及一块 LCD 液晶显示屏，位于显示屏左下方的是电源开关和 USB 接口。

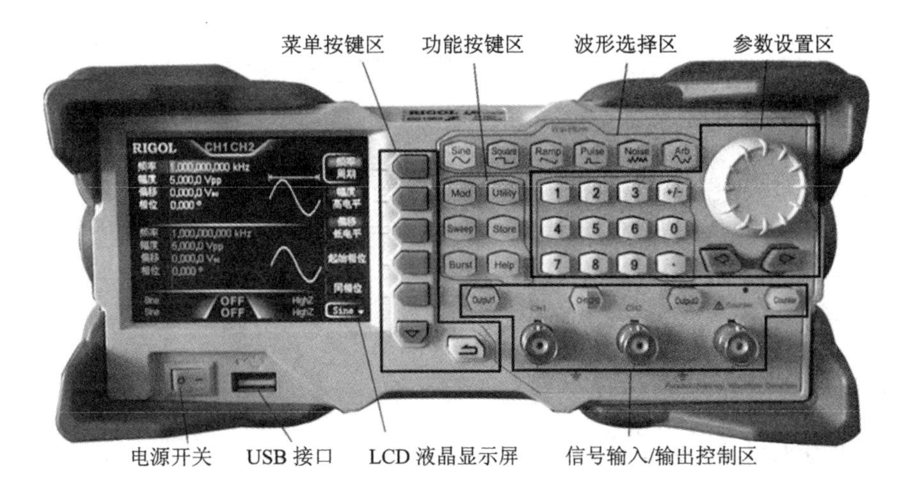

附图 5.1　DG1062Z 函数信号发生器示意图

二、使用方法

一般情况下使用函数信号发生器需要按照以下几个步骤进行：

（1）将同轴电缆接在函数信号发生器的输出通道 CH1 端或 CH2 端。

（2）按下电源开关按键，电源接通，显示屏点亮。此时应检查功能按键区的六个按键和信号输入/输出控制区的 OUTPUT1、OUTPUT2 以及 Counter 三个按键的指示灯是否处于熄灭状态。

（3）将函数信号发生器接入电路，操作时注意鳄鱼夹不要碰触到电路其他部位，防止短路造成被测电路损坏，并且鳄鱼夹要夹牢。

（4）设置输出波形参数：根据输出波形的要求，设置输出波形的形状、频率、幅值、偏移、起始相位。

（5）按下 OUTPUT1/2 按键，其按键灯点亮，此时信号便通过 CH1 通道或 CH2 通道正常输出。

三、注意事项

（1）为保证测量准确性，仪器最好先预热 5～10 分钟。

（2）不得将大于 10V 的(DC 或 AC)电压加至输出端。

附录 6　双路单相功率表

功率表在交流电路中用来测量负载的有功功率、无功功率与视在功率。计算视在功率需要知道电压和电流大小，而在交流电路中要区分有功功率和无功功率还需要知道电压和电流相量的角度，只要有电压相量和电流相量，就可以求出各种功率。因此，功率表分为两组端子，一组测量电压相量(U 和 U^*)，另一组测量电流相量(I 和 I^*)，“$*$”代表同名端，由内部电压、电流线圈绕向决定，运算由内部单片机完成，接线时同时测量出负载的电压相量和电流相量即可，用功率表测量某个负载功率的接法参考附图 6.1 所示。

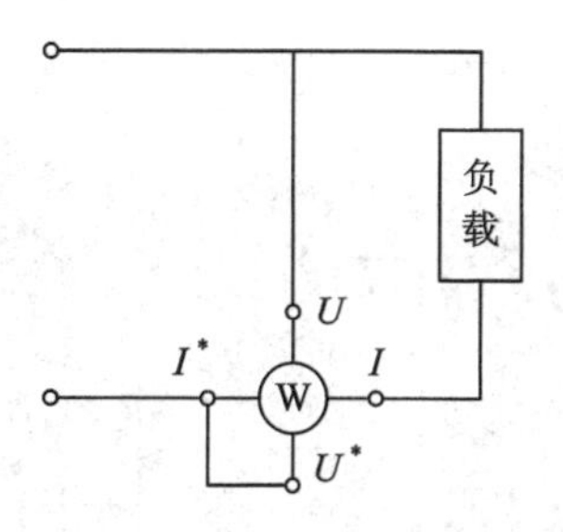

附图 6.1　功率表接法

一、双路单相功率表主要部件及功能

双路单相功率表面板如附图 6.2 所示。

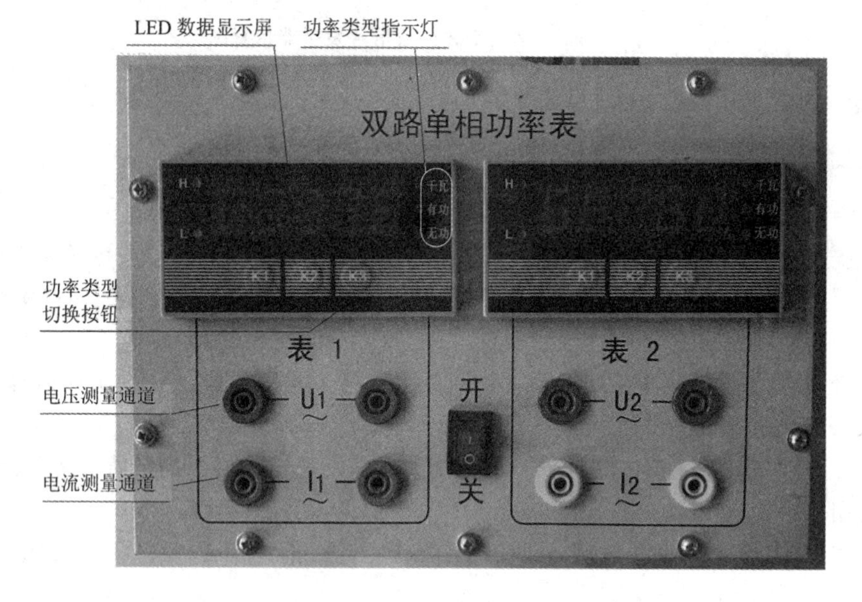

附图 6.2　功率表面板

(1) LED 数据显示屏：显示功率数据。

(2) 功率类型指示灯：区分当前功率类型是有功、无功、视在功率。

(3) 功率类型切换按钮：切换功率类型显示。

(4) 电压测量通道：用于测量 U^* 和 U，其中 U^* 为左侧接口。

(5) 电流测量通道：用于测量 I^* 和 I，其中 I^* 为左侧接口。

二、使用注意事项

(1) 要特别注意的是，相量有方向，如果 U 和 U^* 的方向接反就会造成相量反向，从而得到错误的功率数据，因此接线时要依靠同名端“*”来辨识。

(2) 电压测量通道和电流测量通道一定要分清，如果区分错误，使用电流通道去测量电压将会造成短路，损坏电源或功率表。

(3) 功率表的 U^* 与 I^* 端口互为同名端，同时，U 和 I 端口也互为同名端。

(4) 注意功率类型指示灯，当指示灯不亮时显示的数据是无效的。

附录7　电气符号标准

仿真软件中使用的ANSI标准电气符号与本书实际操作实验电路图中使用的电气符号有部分不同，二者对照见附表7.1，其余符号基本一致。

附表7.1　电气符号对照

元件	仿真软件ANSI标准符号	本书实际操作实验符号
电阻器(Resistor)		
可调电阻器(Adjustable Resistor)		
电压源(Voltage Source)	直流：；交流：	+ −
电流源(Current Source)	直流：；交流：	+ −
受控源(Controlled Source)	电压：+ −；电流：	电压：+ −；电流：
二极管(Semiconductor Diode)		
稳压二极管(Zener Diode)		
运算放大器(Operational Amplifier)	+ −	▷∞ + −
地线(Ground)		⊥

参 考 文 献

[1] 程耕国. 电路实验指导书[M]. 武汉：武汉理工大学出版社，2001.
[2] 邱关源. 电路[M]. 5版. 北京：高等教育出版社，2006.
[3] 周新民. 工程实践与训练教程[M]. 武汉：武汉理工大学出版社，2009.
[4] 齐凤艳. 电路实验教程[M]. 北京：机械工业出版社，2009.
[5] 秦曾煌. 电工学[M]. 7版. 北京：高等教育出版社，2009.
[6] 汪建，李承，魏伟，等. 电路实验[M]. 2版. 武汉：华中科技大学出版社，2010.
[7] 何平. 电路电子技术实验及设计教程[M]. 2版. 北京：清华大学出版社，2013.
[8] 夏全福. 电工实验及电子实习教程[M]. 武汉：华中科技大学出版社，2002.
[9] 徐云，奎丽荣，周红，等. 电路实验与测量[M]. 北京：清华大学出版社，2008.
[10] 毕卫红，张燕君，金海龙. 电路实验教程[M]. 北京：机械工业出版社，2010.
[11] 王宇红. 电工学实验教程[M]. 北京：机械工业出版社，2010.
[12] 王宏江. 电路实验教程[M]. 西安：西安电子科技大学出版社，2014.
[13] 王英，曾欣荣. 电工技术实验[M]. 成都：西南交通大学出版社，2014.
[14] 刘莉. 电路实验教程[M]. 武汉：武汉理工大学出版社，2015.
[15] 马艳，臧宏文，宫鹏，等. 电路基础实验. 北京：机械工业出版社，2020.